U0395789

中国页岩气发展战略与政策体系研究

“十三五”国家重点图书

中国能源新战略——页岩气出版工程

编著：于立宏　牟伯中　李嘉晨

華東理工大學出版社
EAST CHINA UNIVERSITY OF SCIENCE AND TECHNOLOGY PRESS
·上海·

上海高校服务国家重大战略出版工程资助项目

图书在版编目(CIP)数据

中国页岩气发展战略与政策体系研究/于立宏,牟伯中,李嘉晨编著. —上海：华东理工大学出版社,2017.11

(中国能源新战略：页岩气出版工程)

ISBN 978-7-5628-5247-6

Ⅰ.①中… Ⅱ.①于… ②牟… ③李… Ⅲ.①油页岩资源-研究-中国 Ⅳ.①TE155

中国版本图书馆 CIP 数据核字(2017)第 262781 号

内容提要

本书对页岩气开发的能源结构效应、经济效应、矿业权配置、政府规制等内容进行了深入分析,并据此构建了中国页岩气开发的政策体系。全书共12章。第1章为世界页岩气资源分布及开采历史;第2章为美国页岩气开发现状与扶持政策;第3章为中国页岩气开发进程与现状分析;第4章为中国页岩气开发政策的演进与评价;第5章为页岩气开发的能源结构效应预测;第6章以四川省为例,介绍了页岩气开发的经济效应;第7章为页岩气开发的成本与收益分析;第8章为中国页岩气矿业权配置及其改革;第9章为页岩气产业链的纵向规制研究;第10章为页岩气价格形成机制及其影响因素研究;第11章为页岩气开发的环境污染和环境规制研究;第12章为中国页岩气开发政策体系的构建。

本书可为从事页岩气勘探开发的学者与管理人员提供战略与政策上的专业指导,也可供高等学校地质学、科技政策相关专业的师生参考学习。

项目统筹 / 周永斌　马夫娇

责任编辑 / 马夫娇

书籍设计 / 刘晓翔工作室

出版发行 / 华东理工大学出版社有限公司

地　址：上海市梅陇路130号,200237

电　话：021-64250306

网　址：www.ecustpress.cn

邮　箱：zongbianban@ecustpress.cn

印　　刷 / 上海雅昌艺术印刷有限公司

开　　本 / 710 mm×1000 mm　1/16

印　　张 / 22.25

字　　数 / 357千字

版　　次 / 2017年11月第1版

印　　次 / 2017年11月第1次

定　　价 / 118.00元

《中国能源新战略——页岩气出版工程》

编辑委员会

总序一

能源矿产是人类赖以生存和发展的重要物质基础，攸关国计民生和国家安全。推动能源地质勘探和开发利用方式变革，调整优化能源结构，构建安全、稳定、经济、清洁的现代能源产业体系，对于保障我国经济社会可持续发展具有重要的战略意义。中共十八届五中全会提出，“十三五”发展将围绕“创新、协调、绿色、开放、共享的发展理念”展开，要“推动低碳循环发展，建设清洁低碳、安全高效的现代能源体系”，这为我国能源产业发展指明了方向。

在当前能源生产和消费结构亟须调整的形势下，中国未来的能源需求缺口日益凸显。清洁、高效的能源将是石油产业发展的重点，而页岩气就是中国能源新战略的重要组成部分。页岩气属于非传统（非常规）地质矿产资源，具有明显的致矿地质异常特殊性，也是我国第172种矿产。页岩气成分以甲烷为主，是一种清洁、高效的能源资源和化工原料，主要用于居民燃气、城市供热、发电、汽车燃料等，用途非常广泛。页岩气的规模开采将进一步优化我国能源结构，同时也有望缓解我国油气资源对外依存度较高的被动局面。

页岩气作为国家能源安全的重要组成部分，是一项有望改变我国能源结构、改变我国南方省份缺油少气格局、“绿化”我国环境的重大领域。目前，页岩气的开发利用在世界范围内已经产生了重要影响，在此形势下，由华东理工大学出版社策划的这套页岩气丛书对国内页岩气的发展具有非常重要的意义。该丛书从页岩气地质、地球物理、开发工程、装备与经济技术评价以及政策环境等方面系统阐述了页岩气全产业链理论、方法与技术，并完善了页岩气地质、物探、开发等相关理论，集成了页岩气勘探开发与工程领域相关的先进技术，摸索了中国页岩气勘探开发相关的经济、环境与政策。丛书的出版有助于开拓页岩气产业新领域、探索新技术、寻求新的发展模式，以期对页岩气关键技术的广泛推广、科学技术创新能力的大力提升、学科建设条件的逐渐改进，以及生产实践效果的显著提高等，能产生积极的推动作用，为国家的能源政策制定提供积极的参考和决策依据。

我想，参与本套丛书策划与编写工作的专家、学者们都希望站在国家高度和学术前沿产出时代精品，为页岩气顺利开发与利用营造积极健康的舆论氛围。中国地质大学（北京）是我国最早涉足页岩气领域的学术机构，其中张金川教授是第376次香山科学会议（中国页岩气资源基础及勘探开发基础问题）、页岩气国际学术研讨会等会议的执行主席，他是中国最早开始引进并系统研究我国页岩气的学者，曾任贵州省页岩气勘查与评价和全国页岩气资源评价与有利选区项目技术首席，由他担任丛书主编我认为非常称职，希望该丛书能够成为页岩气出版领域中的标杆。

让我感到欣慰和感激的是，这套丛书的出版得到了国家出版基金的大力支持，我要向参与丛书编写工作的所有同仁和华东理工大学出版社表示感谢，正是有了你们在各自专业领域中的倾情奉献和互相配合，才使得这套高水准的学术专著能够顺利出版问世。

中国科学院院士

2016年5月于北京

总序二

进入21世纪，世情、国情继续发生深刻变化，世界政治经济形势更加复杂严峻，能源发展呈现新的阶段性特征，我国既面临由能源大国向能源强国转变的难得历史机遇，又面临诸多问题和挑战。从国际上看，二氧化碳排放与全球气候变化、国际金融危机与石油天然气价格波动、地缘政治与局部战争等因素对国际能源形势产生了重要影响，世界能源市场更加复杂多变，不稳定性和不确定性进一步增加。从国内看，虽然国民经济仍在持续中高速发展，但是城乡雾霾污染日趋严重，能源供给和消费结构严重不合理，可持续的长期发展战略与现实经济短期的利益冲突相互交织，能源规划与环境保护互相制约，绿色清洁能源亟待开发，页岩气资源开发和利用有待进一步推进。我国页岩气资源与环境的和谐发展面临重大机遇和挑战。

随着社会对清洁能源需求不断扩大，天然气价格不断上涨，人们对页岩气勘探开发技术的认识也在不断加深，从而在国内出现了一股页岩气热潮。为了加快页岩气的开发利用，国家发改委和国家能源局从2009年9月开始，研究制定了鼓励页岩气勘探与开发利用的相关政策。随着科研攻关力度和核心技术突破能力的不断提高，先后发现了以威远–长宁为代表的下古生界海相和以延长为代表的中生界陆相等页岩气田，特别是开发了特大型焦石坝海相页岩气，将我国页岩气工业推送到了一个特殊的历史新阶段。页岩气产业的发展既需要系统的理论认识和配套的方法技术，也需要合理的政策、有效的措施及配套的管理，我国的页岩气技术发展方兴未艾，页岩气资源有待进一步开发。

我很荣幸能在丛书策划之初就加入编委会大家庭，有机会和页岩气领域年轻的学者们共同探讨我国页岩气发展之路。我想，正是有了你们对页岩气理论研究与实践的攻关才有了这套书扎实的科学基础。放眼未来，中国的页岩气发展还有很多政策、科研和开发利用上的困难，但只要大家齐心协力，最终我们必将取得页岩气发展的良好成果，使科技发展的果实惠及千家万户。

这套丛书内容丰富，涉及领域广泛，从产业链角度对页岩气开发与利用的相关理论、技术、政策与环境等方面进行了系统全面、逻辑清晰地阐述，对当今页岩气专业理论、先进技术及管理模式等体系的最新进展进行了全产业链的知识集成。通过对这些内容的全面介绍，可以清晰地透视页岩气技术面貌，把握页岩气的来龙去脉，并展望未来的发展趋势。总之，这套丛书的出版将为我国能源战略提供新的、专业的决策依据与参考，以期推动页岩气产业发展，为我国能源生产与消费改革做出能源人的贡献。

中国页岩气勘探开发地质、地面及工程条件异常复杂，但我想说，打造世纪精品力作是我们的目标，然而在此过程中必定有着多样的困难，但只要我们以专业的科学精神去对待、解决这些问题，最终的美好成果是能够创造出来的，祖国的蓝天白云有我们曾经的努力！

中国工程院院士

2016年5月

总序三

页岩气属于新型的绿色能源资源，是一种典型的非常规天然气。近年来，页岩气的勘探开发异军突起，已成为全球油气工业中的新亮点，并逐步向全方位的变革演进。我国已将页岩气列为新型能源发展重点，纳入了国家能源发展规划。

页岩气开发的成功与技术成熟，极大地推动了油气工业的技术革命。与其他类型天然气相比，页岩气具有资源分布连片、技术集约程度高、生产周期长等开发特点。页岩气的经济性开发是一个全新的领域，它要求对页岩气地质概念的准确把握、开发工艺技术的恰当应用、开发效果的合理预测与评价。

美国现今比较成熟的页岩气开发技术，是在20世纪80年代初直井泡沫压裂技术的基础上逐步完善而发展起来的，先后经历了从直井到水平井、从泡沫和交联冻胶到清水压裂液、从简单压裂到重复压裂和同步压裂工艺的演进，页岩气的成功开发拉动了美国页岩气产业的快速发展。这其中，完善的基础设施、专业的技术服务、有效的监管体系为页岩气开发提供了重要的支持和保障作用，批量化生产的低成本开发技术是页岩气开发成功的关键。

我国页岩气的资源背景、工程条件、矿权模式、运行机制及市场环境等明显有别于美国，页岩气开发与发展任重道远。我国页岩气资源丰富、类型多样，但开发地质条件复杂，开发理论与技术相对滞后，加之开发区水资源有限、管网稀疏、人口稠密等不利因素，导致中国的页岩气发展不能完全照搬照抄美国的经验、技术、政策及法规，必须探索出一条适合于我国自身特色的页岩气开发技术与发展道路。

华东理工大学出版社策划出版的这套页岩气产业化系列丛书，首次从页岩气地质、地球物理、开发工程、装备与经济技术评价以及政策环境等方面对页岩气相关的理论、方法、技术及原则进行了系统阐述，集成了页岩气勘探开发理论与工程利用相关领域先进的技术系列，完成了页岩气全产业链的系统化理论构建，摸索出了与中国页岩气工业开发利用相关的经济模式以及环境与政策，探讨了中国自己的页岩气发展道路，为中国的页岩气发展指明了方向，是中国页岩气工作者不可多得的工作指南，是相关企业管理层制定页岩气投资决策的依据，也是政府部门制定相关法律法规的重要参考。

我非常荣幸能够成为这套丛书的编委会顾问成员，很高兴为丛书作序。我对华东理工大学出版社的独特创意、精美策划及辛苦工作感到由衷的赞赏和钦佩，对以张金川教授为代表的丛书主编和作者们良好的组织、辛苦的耕耘、无私的奉献表示非常赞赏，对全体工作者的辛勤劳动充满由衷的敬意。

这套丛书的问世，将会对我国的页岩气产业产生重要影响，我愿意向广大读者推荐这套丛书。

中国工程院院士

胡文瑞

2016年5月

总序

四

绿色低碳是中国能源发展的新战略之一。作为一种重要的清洁能源，天然气在中国一次能源消费中的比重到2020年时将提高到10%以上，页岩气的高效开发是实现这一战略目标的一种重要途径。

页岩气革命发生在美国，并在世界范围内引起了能源大变局和新一轮油价下降。在经过了漫长的偶遇发现(1821—1975年)和艰难探索(1976—2005年)之后，美国的页岩气于2006年进入快速发展期。2005年，美国的页岩气产量还只有1 134亿立方米，仅占美国当年天然气总产量的4.8%；而到了2015年，页岩气在美国天然气年总产量中已接近半壁江山，产量增至4 291亿立方米，年占比达到了46.1%。即使在目前气价持续走低的大背景下，美国页岩气产量仍基本保持稳定。美国页岩气产业的大发展，使美国逐步实现了天然气自给自足，并有向天然气出口国转变的趋势。2015年美国天然气净进口量在总消费量中的占比已降至9.25%，促进了美国经济的复苏、GDP的增长和政府收入的增加，提振了美国传统制造业并吸引其回归美国本土。更重要的是，美国页岩气引发了一场世界能源供给革命，促进了世界其他国家页岩气产业的发展。

中国含气页岩层系多，资源分布广。其中，陆相页岩发育于中、新生界，在中国六大含油气盆地均有分布；海陆过渡相页岩发育于上古生界和中生界，在中国华北、南方和西北广泛分布；海相页岩以下古生界为主，主要分布于扬子和塔里木盆地。中国页岩气勘探开发起步虽晚，但发展速度很快，已成为继美国和加拿大之后世界上第三个实现页岩气商业化开发的国家。这一切都要归功于政府的大力支持、学界的积极参与及业界的坚定信念与投入。经过全面细致的选区优化评价（2005—2009年）和钻探评价（2010—2012年），中国很快实现了涪陵（中国石化）和威远－长宁（中国石油）页岩气突破。2012年，中国石化成功地在涪陵地区发现了中国第一个大型海相气田。此后，涪陵页岩气勘探和产能建设快速推进，目前已提交探明地质储量3 805.98亿立方米，页岩气日产量（截至2016年6月）也达到了1 387万立方米。故大力发展页岩气，不仅有助于实现清洁低碳的能源发展战略，还有助于促进中国的经济发展。

然而，中国页岩气开发也面临着地下地质条件复杂、地表自然条件恶劣、管网等基础设施不完善、开发成本较高等诸多挑战。页岩气开发是一项系统工程，既要有丰富的地质理论为页岩气勘探提供指导，又要有先进配套的工程技术为页岩气开发提供支撑，还要有完善的监管政策为页岩气产业的健康发展提供保障。为了更好地发展中国的页岩气产业，亟须从页岩气地质理论、地球物理勘探技术、工程技术和装备、政策法规及环境保护等诸多方面开展系统的研究和总结，该套页岩气丛书的出版将填补这项空白。

该丛书涉及整个页岩气产业链，介绍了中国页岩气产业的发展现状，分析了未来的发展潜力，集成了勘探开发相关技术，总结了管理模式的创新。相信该套丛书的出版将会为我国页岩气产业链的快速成熟和健康发展带来积极的推动作用。

中国科学院院士

2016年5月

丛书前言

社会经济的不断增长提高了对能源需求的依赖程度,城市人口的增加提高了对清洁能源的需求,全球资源产业链重心后移导致了能源类型需求的转移,不合理的能源资源结构对环境和气候产生了严重的影响。页岩气是一种特殊的非常规天然气资源,她延伸了传统的油气地质与成藏理论,新的理念与逻辑改变了我们对油气赋存地质条件和富集规律的认识。页岩气的到来冲击了传统的油气地质理论、开发工艺技术以及环境与政策相关法规,将我国传统的“东中西”油气分布格局转置于“南中北”背景之下,提供了我国油气能源供给与消费结构改变的理论与物质基础。美国的页岩气革命、加拿大的页岩气开发、我国的页岩气突破,促进了全球能源结构的调整和改变,影响着世界能源生产与消费格局的深刻变化。

第一次看到页岩气(Shale gas)这个词还是在我的博士生时代,是我在图书馆研究深盆气(Deep basin gas)外文文献时的“意外”收获。但从那时起,我就注意上了页岩气,并逐渐为之痴迷。亲身经历了页岩气在中国的启动,充分体会到了页岩气产业发展的迅速,从开始只有为数不多的几个人进行页岩气研究,到现在我们已经有非常多优秀年轻人的拼搏努力,他们分布在页岩气产业链的各个角落并默默地做着他们认为有可能改变中国能源结构的事。

广袤的长江以南地区曾是我国老一辈地质工作者花费了数十年时间进行油

气勘探而“久攻不破”的难点地区，短短几年的页岩气勘探和实践已经使该地区呈现出了“星星之火可以燎原”之势。在油气探矿权空白区，渝页1、岑页1、酉科1、常页1、水页1、柳页1、秭地1、安页1、港地1等一批不同地区、不同层系的探井获得了良好的页岩气发现，特别是在探矿权区域内大型优质页岩气田（彭水、长宁－威远、焦石坝等)的成功开发，极大地提振了油气勘探与发现的勇气和决心。在长江以北，目前也已经在长期存在争议的地区有越来越多的探井揭示了新的含气层系，柳坪177、牟页1、鄂页1、尉参1、郑西页1等探井不断有新的发现和突破，形成了以延长、中牟、温县等为代表的陆相页岩气示范区和海陆过渡相页岩气试验区，打破了油气勘探发现和认识格局。中国近几年的页岩气勘探成就，使我们能够在几十年都不曾有油气发现的区域内再放希望之光，在许多勘探失利或原来不曾预期的地方点燃了燎原之火，在更广阔的地区重新拾起了油气发现的信心，在许多新的领域内带来了原来不曾预期的希望，在许多层系获得了原来不曾想象的意外惊喜，极大地拓展了油气勘探与发现的空间和视野。更重要的是，页岩气理论与技术的发展促进了油气物探技术的进一步完善和成熟，改进了油气开发生产工艺技术，启动了能源经济技术新的环境与政策思考，整体推高了油气工业的技术能力和水平，催生了页岩气产业链的快速发展。

该套页岩气丛书响应了国家《能源发展“十二五”规划》中关于大力开发非常规能源与调整能源消费结构的愿景，及时高效地回应了《大气污染防治行动计划》中对于清洁能源供应的急切需求以及《页岩气发展规划（2011—2015年）》的精神内涵与宏观战略要求，根据《国家应对气候变化规划（2014—2020）》和《能源发展战略行动计划（2014—2020）》的建议意见，充分考虑我国当前油气短缺的能源现状，以面向“十三五”能源健康发展为目标，对页岩气地质、物探、工程、政策等方面进行了系统讨论，试图突出新领域、新理论、新技术、新方法，为解决页岩气领域中所面临的新问题提供参考依据，对页岩气产业链相关理论与技术提供系统参考和基础。

承担国家出版基金项目《中国能源新战略——页岩气出版工程》(入选《“十三五”国家重点图书、音像、电子出版物出版规划》)的组织编写重任，心中不免惶恐，因为这是我第一次做分量如此之重的学术出版。当然，也是我第一次有机会系统地来梳理这些年我们团队所走过的页岩气之路。丛书的出版离不开广大作者的辛勤付出，他们以实际行动表达了对本职工作的热爱、对页岩气产业的追求以及对国家能源行业发展的希冀。特别是，丛书顾问在立意、构架、设计及编撰、出版等环节中也给予了精心指导和大力支持。正是有了众多同行专家的无私帮助和热情鼓励，我们的作者团队才义无反顾地接受了这一充满挑战的历史性艰巨任务。

该套丛书的作者们长期耕耘在教学、科研和生产第一线，他们未雨绸缪、身体力行、不断探索前进，将美国页岩气概念和技术成功引进中国；他们大胆创新实践，对全国范围内页岩气展开了有利区优选、潜力评价、趋势展望；他们尝试先行先试，将页岩气地质理论、开发技术、评价方法、实践原则等形成了完整体系；他们奋力摸索前行，以全国页岩气蓝图勾画、页岩气政策改革探讨、页岩气技术规划促产为己任，全面促进了页岩气产业链的健康发展。

我们的出版人非常关注国家的重大科技战略，他们希望能借用其宣传职能，为读者提供一套页岩气知识大餐，为国家的重大决策奉上可供参考的意见。该套丛书的组织工作任务极其烦琐，出版工作任务也非常繁重，但有华东理工大学出版社领导及其编辑、出版团队前瞻性地策划、周密求是地论证、精心细致地安排、无怨地辛苦奉献，积极有力地推动了全书的进展。

感谢我们的团队，一支非常有责任心并且专业的丛书编写与出版团队。

该套丛书共分为页岩气地质理论与勘探评价、页岩气地球物理勘探方法与技术、页岩气开发工程与技术、页岩气技术经济与环境政策等4卷，每卷又包括了按专业顺序而分的若干册，合计20本。丛书对页岩气产业链相关理论、方法及技术等进行了全面系统地梳理、阐述与讨论。同时，还配备出版了中英文版的页岩气原理与技术视频（电子出版物），丰富了页岩气展示内容。通过这套丛书，我们希望能为页岩气科研与生产人员提供一套完整的专业技术知识体系以促进页岩气理论与实践的进一步发展，为页岩气勘探开发理论研究、生产实践以及教学培训等提供参考资料，为进一步突破页岩气勘探开发及利用中的关键技术瓶颈提供支撑，为国家能源政策提供决策参考，为我国页岩气的大规模高质量开发利用提供助推燃料。

国际页岩气市场格局正在成型，我国页岩气产业正在快速发展，页岩气领域中的科技难题和壁垒正在被逐个攻破，页岩气产业发展方兴未艾，正需要以全新的理论为依据、以先进的技术为支撑、以高素质人才为依托，推动我国页岩气产业健康发展。该套丛书的出版将对我国能源结构的调整、生态环境的改善、美丽中国梦的实现产生积极的推动作用，对人才强国、科技兴国和创新驱动战略的实施具有重大的战略意义。

不断探索创新是我们的职责，不断完善提高是我们的追求，"路漫漫其修远兮，吾将上下而求索"，我们将努力打造出页岩气产业领域内最系统、最全面的精品学术著作系列。

丛书主编

2015年12月于中国地质大学（北京）

前言

页岩气开发被认为是能源领域的一场革命，不仅增加了天然气供应量，更对全球天然气市场、能源供应格局、气候变化政策甚至地缘政治都产生了深远的影响。中国的页岩气储藏具有与美国大致相同的前景及开发潜力。因而，深入总结美国页岩气开发的成功经验，对中国页岩气资源状况、开发前景及其对能源结构和经济增长的影响进行研究，梳理我国发展现状与现有扶持政策，对页岩气开发中存在的问题与不足进行深度分析，并据此构建有效的政策体系，必将有利于继续推进页岩气开发进程，对从根本上改善我国能源结构和强化能源安全具有重要意义。

首先，中国具有开发页岩气的资源基础以及强大的能源需求。根据美国能源信息署(EIA)的估计，中国页岩气资源储量为 $36\times10^{12}\ m^3$，居世界第一位，远高于排名第二的美国的 $24\times10^{12}\ m^3$，约占全球总储量的 20%。按照当前的消费水平，这些储量足够中国使用 300 多年。此外，尽管中国经济增长步入新常态，但能源消费仍居高不下。2016 年，中国能源消费总量约 43.6×10^{12} t 标准煤，其中，化石能源的比重高达87.7%。我国一次能源结构以煤为主，石油天然气产量较低，进口依存度高，这对中国能源安全十分不利。因此，改变能源结构的主要措施是增加清洁能源的国内供给，在可再生能源增长缓慢的情况下，开发非常规天然气资源就成为我国实现能源自给战略的必由之路。

其次，美国页岩气革命的成功为中国树立了榜样，中国推进清洁能源战略势在必行！随着中国页岩气大开发的启动，自 2013—2016 年，中国页岩气产量增长很快。2015 年，页岩气产量尚不足 50×10^{12} m^3，甚至没有实现预定目标。然而，2016 年 1—7 月，非常规天然气产量达到 96.4×10^{12} m^3，增长 104.8%，其中，页岩气产量 50.1×10^{12} m^3，增长了 1.92 倍。很明显，页岩气产量的大幅度增加是拉动非常规天然气产量快速增长的主要原因。按照“十三五”规划，到 2020 年，中国页岩气产量将达到 300×10^{12} m^3。根据本书的预测，随着我国页岩气产量的增长与开发进程的加快，页岩气产量对天然气供给结构的影响也越来越大，到 2025 年，在乐观情况下，我国页岩气产量将达到 746.5×10^{12} m^3，占天然气总产量的近 15%。2016 年《BP 世界能源展望》指出，到 2035 年，页岩气将占全球天然气总产量的四分之一，中国将成为对页岩气产量增加贡献最大的国家之一。届时，页岩气作为一种重要的清洁替代资源，将能够实现我国能源结构的低碳化，降低天然气对外依存度，缓解能源供求压力，保障我国能源安全。

进一步，页岩气开发还能够促进地区经济增长、增加就业岗位以及降低化工等相关产业的原材料成本。对四川地区的实证研究发现，在控制了其他影响因素后，页岩气开发对经济增长的正向作用大约为 7.8%；在消除了各地区初始经济发展水平的差异后，页岩气开发对经济增长的正向作用大约为 6.2%。同时，页岩气开发对地区人均 GDP、全部就业人数、总工资及人均工资都有一定的推动作用。

再次，中国推进页岩气开发具有可行性。以美国的经验看，页岩气的快速开发离不开政策的扶持、清晰的产权界定、开放的市场、竞争带来的技术创新、完善的基础设施和有效的政府监管。这些经验都对中国页岩气开发的推进提供了良好的借鉴。此外，中国油气企业长期从事常规油气勘探开发积累的经验可以沿用到页岩气领域，而且，页岩气商业化开发也已经进行了五年，取得了一定的经验和技术储备。自 2004 年开始，中国政府、高校和研究机构、相关企业对页岩气勘探开发理论、开采技术进行了研究探索，也在实践中取得了丰硕成果。更重要的是，中国政府已经出台了系列政策予以扶持，包括确定页岩气优选区、《页岩气发展规划（2016—2020 年）》、页岩气产业政策，财政补贴以及改革油气体制、天然气价格形成机制等方面。到目前为止，国土资源部举行了两次页岩气资源的探矿权招标，共许可了 21 个区块。所有这些都意味着，中国页岩气开发的基础工作和顶层设计已经在井然有序地展开。

然而，目前中国页岩气开发领域还存在诸多问题，例如，缺乏专门立法，矿业权配置的市场化程度不高，扶持政策体系不够系统，财税政策力度不大，薄弱环节较多，特别是油气体制改革进展乏力，瓶颈依旧存在，为此，亟须构建涵盖油气体制改革、财税政策、科技攻关政策、环境保护政策在内的系统政策体系，对上述问题提供根本性解决方案。

本书共分为十二章，前四章是背景与问题的提出，重点讨论世界及中国页岩气资源储量及分布、美国页岩气开发经验，以及中国页岩气开发现状及存在的问题等。第5、6章讨论页岩气开发的能源结构效应、能源依存度效应以及经济效应，包括其对经济增长、就业、税收等方面的影响等。第7、8章从供给侧角度讨论页岩气开发的成本与收益、矿业权配置的现状、存在问题及其改革方向。第9、10章从需求侧讨论页岩气产业链的上中下游市场的政府规制，涉及上游竞争的引入、管网改革及其第三方准入的影响；下游市场培育、价格规制及其价格影响因素等。第11章讨论了页岩气开发的环境污染，以及环境规制、技术进步、产业发展三者之间的相互影响机制。最后，基于前十一章的研究进行总结提炼，第12章从油气体制改革、财税政策、科技攻关政策和环境保护政策等四个方面构建了系统的政策体系。

本书的写作是团队合作的结果，其中，大纲由于立宏确定，博士生李嘉晨细化了写作框架，并撰写了第1、2、3、4、7章的主要内容，硕士生强家乐撰写了第5、6、9章的主要内容，硕士生柴齐撰写了第11章，全书最后由于立宏进行补充、整合和统稿。

由于编者水平有限，书中难免有疏漏和不足之处，敬请读者批评指正。

于立宏

于2017年5月31日

目录

中国页岩气
发展战略与
政策体系
研究

第 1 章

世界页岩气资源分布及开采历史

页岩气是蕴藏于地表以下页岩层的非常规天然气资源。目前,世界上发现的页岩气资源主要分布在北美、中亚、中国、拉美、中东、北非和俄罗斯等国家和地区。在全球化石能源日趋紧缺的情况下,页岩气的勘探和开采越来越受到世界各国的重视。

本章将重点介绍页岩气的形成、物理特性、分布区域特征及其开采的历史沿革。

1.1 页岩气的界定及其物理特性

1.1.1 页岩气的界定

页岩气是从页岩层中开采出来的天然气,与“煤层气”“致密气”等同属一类,是一种重要的非常规天然气资源。页岩气赋存于富有机质泥页岩及其夹层中,以吸附和游离状态为主要存在方式,成分以甲烷为主。页岩气的形成和富集往往分布在盆地内厚度较大、分布较广的页岩烃源岩地层中。与常规天然气不同,页岩气难以直接从钻孔中析出,因此,尽管其储量巨大,但受到技术门槛的限制,较难实现商业化开采。然而,随着不可再生资源的日益匮乏,作为常规天然气的有益补充,人们逐渐意识到了页岩气的重要性。

从生产角度看,与常规天然气相比,页岩气开发具有开采寿命长和生产周期长的优点,这是由于大部分产气页岩分布范围广、厚度大,且普遍含气,使得页岩气井能够长期以稳定的速率产气,其生产周期一般达到 30 ~ 50 年,因而具有较高的经济价值。然而,由于页岩气在地表以下页岩层中储存,其开采需要相关高新技术的支持,因此,只有在经济社会较为发达、科技水平较为领先的地区才有开采页岩气的客观条件。

从用途上看,与天然气类似,页岩气可作为清洁能源和工业原料,广泛应用于居民燃气、城市供热、发电、汽车燃料和化工生产等领域,其热值高、排放少、污染低、使用便利,是优质的能源与工业原料。

1.1.2 页岩气的物理特性和成藏机理

页岩气以吸附或游离状态存在于泥页岩、高碳泥页岩、页岩及粉砂质岩类夹层中，其中，约 50% 以游离状态存在于裂缝、孔隙及其他储集空间中；约 50% 以吸附状态存在于干酪根、黏土颗粒及孔隙表面；极少量以溶解状态储存于干酪根、沥青质及石油中。

煤层气是与煤炭矿床相伴而生的，而页岩气的特征是，大部分有机气存在于夹层状的粉砂岩、粉砂质泥页岩、泥质粉砂岩甚至砂岩地层中。页岩气生成之后，在源岩层内的就近聚集表现为典型的原地成藏模式，与油页岩、油砂、地沥青等差别较大（图 1.1）。因而，与常规储层气藏不同，页岩既是天然气生成的源岩，也是聚集和保存天然气的储层和盖层。因此，页岩气的形成具有广泛的地质意义，存在于几乎所有的盆地中，只是由于埋藏深度、含气饱和度等差别较大，分别具有不同的工业和经济价值。

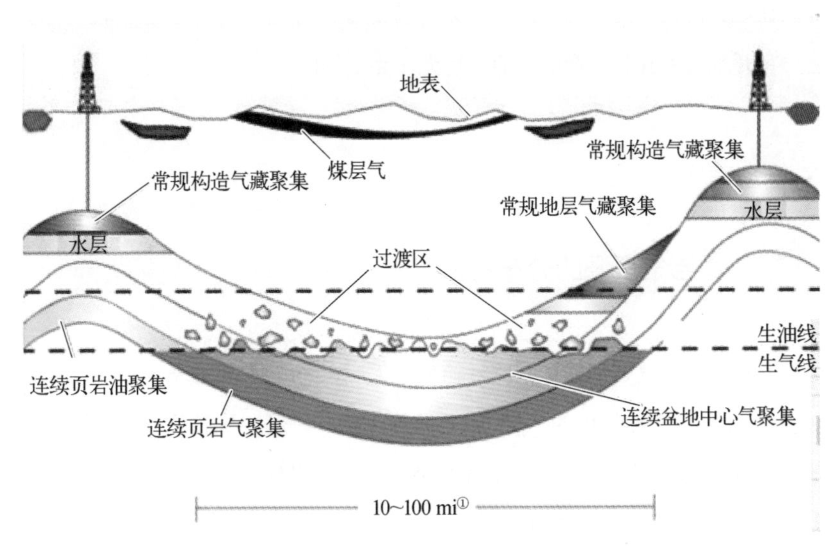

图 1.1 非常规天然气资源的成藏特征

从技术角度看，页岩气的成藏机理可以总结为以下四点（肖刚和唐颖，2012）。

（1）页岩气成藏机理兼具煤层吸附气和常规圈闭气藏的特征，体现出复杂的多机

① 1 英里（mi）= 1.609 3 千米（km）。

理递变特点。

(2) 在页岩气的成藏过程中,天然气的赋存方式和成藏类型逐渐改变,含气丰度和富集程度逐渐增加。

(3) 完整的页岩气成藏与演化可分为三个主要的作用过程,构成了从吸附聚集、膨胀造隙富集到活塞式推进或置换式运移的机理序列。

(4) 相应的成藏条件和成藏机理变化对页岩气的成藏与分布产生了控制和影响作用;岩性特征变化和裂缝发育状况对页岩气藏中天然气的赋存特征和分布规律具有控制作用。

中国传统意义上的泥页岩裂隙气、泥页岩油气藏、泥页岩裂缝油气藏、裂缝性油气藏等成藏机理大致与此相当,但其中没有考虑吸附作用机理,也不考虑其中天然气的原生属性,并在主体上理解为聚集于泥页岩裂缝中的游离相油气,属于不完整意义上的页岩气。因此,中国的泥页岩裂缝性油气藏概念与美国的页岩气内涵并不完全相同,分别在烃类的物质内容、储存相态、来源特点及成分组成等方面存在较大差异,所以,它们在开采技术和相关经济价值上也无法完全等同。

1.2 页岩气资源的分布特征

目前,世界页岩气资源的探明储量约为 $457\times10^{12}\ m^3$,与常规天然气资源量相当。页岩气只是非常规天然气中的一种,加上另外两种——煤层气和致密气,这三种非常规天然气加和总储量是常规天然气的 1.65 倍,而页岩气又是其中占比最大的气源(Rogner, 1997),开发前景十分可观。

1.2.1 全球页岩气分布状况

目前,全球有 46 个国家发现了页岩气,以北美最多,但其丰度低,技术可采量占资源总量的比例较低。页岩气的储层具有低孔隙率和低渗透率的特点，开采难度大，需要高水平的钻井和完井技术。在当前的技术水平下，可开采总量约为 $214.5\times10^{12}\ m^3$①。

根据美国能源署（EIA）的估计，中国页岩气储量为世界第一，达到 $36\times10^{12}\ m^3$，远高于排名第二的美国的 $24\times10^{12}\ m^3$，约占全球总储量的 20%。按照当前的消耗水平，这些储量足够中国使用 300 多年。图 1.2 和图 1.3 分别给出了全球页岩气可开采储量排名前十位的国家及其地理位置。

根据国土资源部发布的《全国页岩气资源潜力调查评价及有利区优选》显示，中国陆域页岩气地质资源潜力为 $134.42\times10^{12}\ m^3$，可采资源潜力为 $25.08\times10^{12}\ m^3$（不含青藏区），其中，已获工业气流或有页岩气发现的评价单元，面积约为 $88\times10^4\ km^2$，地质资源为 $93.01\times10^{12}\ m^3$，可采资源为 $15.95\times10^{12}\ m^3$，这是目前页岩气资源落实程度较高、较为现实的勘查开发地区。2015 年 10 月 21 日，国土资源部发布的《中国矿产资源报告（2015）》显示，2014 年，中国地质勘查投入 1 145 亿元，新发现大型矿产地 249 处，页岩气首次探明地质储量 $1\ 068\times10^8\ m^3$。然而，尽管储量如此巨大，由于技术、地质条件等原因，中国页岩气开发仍面临重重困难。

世界各国页岩气分布的地域特征并不相同。以美国为例，其页岩气分布于北美克

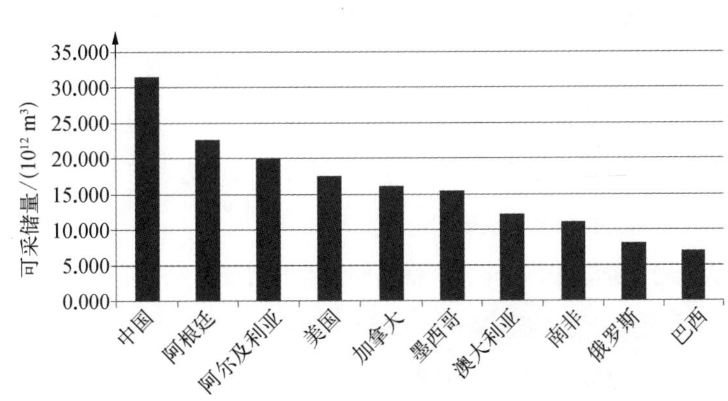

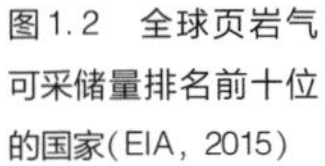
图 1.2　全球页岩气可采储量排名前十位的国家（EIA，2015）

① 美国能源署. http://www.eia.gov/analysis/studies/worldshalegas/.

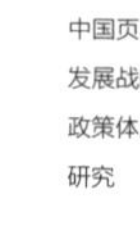

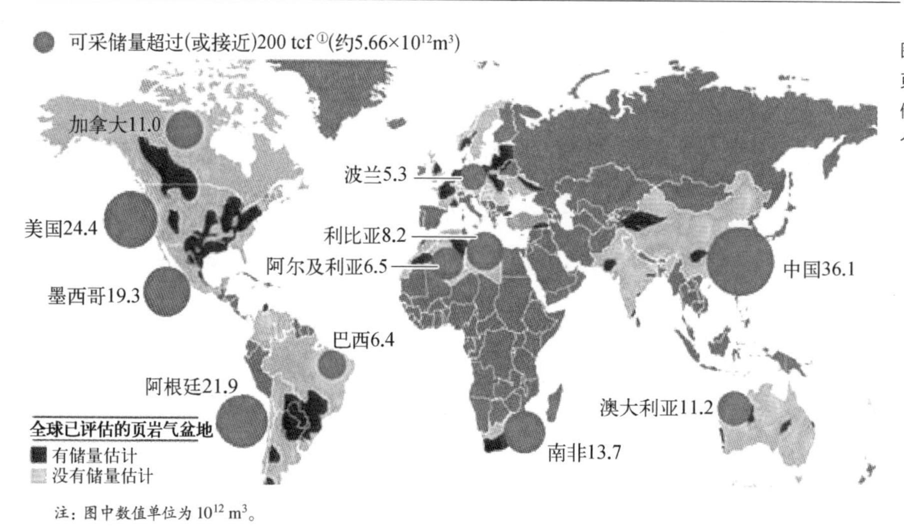

注：图中数值单位为 10^{12} m^3。

图 1.3　全球页岩气盆地及储量最多的 11 个国家(EIA)

拉通盆地、前陆盆地侏罗系、泥盆系、密西西比系。由于富集来源于多种成因，因而有多种成熟度的页岩气资源。具体而言，美国页岩气主要发育在 20 个州的 21 个大小不等的盆地里。2012 年前后，美国商业化开采主要集中在 5 个盆地，即密歇根盆地的 Antrim 页岩，阿巴拉契亚盆地的 Ohio 页岩，福特沃斯盆地的 Barnett 页岩、Marchllus 页岩，伊利诺伊盆地的 New Albany 页岩和圣胡安盆地的 Lewis 页岩，其中，Barnett 页岩和 Marchllus 页岩是目前美国页岩气开发的主力，也是各国学习页岩气勘探开发的样本。根据美国地质调查局(USGS)的最新统计，Barnett 页岩资源量约为 0.74×10^{12} m^3，在 2005 年其产量已经超过美国页岩气产量的一半。上述六个区域的页岩气产量超过美国全部页岩气产量的 90%，其开采寿命最长可达 80 ~ 100 年，这意味着未开发利用的发展潜力和经济价值极大。

加拿大页岩气资源也十分丰富。根据加拿大非常规天然气协会(CSUG)的资源评价结果，加拿大页岩气的资源量大于 42.5×10^{12} m^3，且资源分布面积广、涉及地质层位多，主要分布在西部盆地地区，包括不列颠哥伦比亚省东北部中泥盆统的霍恩河盆地和三叠系 Montney 页岩，艾伯塔省与萨斯喀彻温省的白垩系 Colorado 群，魁北克省

① 1 万亿立方英尺(tcf) = 283.17×10^8 立方米(m^3)。

的奥陶系 Utica 页岩,以及新不伦瑞克省和新斯科舍省的石炭系 Horton Bluff 页岩。其中,霍恩河盆地和 Montney 的页岩气资源最为丰富,世界能源委员会估计为 39.08×10^{12} m^3。然而,尽管已有多家油气生产商在西部地区进行页岩气的试验开采,但与美国相比,加拿大页岩气开发还处于初级阶段,目前只有 Montney 页岩达到了商业化开发阶段,其余大部分区域还处于先导生产试验阶段和先导钻探阶段,魁北克低地、新不伦瑞克省以及新斯科舍省的页岩气还处于早期评价阶段。

从欧洲来看,国际能源署(IEA)预测欧洲的非常规天然气储量为 0.35×10^{12} m^3,其中,将近一半蕴藏在泥页岩中。从全球来看,除了撒哈拉以南的非洲地区外,欧洲的页岩气储量可能是最少的。欧洲页岩气主要集中在波兰的波罗的盆地、英国的威尔德盆地、德国的下萨克森盆地、匈牙利的 Mako 峡谷、法国的东巴黎盆地、奥地利的维也纳盆地以及瑞典的寒武系明矾盆地等。其中,英国和波兰是欧洲页岩气开发前景最好的国家,而法国、西班牙等国家因为考虑到水力压裂法对环境的破坏和安全性,目前禁止页岩气的开采。

此外,阿根廷、印度、南非等国尽管也有较为丰富的页岩气资源,但目前均处于试验、技术探索阶段,尚未进入大规模商业开采阶段。

1.2.2 中国页岩气资源分布的区域特征

国土资源部的《全国页岩气资源潜力调查评价及有利区优选》将中国陆域划分为上扬子及滇黔桂区、中下扬子及东南区、华北及东北区、西北区、青藏区五大区,范围涵盖了 41 个盆地和地区、87 个评价单元、57 个含气页岩层段。中国页岩气储量、产量的增长将主要来自包括四川、重庆、贵州、湖北、湖南、陕西、新疆等省(区、市)在内的四川盆地、渝东鄂西地区、黔湘地区、鄂尔多斯盆地、塔里木盆地等。

中国的地质环境非常复杂,由于含有页岩气的岩石在沉积和形成过程中所处的自然地理环境不同,使得中国在海相、陆相、海陆过渡相三种沉积带中都存在页岩气资源。中美地质条件不同,因而页岩含气量与地表施工条件存在较大差异。美国的页岩气资源相对集中于海相沉积带中,且地形地貌比较简单、平缓;而中国海相沉积带的盆地面积和陆相沉积带的盆地面积基本各占一半。中国的海相地层因为后期构造的改造特别强烈，导致川渝黔鄂等省地貌沟壑纵横、峭壁林立。相反，以鄂尔多斯盆地为代表的中国陆相地层的地形地貌却相对稳定和平缓，易于开发。在埋藏深度上，中国海相页岩气的埋藏深度较美国为深，美国一般在 1 500 ~ 2 000 m，中国平均在 2 500 ~ 3 000 m。但鄂尔多斯盆地的陆相页岩气却埋藏较浅，平均深度超过 1 000 m。相对而言，中国海相页岩勘探前景最好，其中，四川盆地及其周缘地区最为现实；海陆过渡相与煤系页岩难以形成规模区块，勘探潜力有待落实。

在中国南方海相页岩地层主要富集地区中，重庆綦江、万盛、南川、武隆、彭水、酉阳、秀山和巫溪等区县是页岩气资源最有利的成矿区带，因此被确定为首批实地勘查工作目标区。另外，松辽、鄂尔多斯、吐哈、准噶尔等陆相沉积盆地的页岩地层也有页岩气富集的良好基础和条件。根据目前已经获得的数据，可以得到中国页岩气分布的区域如图 1.4

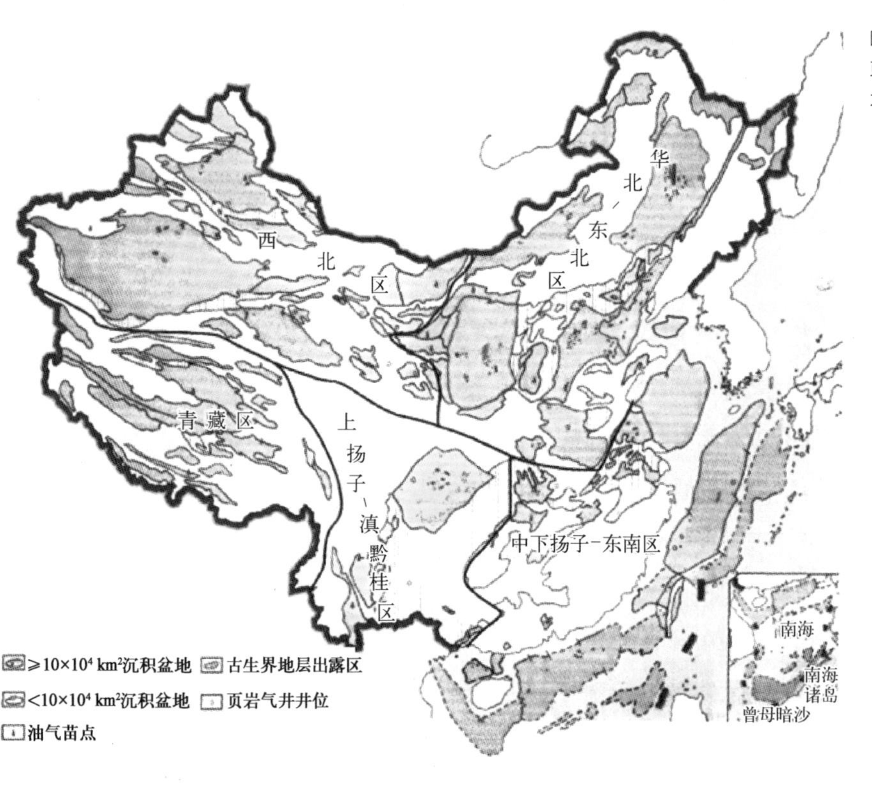

图 1.4 中国页岩气资源潜力分布

所示。可以看出，包括海域在内，中国分布有大量的页岩气藏，尤其是西北和南海等区域。目前，我国重点开发的四川盆地仅是全部储量的一小部分。2014 年 9 月，四川盆地首次探明整装千亿立方米的页岩气田，取得了商业化开发的突破，其他地区的页岩气资源分布和储量仍处于拟确立阶段。

1.3 页岩气开采的历史沿革

页岩气资源的研究、勘探和开发最早始于美国。目前，美国和加拿大是页岩气商业化、规模化开发的主要国家，其页岩气供应的增加直接影响了世界油气资源生产与消费的格局。近年来，美国页岩气开采快速增长，页岩气产量达到天然气总产量的 40%，改变了美国国内能源消费结构，降低了化石能源的对外依赖，不仅能够实现能源自给，甚至成为能源净出口国。

国际社会普遍认为，页岩气开发是全球能源领域的一场革命，不仅增加了全球天然气供应量，更对全球天然气市场、能源供应格局、气候变化政策甚至地缘政治都产生了重要影响。对比而言，中国的页岩气储藏具有与美国大致相同的前景及开发潜力。因而，深入研究国外页岩气开发历史、学习成功经验，有利于中国深度推进页岩气的开发，这将对我国改善能源结构和强化能源安全具有深远意义。

1.3.1 美国页岩气开采历史

早在 19 世纪，美国就已经开始在页岩带上钻井寻找天然气了，因而成为页岩气开发最早、最成功的国家。自 20 世纪 90 年代以来，在法律政策、技术进步等的支持下，美国率先在全球勘探和开发页岩气等非常规油气能源，由于储量丰富且开发技术先进，页岩油气开发已渐成规模。此后，在水力压裂和水平钻井技术方面的进步打破了页岩气的成本劣势，在 2012 年前后，美国和加拿大实现了对页岩气的商业化大规模开发。截至 2015 年,美国页岩气日均产量超过 $1 \times 10^8\ m^3$①。

1. 美国页岩气开发历程

1821 年,美国第一口页岩气生产井钻探于纽约州弗雷德尼亚镇(Fredonia)附近的泥盆系页岩,页岩气第一次作为一种资源被从浅层、低压的裂缝中开采出来。然而,实际上,直到 20 世纪 70—80 年代,页岩气仍然被认为是无法进行商业化开发的。直到水力压裂技术的应用,页岩气的产量才开始显著增加。

随着常规天然气储量的下滑,美国联邦政府对许多替代能源项目进行了投资,其中就包括 1976 年的东部页岩气项目,以及每年联邦能源监管委员会对天然气研究所的经费支持。1982 年,联邦政府对该研究所投入了巨额资金,并通过能源法案对能源行业提供了税收优惠等支持政策,最终促成了定向井与水平井、微震成像以及大型水力压裂技术的形成。

1986 年,能源部与几家私人天然气公司成功建造了第一口利用空气钻井技术的多裂缝页岩气水平井。20 世纪 80—90 年代,联邦政府进一步通过 29 号法案对非常规天然气提供税收优惠以鼓励页岩气钻探。微震成像技术起源于桑迪亚国家实验室对于煤床的研究,后来广泛应用于基于水力压裂法的页岩气开发和远洋石油钻探方面。George Mitchell 是公认的水力压裂法之父,他成功地将开采成本降到 4 美元/立方米,使得水力压裂法开采出的页岩气具有了商业价值。

1997 年,Mitchell 能源公司在 Barnett 页岩带作业中首次使用清水压裂技术,这使得 Barnett 页岩最终采收率提高了 20% 以上,作业费用减少了 65%。1998 年,该公司在纽约州 Chautauqua 县泥盆系 Perrysbury 组 Durdirk 页岩中钻探,在井深 21 m 处,从 8 m 厚的页岩裂缝中产出了天然气。这些都标志着美国的页岩气开发取得了巨大成功,扭转了天然气一直依赖进口的局面。根据国际能源署的估计,页岩气能够从技术上增加 50% 的可开采天然气储量(李新景等,2009)。由此,页岩气成为美国发展最为迅猛的能源门类。在这之后的一段时间,世界其他国家也纷纷开始页岩气的勘探、开发与研究。

① 美国能源署. http://www.eia.gov/energy_in_brief/article/shale_in_the_united_states.cfm.

2. 美国页岩气开发的技术演变

美国页岩气开发的技术演变历程可分为四个阶段。第一阶段：1997 年以前，采用直井大型水力压裂技术；第二阶段：1997—2002 年，采用直井大型清水压裂为主的技术；第三阶段：2002—2007 年，水平井压裂技术开始试验；第四阶段：2007 年至今，采用水平井套管完井及分段压裂技术。目前，水平压裂技术成为主体模式，其具体流程可参见图 1.5。

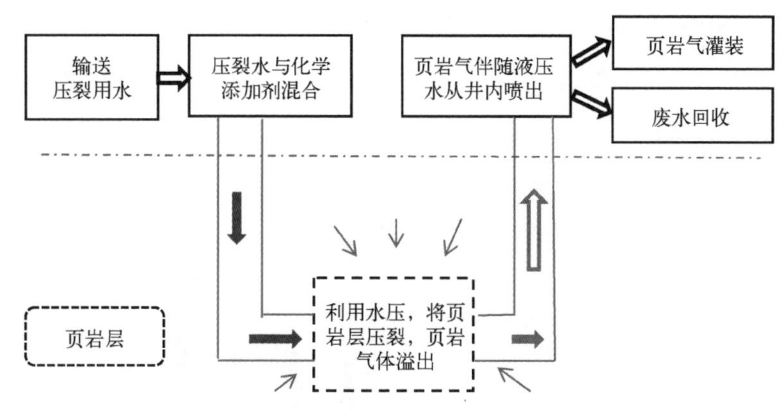

图 1.5　页岩气水平压裂技术简化示意

以 Barnett 页岩区为例。从 1997 年开始，Barnett 页岩区开采量迅速增加，已经完成 13 500 口井，均是以垂直井技术进行的开采。然而，约在 2004 年，水平井的数量大大增加，并于 2006 年超过垂直井数量。2010 年，Barnett 页岩区的水平井数量已经占到总生产井的 70%。可以说，从技术层面来看，美国水平井技术的成功突破直接推动了页岩气开发的成功。

1.3.2　加拿大页岩气开发的历史

加拿大是继美国之后世界上第二个对页岩气进行勘探和开发的国家，其页岩气生产也已有数十年的历史。早期的页岩气生产主要来自艾伯塔省东南部和萨斯喀彻温省西南部白垩系科罗拉多群的次白色斑纹页岩(Second White Speckled Shale)，直到

2000—2001 年,加拿大才开始在不列颠哥伦比亚省三叠系的 Upper Montney 页岩进行商业性的开采。随着新技术的应用,许多公司对页岩气的勘探开发还扩展到了萨斯喀彻温省、安大略省、魁北克省、新不伦瑞克省以及新斯科舍省。

目前,加拿大对页岩气勘探开发的地区主要集中在不列颠哥伦比亚省东北部的中泥盆统霍恩河盆地与三叠纪的 Montney 页岩。Montney 致密气和页岩气以干气为主,经水平井压裂后,初产为(700 ~1 100) $\times 10^4$ $ft^3$①/d,单井预计最终开采量(EUR)为(30 ~ 40) $\times 10^8$ ft^3。Montney 页岩气产量从 2006 年初约 3 000 $\times 10^4$ ft^3/d 增长到 2011 年初的约 8.9 $\times 10^8$ ft^3/d。受天然气价格影响,2012 年,Montney 页岩钻井速度显著下降,开发速度放缓,勘探转向 Montney 组中段和下段的致密油。但从艾伯塔省的页岩气井数量与产量来看(图 1.6),2008—2012 年,生产井数量与产量均呈现快速增长态势。

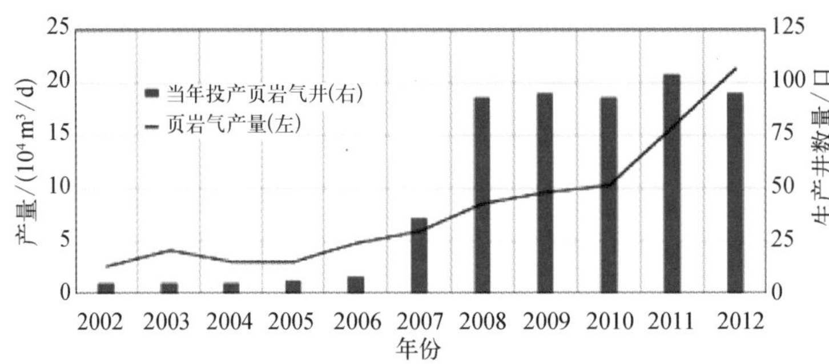

图 1.6 2002—2012 年加拿大艾伯塔省页岩气生产井数量与产量(赵文光等, 2013)

从应用方面看,加拿大油气管网相对发达,页岩气经处理后只需通过自建较短管线即可付费接入天然气管网进行外输,直接应用于下游居民燃气、取暖和工业原料等消费。Montney 和 Duvernay 页岩处于原有油气田附近,距离天然气管网较近,只需修建与已有天然气管网连接的较短天然气管线即可运输出去。Horn River 盆地由于无常规油气田分布,同时距离消费市场较远,则需要修建长距离天然气管道。

① 1 立方英尺(ft^3) =0.028 3 立方米(m^3)。

1.3.3 欧洲的页岩气开发进程

欧盟的油气供应严重依赖俄罗斯。随着美国页岩气革命成功的示范效应以及降低油气进口的动机,欧洲也开启了页岩气勘探开发的进程。

2009 年初,德国国家地学实验室启动了“欧洲页岩项目”(GASH),由政府地质调查部门、咨询机构、研究所和高等院校的专家组成工作团队,收集欧洲各个地区的页岩样品、测井试井和地震资料数据,建立欧洲的黑色页岩数据库,并与美国的含气页岩进行对比,分析盆地、有机质类型、岩石矿物学成分等,以对欧洲页岩气资源潜力进行评价与有利盆地优选,探索欧洲页岩气的赋存空间、成因机制及其性质。

2010 年,欧洲启动了 9 个页岩气勘探开发项目,其中 5 个在波兰。目前,波兰的马尔科沃利亚 1 号井 1 620 m 深处已出现页岩气初始气流。除了政府主导的项目外,欧洲页岩气勘探也吸引了多家跨国公司的投资,埃克森美孚、康菲及 OMV 等国际石油公司已经分别在德国、波兰、奥地利和瑞典等国开始实质性的工作。

波兰政府发放了 100 多个页岩气勘探许可证,积极引入外国资本开发本国页岩气,埃克森美孚、康菲和埃尼等国际能源巨头都已经介入。波兰能源公司被授权勘查波兰的志留系黑色页岩。此外,埃克森美孚公司已在匈牙利 Mako 地区部署了第一口页岩气探井,并计划在德国下萨克森盆地完成 10 口页岩气探井。美国戴文(Devon)能源公司与法国道达尔石油公司建立了合作关系,获得了在法国钻探的许可。康菲石油公司宣布,已与英国石油公司签署了在波罗的海盆地寻找页岩气的协议。2011 年 4 月底,阿索纳塔公司与意大利 ENI 公司签署了联合勘探和开发页岩气的合作协议。同年 6 月,保加利亚政府将为期 5 年的页岩气勘探许可授予了雪佛龙公司(Chevron),允许其在面积达 4 400 km^2 的 Novi Pazar 页岩气田进行勘探作业。

为摆脱对俄罗斯天然气的依赖,乌克兰也积极引进国际资本加大页岩气开发。2011 年 6 月,俄罗斯的 TNK－BP 公司计划投资开发乌克兰页岩气。2013 年 11 月,乌克兰与雪佛龙公司签订了一项价值高达 100 亿美元的协议,由后者帮助其开发页岩气。根据该协议,雪佛龙将获得在乌克兰西部两个地区勘探和开采碳氢化合物的权利。这两个地区是欧洲天然气储量最大的地区,估计储量达到 2.98×10^{12} m^3。2013 年 1 月,乌克兰与荷兰皇家壳牌达成类似协议。这两个协议将使乌克兰到 2020 年实现天然气自给自足，甚至成为天然气出口国。

德国页岩气储量约为 $2.3 \times 10^{12}\ m^3$。然而，水力压裂法所造成的环境问题一直是德国是否开采页岩气的一个焦点问题，“有些政治家急切希望降低对俄罗斯能源进口的依赖，另一些政治家则担心，水力压裂法使用的化学物质可能对这个人口稠密国家造成不良影响”①。然而，2016 年 6 月 21 日，德国政府表决通过了“关于无限期禁止使用水力压裂开采页岩气”的法律草案。这意味着，德国将中止页岩气勘探开发。

① 德国或将允许水力压裂法开采页岩气. 金融时报[N]，2014－6－5.

第2章 美国页岩气开发现状与扶持政策

美国是世界上页岩气开发最成功的国家。页岩气开发给美国带来就业岗位增加、能源结构改善、能源价格下降、能源安全程度提高等众多收益。因此，深入分析美国对页岩气开发的扶持政策，可以为中国相关政策的制定提供学习和借鉴。

本章将从美国页岩气储量、区域分布和产量等切入，就页岩气开发对就业、能源结构、能源价格、能源安全等方面的影响进行分析，并总结美国颁布的页岩气开发扶持政策，最后归纳美国的成功经验。

2.1 页岩气储量及其地域分布

美国本土发现有 48 个州广泛分布着有机页岩，蕴藏着丰富的页岩气资源。根据美国国家油气资源委员会的估计，美国页岩气资源总量在（14.2~19.8）× 10^{12} m^3，可采资源量约为 3.62 × 10^{12} m^3。但据 EIA 2012 年的估计，美国技术可开采储量应为13.7 × 10^{12} m^3。EIA 的数据显示，截至2010 年年底，美国已探明的页岩气储量约为2.76 × 10^{12} m^3。随着页岩气开采项目的不断展开，美国技术可采储量还在持续增加。例如，2002 年估算的 Marcellus 页岩带所蕴藏的天然气技术可采储量为 566 × 10^8 m^3；而到了 2011 年 8 月，美国地质调查局的数据表明，该页岩带的技术可采储量增加到了 2.4 × 10^{12} m^3；2012 年，这个数字又增加了 1.6 × 10^{12} m^3，达到 4 × 10^{12} m^3。

美国页岩气资源主要分布在东北部、墨西哥湾、中部内陆、落基山、南部和西海岸六个地区中大小不等的盆地里（图 2.1），包括北美克拉通盆地、前陆盆地侏罗系、泥盆系、密西西比系。其中，美国东北部页岩气地质储量为 7 306 × 10^8 m^3，占总页岩气资源的 41%；墨西哥湾地区页岩气地质储量为 7 167 × 10^8 m^3，占总页岩气资源的 40% 多，两大地区加总约占 82%；其次是中部内陆地区，页岩气地质储量为 1 685 × 10^8 m^3，占总页岩气资源的 9%。目前，美国正在生产的 6 套页岩气层也集中分布在这三大地区。表 2.1 详细给出了美国各州页岩气储量情况。

图 2.1 美国48 个州的页岩气储量分布情况（EIA, 2009）

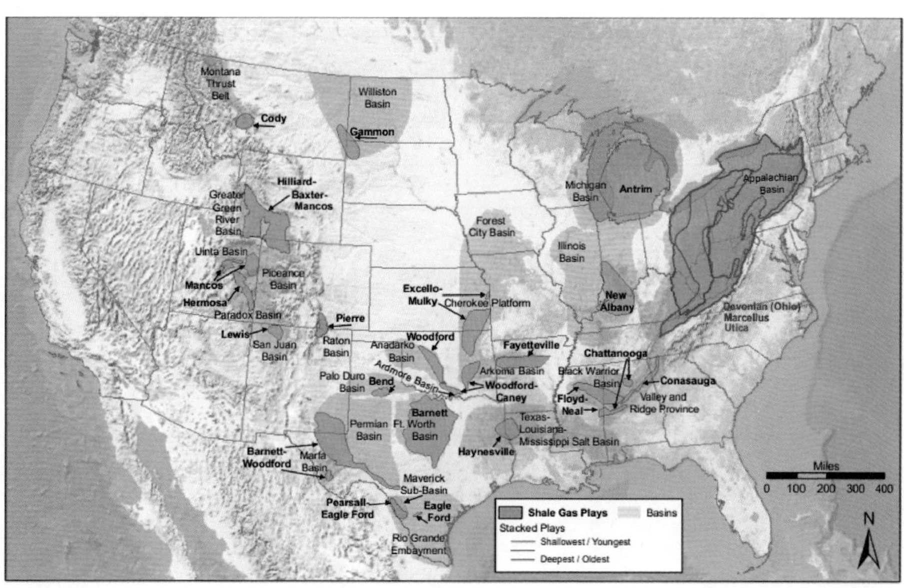

表 2.1 美国各州页岩气储量情况（单位：ft^3）

区　　域	2007 年	2008 年	2009 年	2010 年
美国本土 48 个州的总储量	23 304	34 428	60 644	97 449
得克萨斯州	17 256	22 667	28 167	38 048
RRC 区 1	0	2	435	1 564
RRC 区 2 岸	0	0	0	395
RRC 区 3 陆上	0	0	0	0
RRC 区 4 个陆上	0	0	78	565
RRC 区 5	8 099	11 408	13 691	16 032
RRC 区 6	0	173	1 161	4 381
RRC 区 7B	2 018	2 336	2 022	2 435
RRC 区 7C	0	0	0	13
RRC 区 8	5	48	24	90
RRC 区 9	7 134	8 700	10 756	12 573
RRC 区 10	0	0	0	0
路易斯安那州(北)	6	858	9 307	20 070

（续表）

区　域	2007 年	2008 年	2009 年	2010 年
阿肯色州	1 460	3 833	9 070	12 526
宾夕法尼亚州	96	88	3 790	10 708
俄克拉何马州	944	3 845	6 389	9 670
西弗吉尼亚州	0	14	688	2 491
密歇根州	3 281	2 894	2 499	2 306
北达科他州	21	24	368	1 185
蒙大拿州	140	125	137	186
新墨西哥州	12	0	36	123

注：RRC = Regional Resource Center，地区资源中心。

2.2　美国页岩气产量

在 1998—2007 年的十年间，美国非常规天然气产量增长了近 65%，从 1998 年的 $1\ 530\times10^8\ m^3$ 增长到 2007 年的 $2\ 520\times10^8\ m^3$。相应地，非常规天然气产量占天然气总产量的比例也从 1998 年的 28% 增加到了 2007 年的 46%，这主要归因于页岩气开发的迅猛增长。根据 EIA 当时的预测，页岩气产量占天然气总产量的比例将从 2007 年的 12% 上升到 2013 年的 35%；到 2030 年，非常规天然气产量将占天然气总产量的 55%，其中，页岩气的贡献将进一步加大。然而，今天看来，EIA 当时的估计过于保守了。

下面从主要年份的页岩气产量情况来进行分析。

1998 年，美国的页岩气产量达到 $85\times10^8\ m^3$，占天然气总产量的 1.6%；页岩气探明储量 $1\ 104\times10^8\ m^3$，占天然气探明总储量的 2.3%。

1999 年，页岩气产量达到 $108\times10^8\ m^3$。

2000 年以来，由于高气价、页岩储层描述技术以及钻井和完井技术的进步，页岩气成了具有经济价值的勘探开采对象(Cardott,2006)。

2006 年,美国页岩气井增至 40 000 余口,页岩气产量达到 $311\times10^8\ m^3$,占全国天然气总产量的 5.9%。

2007 年,美国页岩气产量达到 $366\times10^8\ m^3$,其中,Barnett/Newark East 气田和 Antrim 气田的产量分列美国第 2 和第 13 位。

2008 年,美国页岩气产量达到 $599\times10^8\ m^3$,比上年增长了 64%,页岩气产量占到美国干气总产量的 10%(EIA,2009),其中的 70% 来自得克萨斯州的 Barnett 页岩。

2009 年,美国页岩气开发取得了惊人的发展速度,页岩气生产井数暴增至 98 590 口,产量超过 $878\times10^8\ m^3$。其中,仅 Barnett 页岩的产量就达到了 $560\times10^8\ m^3$。页岩气勘探开发的快速增长使得美国天然气储量增加了 40%。2009 年,美国天然气总产量达到 $5\ 858\times10^8\ m^3$,首次超过俄罗斯的 $5\ 277\times10^8\ m^3$ 成为世界第一大天然气生产国。

2013 年,美国页岩气总产量已超过 $4\ 000\times10^8\ m^3$,占天然气总产量的比重超过 50%。

表 2.2 和图 2.2 分别给出了美国 2007—2010 年分区域的页岩气产量数据和 2002—2016 年区块产量数据。图 2.3 给出了美国 2007—2015 年页岩气和天然气产量数据。可以看到,美国页岩气开采量稳步增长,占天然气总产量的比例不断上升。2016 年,受到国际石油价格低位徘徊的影响,页岩气产量有所下降。

表2.2 美国2007—2010 年分区域页岩气产量(单位:0.001 tcf)

	2007 年	2008 年	2009 年	2010 年
美国本土 48 个州产量	1 293	2 116	3 110	5 336
得克萨斯州	988	1 053	1 789	2 218
RRC 区 1	0	0	11	41
RRC 区 2 岸	0	0	0	7
RRC 区 3 陆上	0	0	0	0
RRC 区 4 个陆上	0	0	5	26
RRC 区 5	437	769	954	1 053

（续表）

	2007 年	2008 年	2009 年	2010 年
RRC 区 6	0	3	28	219
RRC 区 7B	90	141	145	140
RRC 区 7C	0	0	0	13
RRC 区 8	1	4	3	7
RRC 区 9	460	586	643	725
RRC 区 10	0	0	0	0
路易斯安那州(北)	1	23	293	1 232
阿肯色州	94	279	527	794
宾夕法尼亚州	1	1	65	396
俄克拉何马州	40	168	249	403
西弗吉尼亚州	0	0	11	80
密歇根州	148	122	132	120
北达科他州	3	3	25	64
蒙大拿州	12	13	7	13
新墨西哥州	2	0	2	6

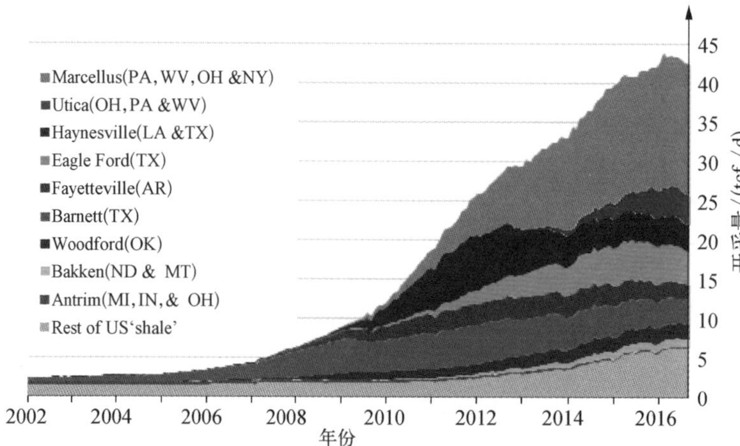

图2.2 美国各区域页岩气月度开采量

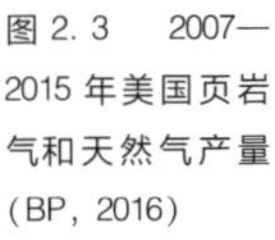

图 2.3　2007—2015 年美国页岩气和天然气产量(BP，2016)

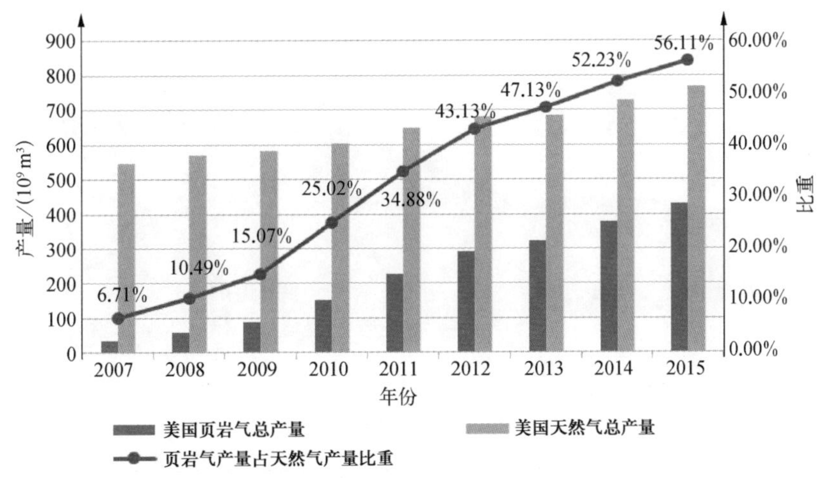

根据 EIA 的统计，2000—2012 年，美国页岩气年产量由 $117.96\times10^8\ m^3$ 上升至 $2\,762.95\times10^8\ m^3$；2000—2014 年，页岩气产量占天然气总产量的比例迅速从 1.7% 上升至超过 40%。图 2.3 也表明，2015 年，页岩气产量占天然气总产量的比例已经超过 50%。与此同时，常规天然气占天然气总产量的比重不断下降，由 2000 年的 73.3% 下降至 2012 年的 43.1%。预计到 2030 年，非常规天然气总产量将接近 $8\,000\times10^8\ m^3$(图 2.4 和图 2.5)。

图 2.4　EIA 预测美国非常规天然气的产量情况(EIA，2013)

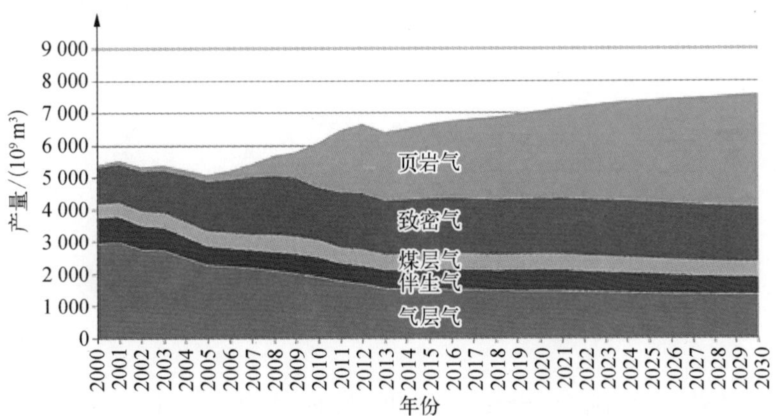

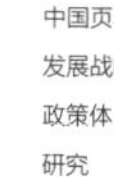

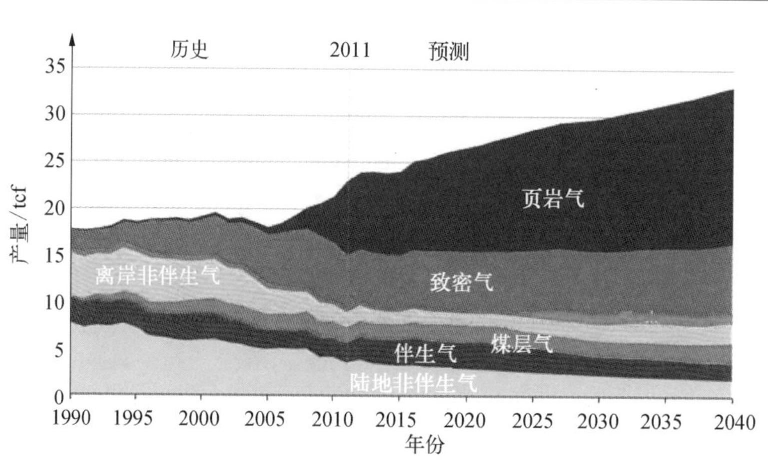

图 2.5　美国年均天然气产量及预测

在非常规石油方面，美国的勘探开发速度也是相当快的。2000 年，美国每天开采的页岩油仅有 20 万桶，占国内总开采量的 3%；而到了 2012 年，已达到 100 万桶。美国剑桥能源咨询公司预计，到 2020 年底，美国每天可产出 300 万桶页岩油，超过 2012 年原油产量的一半。美国石油协会的数据表明，常规油气加上页岩油、页岩气等非常规油气资源，美国达到开采标准的油气资源量居世界首位，比沙特阿拉伯多 24%。美国 PFC 能源咨询公司预计，到 2020 年，页岩油气资源将占美国油气产出的约三分之一，届时美国将是全球最大的油气生产国，超过俄罗斯和沙特阿拉伯。由此，以中东为核心的东半球“常规油气版图”和以美洲为核心的西半球“非常规油气版图”基本形成，这将在很大程度上改变世界能源格局（邹才能等，2013）。

2.3　页岩气开发对美国经济的影响分析

2007 年以后，美国页岩气开发获得了快速发展，并对经济增长、就业岗位、能源价格、能源结构、能源自给度、化工等相关产业的发展都产生了深远影响。

2.3.1 页岩气开发带来就业增长

页岩气开发不仅可以直接创造就业岗位，还可以通过有效地拉动其他相关产业的发展，创造大量就业岗位。直接就业岗位包括钻井、运输、处理、管道建设等，而且，每增加一个直接就业机会就会因对其他产业的促进作用而连带提供3个间接职位，例如，刺激当地生产性和生活性服务业的发展。

2011年，美国经济咨询机构IHS环球透视（IHS Global Insight）发布报告称，未来4年页岩气会成为美国经济增长的主力军，不仅能增加1 180亿美元的经济收入，还能提供约87万份工作岗位。HIS强调，到2036年，页岩气产值会从2010年的760亿美元提高到2 310亿美元，涨幅达2倍之多。在未来25年，该产业还能为联邦、州以及地方政府贡献约570亿美元的税收，其累计税收收入将超过9 330亿美元，并将提供超过160万个就业机会①。纽约州公共政策研究所的数据也显示，到2018年，每年在美国开发500口页岩气井就会创造62 620份工作岗位。

页岩气开发还通过导致化石能源价格下降、产业生产成本降低而带来相关产业的繁荣。例如，美国塑料产业就是众多受益于页岩气开发的行业之一。美国化学理事会（ACC）的专家认为②，页岩气已成为美国塑料工业"改变游戏规则的推手"。美国厂家采用基于天然气的原料，与使用石油为原料的欧洲和亚洲供应商进行竞争，具有明显的成本优势。预计到2020年，页岩能源开发将为美国新增近15 000个塑料就业岗位，同时该行业还将为GDP带来将近13亿美元的增加值。

2.3.2 页岩气开发导致能源价格下降

页岩气开发增加了美国天然气的供给，在需求稳定的情况下导致其价格下降，大幅度地降低了能源成本，居民、商业与工业都将从中受益。休斯敦大学金融学教授爱

---

① http://news. bjx. com. cn/html/20111214/329580. shtml.

② http://energy. cngold. org/c/2015-09-02/c3526831. html.

德华·赫斯估计,仅2011年,美国经济就从低气价中获益超过1 000亿美元。HIS预测,随着页岩气产出的增加,将直接带动天然气价格下降,进而电力成本也会随之降低,美国平均电价将下降10%。

在过去25年中,美国天然气价格经历了以下三个阶段(图2.6)。

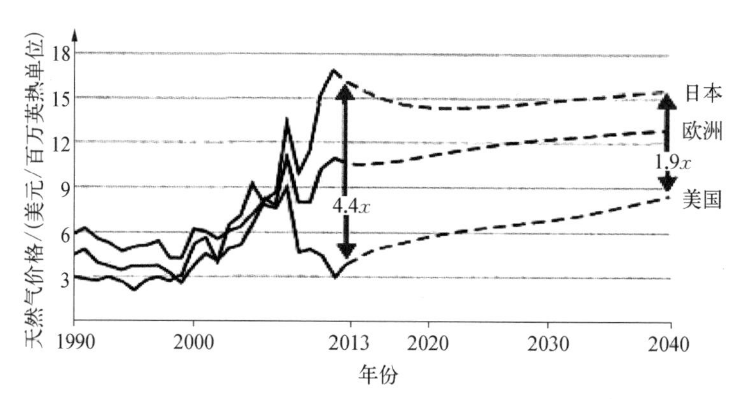

图2.6 世界主要天然气市场价格预测

第一阶段:1993—2002年,低价主导,天然气价格为2~4美元/百万英热单位①。2000年,强劲的拉尼娜气候造成的寒冷冬季推动了美国天然气价格的上升。然而,2000年的攀升及2001年的价格崩溃与产出水平变化之间并没有明显的相关性。

第二阶段:2003—2008年,高价主导,天然气价格为6~16美元/百万英热单位(以2015年美元计价)。较高的价格水平刺激了该领域的投资和技术创新,导致了始于2008年的对页岩气钻探的巨大投入。

第三阶段:2009年至今,产量飙升使天然气价格维持在3~6美元/百万英热单位(图2.7和图2.8)。实际上,从2007年开始,在页岩气产量井喷的带动下,美国天然气产量迅猛增长,呈现供大于求的趋势,因而天然气价格从8美元一路跌到了2012年的2美元,极大地推动了美国很多工业部门能源成本的降低。同期,国际市场上天然气价格与原油价格的变化趋势是一致的,呈现出较强的正相关关系。然而,在2009年以后,随着页岩气产量的大规模增长,美国天然气市场发生了深刻变化,天然气价格大幅

① 1百万英热单位(MMBtu)=1 055.06×10^6焦耳(J)。

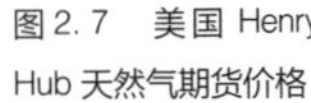

图 2.7 美国 Henry Hub 天然气期货价格

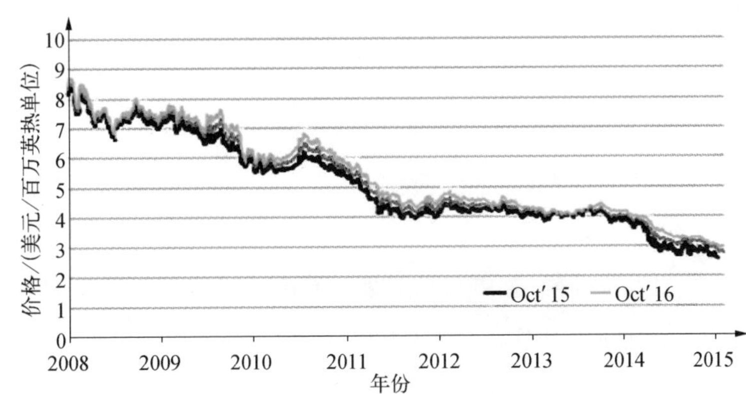

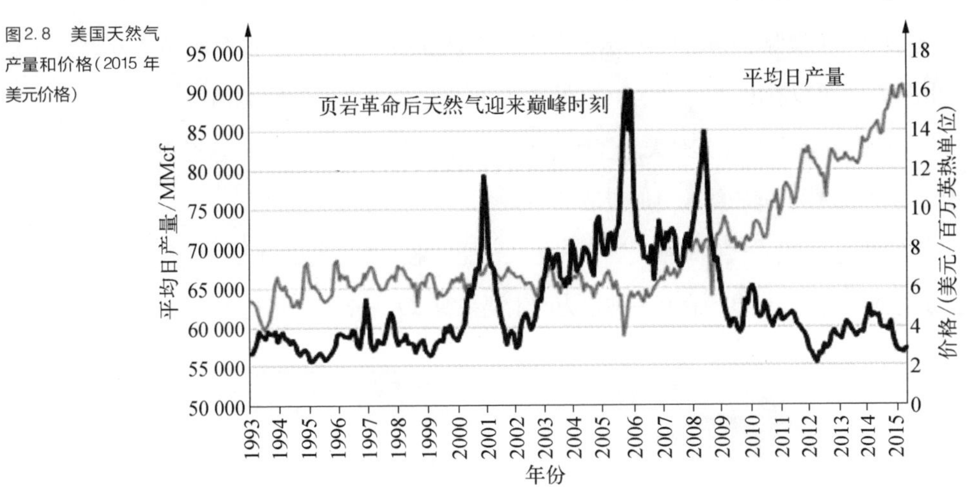

图 2.8 美国天然气产量和价格(2015 年美元价格)

回落,与原油价格的相关性下降,图 2.8 明显表明了这种背离趋势。

美国天然气产量快速增长的主要贡献来自页岩气。自 2008 年以来,来自常规天然气和煤层气的供给持续下降,来自常规油田的产出趋于停滞,大致保持在 1993—2008 年的产量范围之内。而页岩气产量在 2010 年以前年增长范围保持在 2 000 ~ 3 000 MMcf①/d,而在 2011—2012 年,年增长加速,每日产量增加 6 000 ~ 8 000 MMcf。

① 1 百万立方英尺(MMcf) = 2.831 7 × 10^4 立方米(m^3)。

目前，页岩气每天产量增长趋缓并保持在 3 000 ~ 6 000 MMcf。这种巨大的产量增长导致天然气价格保持在低位。

2.3.3　页岩气开发导致能源结构改善

随着天然气价格的下降，美国能源结构发生了显著的变化。根据 EIA 的数据（图 2.9），2015 年，美国能源消费总量为 97.7 千兆英热单位（Quadrillion Btu）①，其中，石油占比最大，达到 36%，其次是天然气，占比 29%，煤炭占 16%，核能占 9%，可再生能源占 10%。总体而言，化石能源仍占 81%，非化石能源占 19%。在可再生能源部分，生物质能源占可再生能源总量的 49%，水电占 25%，风电占 19%，太阳能占 6%，地热占 2%。由图 2.10 可以看出，2015 年，石油、天然气、可再生能源在一次能源消费中的比重比 2014 年都有所增加，尤其是天然气增加了 3%，而煤炭则下降了 12%，这说明天然气替代了煤炭，美国的能源结构更加清洁了。

从电源结构看，页岩气革命使美国实现了从核能发电和煤炭发电向天然气发电的转变。过去数十年来，煤电一直是美国电力的主要来源，2003 年占比仍达到 53%。但

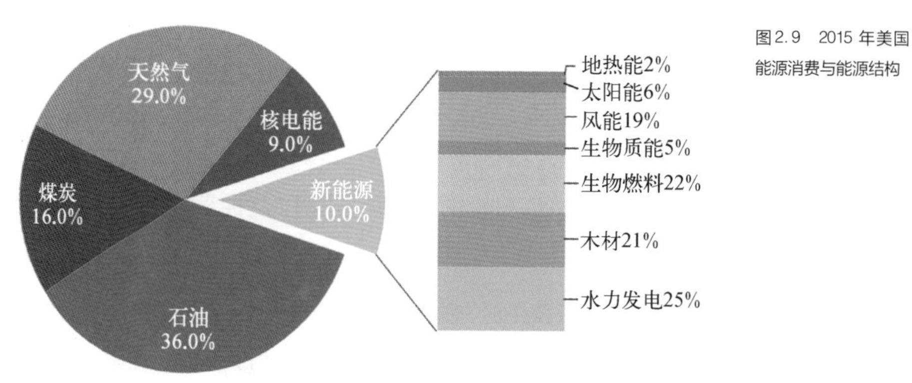

图 2.9　2015 年美国能源消费与能源结构

① 1 英热单位（Btu）= 1 055.056 焦耳（J）。

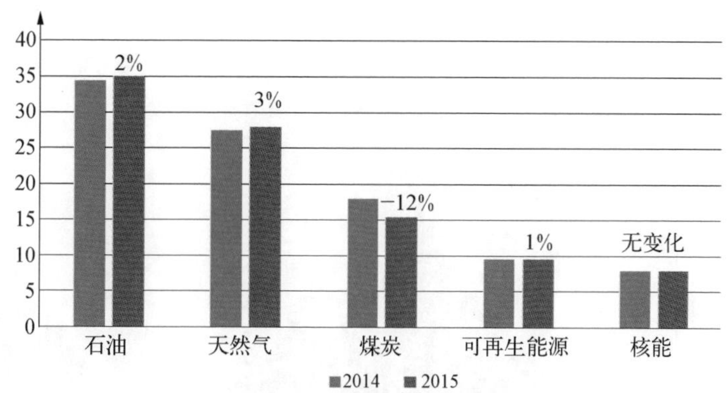

图2.10　2015 年与2014 年美国能源结构对比

随着页岩气的开发，天然气价格大幅度下降，很多煤电厂被迫关闭，天然气发电厂兴起。2012 年，美国电力总装机容量为 11.58×10^{8} kW，其中，气电装机约占总装机的 42.5%，其次为煤电，约占 29.2%，核电和水电分别占 9.2% 和 8.5%，风电占 5.0%，油电占 3.6%（图2.11）。

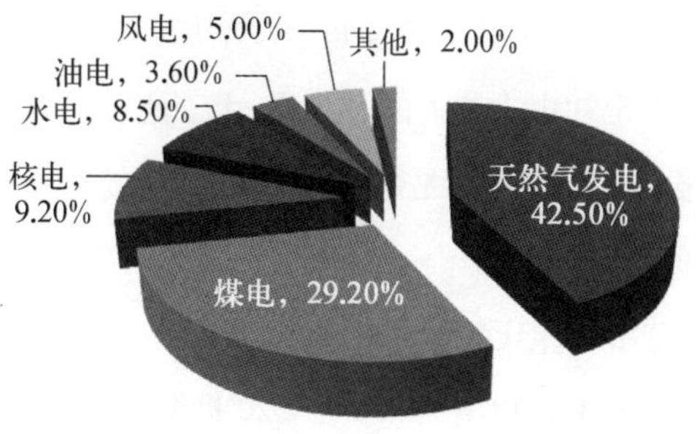

图2.11　2012 年美国发电装机容量的构成

从新增装机的电源来看，在 1985 年以前，美国新增发电机组容量一直都是以燃煤机组为主。但此后，燃煤发电急剧萎缩，天然气发电开始崛起。到了 2000 年之后，天然气发电在新增发电装机容量中占据多数。而 2005 年以后，风力发电开始迅速增长，成为主流的发电技术之一。2011 年开始，太阳能发电显著增长。在 2007—2013 年，燃煤发电虽然有小幅度的复苏，但是其市场份额仍然低于天然气发电。图 2.12 给出了美国 1950—2014 年新增装机容量的电源结构。

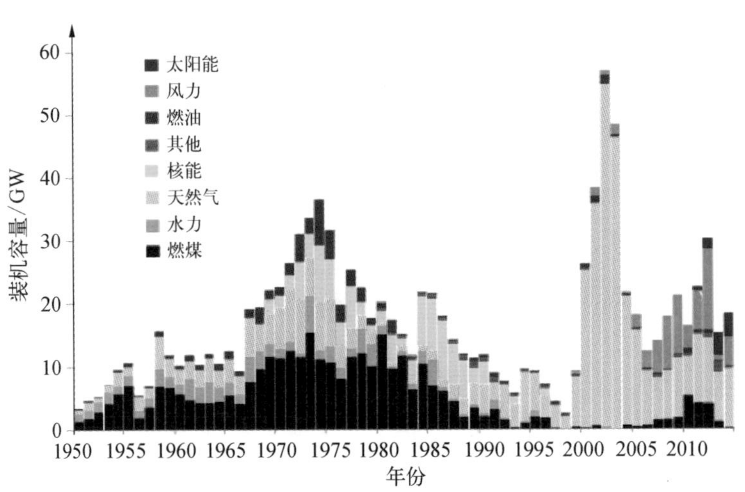

图2.12 1950—2014年美国新增装机容量中的电源结构

在美国电力工业中，煤电一直占有十分重要的地位。美国燃煤电站多建于1980年前，1950—1990年新增装机以煤电为主。自1987年美国政府解除了对天然气发电的禁令后，高效、洁净的燃气发电装机呈现持续上升态势。1990年，美国燃气装机占比为4.55%，2000年增加到11.78%，2005年进一步增加到39.15%，超越煤电成为美国装机第一大电源。20世纪初电力工业改革以来，由于建设时间短和基建成本低等原因，美国独立发电商投产的电源主要是燃气电站，以燃气轮机单循环和联合循环技术为主，主要承担高峰负荷发电任务。

美国核电装机全球第一，但近年来发展缓慢。2012年，美国核电装机容量约 1×10^8 kW。美国核电站主要建于1970—1990年。20世纪80年代后，随着电力需求增速的放缓、核电建设成本的增高、审批的日益严格，特别是1979年三里岛核电事故后，美国核电发展放缓。美国最近投运的核反应堆是1996年田纳西流域管理局的瓦茨巴(Watts Bar)1号核反应堆。十几年来，美国没有新增核反应堆，但由于对现有核反应堆的增容改造，核电装机仍然呈现缓慢增长趋势。美国核电管制委员会(NRC)核准的核反应堆运行寿命许可一般是40年，但经其评估和批准，可以延长运行寿命。截至2010年底，美国约60%的核反应堆获得了20年的运行寿命延长许可，同时，美国也已关闭了19台核反应堆。2011年年初，美国强调，将大力发展包括核能在内的清洁能源,并于2012年2月批准了美国南方电力公司2台AP1000核电项目。

在美国可再生能源装机中,水电比例有所下降,风电装机快速增长。美国水电开发较早,20世纪80年代已基本开发完毕,新增装机以增容改造为主。由于新增装机有限,美国水电装机比重从1990年的12%下降到2011年的9.8%。在州配额制、联邦政府初始投资补贴、生产税优惠和加速折旧补贴等系列扶持政策的刺激下,2005年以来,美国风电装机快速增长,新增装机的48%来自风电装机。

2.3.4　页岩气开发对能源对外依存度的影响

长期以来,美国能源供求平衡一直依赖海外能源,而页岩气革命的成功大幅度提高了美国的能源自给率,从2005年的69.2%上升到2011年的80.3%,这是自1993年以来的最好水平。如图2.13和图2.14所示,从2007年到2015年,美国能源对外依存度从52.26%降低至12.97%。按百万桶①油当量计算,2015年,美国天然气的总产量为705.3百万桶,在能源总产量中的占比为18.8%。天然气的总消费量为713.6百万

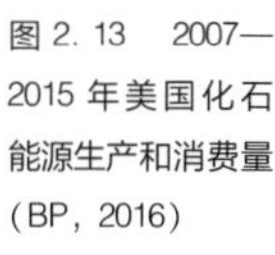
图2.13　2007—2015年美国化石能源生产和消费量(BP,2016)

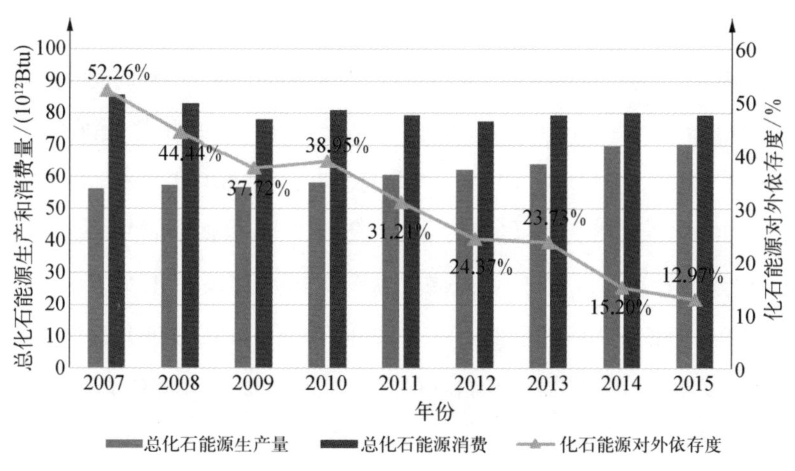

① 1百万桶 $=15.898\times10^4\ m^3$。

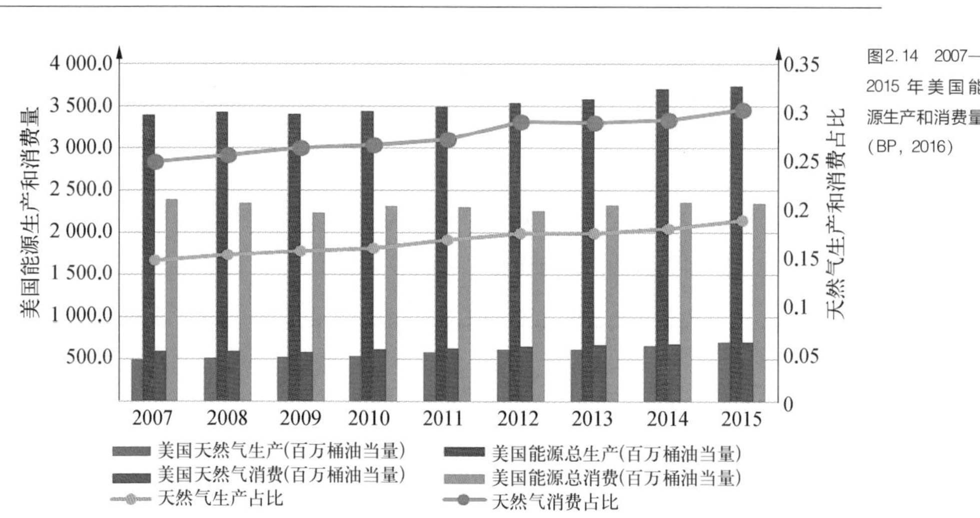

图2.14 2007—2015 年美国能源生产和消费量(BP，2016)

桶,在能源消费总量中的占比为 30.3%。

根据 EIA 的预测,美国国内能源消费中进口能源的部分将逐年下降。页岩气是美国实现能源独立的主力军。从 2010 年开始,除页岩气外,美国国内石油、陆上天然气、煤层气等化石能源产量都持续下降。化石能源中只有页岩气产量呈现上升趋势,且有望在未来相当长一段时间内保持稳定增长。

随着页岩气产量的持续增加,美国已经从能源净进口国开始转向能源出口国,不断向海外输出天然气。2016 年 2 月,通过液化天然气(LNG)的方式,美国首次向巴西出口页岩气。自此,美国 LNG 出口量基本保持上升趋势,2016 年 1—10 月,LNG 出口总量达 31.70×10^8 m^3,8 月出口量更是高达 7.58×10^8 m^3(图 2.15)。美国页岩气产量的迅速上升也使得出口价格不断下跌。从图 2.16 中可以看出,2016 年 1—10 月,LNG 出口价格均低于 2015 年同期的价格。2015 年全年 LNG 的平均价格为 10.8 美元,然而,2016 年 1—10 月的平均价格只有 5.43 美元,比 2015 年降低了 49.7%。美国页岩气的持续出口表明,通过 LNG 和长距离管道运输,使得在世界范围内进行天然气运输成为可能,这将有助于形成一个全球性的 LNG 市场,并使得全球的 LNG 价格维持在较低水平。根据 EIA 的预测,从 2035 年开始,美国将取代俄罗斯,成为世界上最大的天然气出口国。

图2.15 2016年1—10月美国LNG出口量

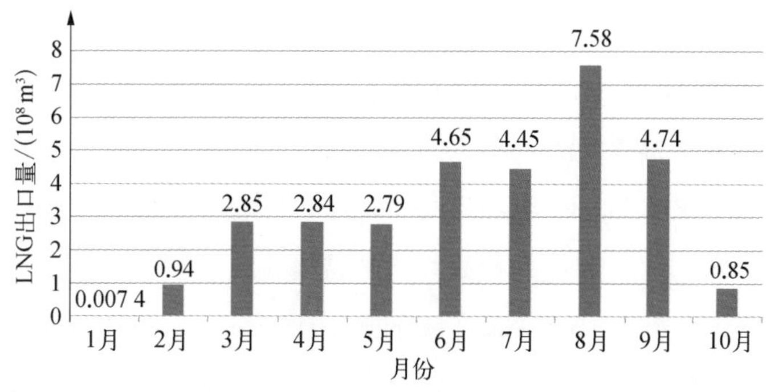

图2.16 2015—2016年美国LNG出口价格

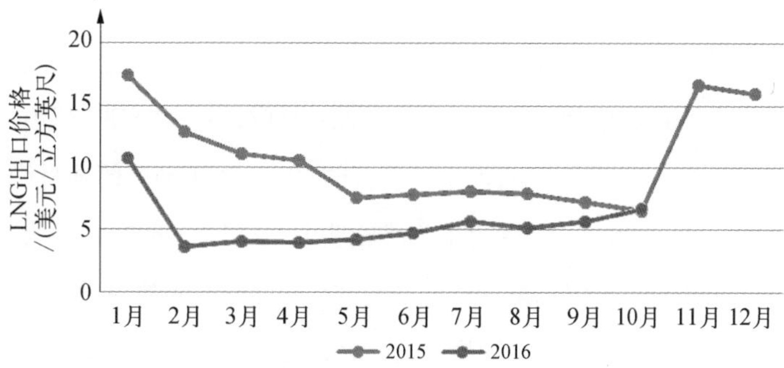

因此，随着页岩气产量的继续增长，美国能源对外依存度将持续下降，甚至可能成为世界能源输出大国。同时，它带来的全球影响正在显现，未来全球能源的地区供应结构、消费结构、安全结构的再平衡也将不可避免。

2.3.5 页岩气开发对化工业原料供应的影响

天然气（页岩气）既可作为化工行业热量和电力的来源，同时，也可作为化工生产的主要原料。页岩气革命带来的美国天然气供给的大幅度增长降低了天然气的价格，让已经面临衰退的美国化工行业迎来了转机，曾经失去的市场份额和就业机会重新回归。

与欧洲和亚洲主要采用石油为原料不同，美国大部分树脂都是以天然气为原料的，由此生产的乙烷和丙烷将增加，促使石化企业对乙烯和丙烯单体以及聚乙烯树脂进行大规模的产能扩张。新增的树脂供应进一步带动美国塑料加工业的产能扩张。而在页岩气革命之前,美国塑料行业的前景一片黯淡,许多工厂停产或减少产能,但随着页岩气的大规模应用,塑料业不仅再度具备了竞争力,还吸引了大量的国内外投资,进而增加了高薪资、高质量的就业岗位。

在石化行业,乙烯和丙烯将成为受非常规油气开发影响最大的四大领域之一。预计到2020 年,两大关键塑料相关领域的产量将持续攀升。到2020 年,树脂和合成材料产量将攀升6% ,而塑料与橡胶制品产量将进一步增长4.1% ;到2025 年,树脂的增幅将达到8.1% ,而塑料和橡胶制品的增幅为4.6% 。美国每年宣布的乙烯扩能数量将接近 200×10^8 lb①,而每年的丙烯供应量将可能增长近 90×10^8 lb。

2016 年4 月,美国化学理事会(ACC)宣布,基于丰富的天然气、液化天然气和页岩气为原料的美国化工业投资已达1 640 亿美元。其中,264 个新建、产能扩张和设备重启项目已经完成或正在进行中,占全部投资的40% ,另外55% 的项目尚在规划阶段。到2023 年,上述项目每年将为化工业带来超过800 亿美元的产值,并创造63 余万个工作岗位。以陶氏化学为例,陶氏化学是全球顶级化学品制造商,过去十年在中国进行了大量的投资。然而,随着美国页岩气革命的成功,2015 年,它将在美国墨西哥沿岸建设一套世界级的乙烯装置。

总体来看,作为重要的基础能源和工业原料,大量具有价格优势的页岩气投放市场将带动美国的原油、煤炭等传统化石能源价格走低,从而降低美国国内企业的生产成本。此外,页岩气的爆发式增长将改变美国国内天然气的供需格局,影响美国整体能源供需格局,并对全球产业布局也形成一定的冲击。

2.4 支持页岩气开发的产业政策

美国在页岩气开发利用方面取得的令人瞩目的成就,部分归功于对页岩气开发的

① 1 磅(lb) =0.453 6 千克(kg)。

激励政策。不同于常规天然气，页岩气开发需要大面积、规模化和连续钻井，因此，具有前期勘探开发投入大、投资风险大、回报周期长、消费严重依赖管网建设等特点。因此，私人企业参与开发的积极性不高，需要政府扶持政策的调动和支持。经过多年的实践探索，美国在支持能源发展方面已经形成了完善、系统的财税政策，主要包括税收抵免、直接补贴、贷款担保等三类。这些政策极大地鼓舞了企业投资于页岩气开发的积极性，从而推动了页岩气产业的快速发展。

本节主要梳理美国近50年中颁布的相关页岩气开发利用的扶持政策，以此为基础，还将在以下各章节对其在页岩气开发利用方面的制度框架进行分析研究，以期为我国页岩气扶持政策的制定和管理体制的构建提供参考。

2.4.1　产业政策综述

美国页岩气开发真正进入大发展阶段，是在20世纪80年代中期。当时，美国政府颁布了一系列法案和政策措施，其中的能源税法是随着国内能源需求的形势而不断演变发展的，每个阶段都呈现出不同的特点，并且为适应每个阶段不同的宏观调控要求，不断出现新的财政税收手段。

1978年的《公用事业管制政策法案》首次要求，电力公司必须按照“可避免成本”购买合格发电设施生产的清洁电力，这为可再生能源发电技术与化石燃料发电技术的公平竞争创造了条件。

1978年的《天然气政策法案》将致密气、煤层气和页岩气统一划归为非常规天然气，通过立法保证非常规天然气开发的税收和补贴政策。

1979年的《能源税法案》首次对可再生能源的投资者给予投资税抵扣，并允许可再生能源项目实行加速折旧。

1980年的《原油暴利税法》第29条提出了对非常规能源生产的税收减免和财政补贴政策，即1980—1992年钻探非常规天然气可享受每桶油当量3美元的补贴。

1992年的《能源政策法案》首次提出对可再生能源的生产给予生产税抵扣，对免税公共事业单位、地方政府和农村经营的可再生能源发电企业按照生产的电量给予经济补助。

1992 年的《第 29 条"非常规能源生产税收减免及财政补贴政策"修正案》设立了能源生产税收津贴，继续推行非常规天然气补贴政策。

1997 年的《纳税人减负法案》延续了对非常规能源的税收补贴政策。

2004 年的《美国能源法案》规定，在 10 年内，政府将每年投资 4 500 万美元用于支持非常规天然气的研究与开发。

2005 年的《能源安全法案》创造性地提出，利用金融工具促进可再生能源产业的发展。首次引入清洁可再生能源债券机制，为公共领域的可再生能源项目募集资金；引入贷款担保机制为可再生能源技术的商业化提供资金支持。

2007 年的《联邦能源独立与安全法案》提出了非常激进的可再生能源产业发展目标"20 in 10"，希望通过大力发展生物乙醇，用 10 年的时间将美国汽油消费降低 20%。

2009 年的《美国复苏和再投资法案》提出，通过投资税抵免的办法鼓励美国本土可再生能源设备制造业的发展。

2009 年的《美国清洁能源与安全法案》首次提出了美国应对全球气候变化的一揽子方案，使全社会更加关注可再生能源的发展。

2011 年，美国国务院成立能源资源局。

美国财政部还专门设立非常规油气研究基金，支持大学和研究机构就包括页岩气在内的非常规油气开发开展基础研究。另外，美国每年进行能源矿产勘探开发都要打成千上万口勘探井，按照美国法律要求，相关公司和部门必须上报所获得的地质数据，并向社会公开。因此，多年来，美国积累了大量的地质数据和油气勘探数据，在此基础上开展的扎实基础研究为页岩气开发做好了数据积累和技术储备。

表 2.3 给出了自 1978 年以来美国颁布的支持非常规能源发展的各类法案及采取

表 2.3 美国 1978 年以来支持非常规能源发展的政策

颁布时间	政策名称
1978	公用事业管制政策法案
	天然气政策法案
1979	能源税法案
1980	原油暴利税法

（续表）

颁布时间	政策名称
1992	能源政策法案
	第29条 “非常规能源生产税收减免及财政补贴政策”修正案
1997	纳税人减负法案
2001	能源政策法
2004	能源法案
2005	能源安全法案
2007	联邦能源独立与安全法案
2009	复苏和再投资法案
	清洁能源与安全法案
2011	成立能源资源局

的措施(廖奎和贾政翔,2011;张永伟和柴沁虎,2009;王南等,2012)。

经过上述产业政策的扶持,美国页岩气开发逐步形成了从区块登记、勘探、开发和管理的规范制度框架,吸引了大量企业参与,最终演变成了多元化的开发格局。资料显示,美国油气行业的企业大约有8 000家,其中的7 900多家是中小型公司。最初,中小企业的自由竞争使得页岩气开发技术不断得到突破,同时也实现了页岩气的初步商业化开采。随后,大型油气公司不断并购这些中小企业,从而得到了页岩区块,也掌握了大量的开采技术,同时通过合资、合作等多种方式进入了开发产业链,利用资本实力和强大的市场势力完成了资源的整合,进而提高了页岩气的生产效率,降低了生产成本,增强了页岩气的价格竞争力。这一开发模式使得页岩气开发在单个环节的投入较小,作业周期缩短,进而提高了收益率。

2.4.2 税收抵免政策

美国颁布的一系列法案推动了包括页岩气在内的非常规天然气资源的快速发展,其中,税收抵免是最主要的财税政策,主要包括三种手段:一是投资税抵免;二是生产税和生产所得税抵免;三是消费税抵免。

1. 投资税抵免

美国对可再生能源的投资税抵免有两个突出特点。第一,享受投资税抵免的可再生能源范围不断扩大,额度不断增加,但对申请者的资质要求越来越严。目前,美国已经开始将全生命周期评价法作为评价一个项目是否值得联邦政府支持的标准。第二,税收抵免的灵活性有所增强,《2009 复苏和再投资法案》允许纳税人对新建装置在可再生电力生产税抵免、投资税抵免以及联邦基金之间任选其一;对符合条件的、用于可再生能源设备制造、研发设备安装、设备重置和产能扩大项目的投资,都可按照设备费用的 30% 给予投资税抵免。

2. 生产税和生产所得税抵免

生产税抵免可以追溯到《1992 能源政策法案》,该法案对可再生资源电力生产给予生产税抵免。后来,该政策几度调整。目前,该法案根据不同的可再生能源类型规定了相应的抵免额度及优惠时效。

生产所得税抵免可以追溯到《2005 能源政策法案》,主要集中在生物燃料领域。该法案规定,生产能力小于 $6\,000 \times 10^4$ US gal① 的小型燃料乙醇生产商和生产能力小于 $1\,500 \times 10^4$ US gal 的小型生物柴油生产商,可以享受 0.1 美元/加仑的生产所得税减免。

1980 年,美国国会通过《原油意外获利法案》第 29 条税收补贴条例,对 1979—1993 年钻探、并于 2003 年之前生产和销售的页岩气均实施税收减免,幅度为 0.5 美元/百万英热单位。相比而言,1989 年美国 Henry Hub 天然气基准价格仅为 1.75 美元/百万英热单位,由此说明税收减免的力度相当大。

同时,美国各州政府也出台了相应的税收减免政策,包括无形钻探费用扣除、有形钻探费用扣除、租赁费用扣除、工作权益视为主动收入、小生产商的耗竭补贴,等等。

3. 消费税抵免

消费税抵免主要集中在生物燃料领域,其中,燃料乙醇的消费税减免可以追溯到 1978 年的《联邦能源税收法案》(廖奎和贾政翔,2011)。

---

① 1 美制加仑(US gal) = 3.785 4 升(L)。

2.4.3 直接补贴政策

美国的税收补贴政策源于1978年的《能源税收法案》,后来在1980年的《原油暴利税法》中得以扩展。在《原油暴利税法》中,“替代能源生产的税收津贴”旨在鼓励国内非常规能源的生产,即1980—1992年钻探的非常规天然气可享受每桶油当量3美元的补贴。后续的立法将该期限推迟了两次,共3年。而在1980—1992年勘探的常规气井,其生产的非常规天然气享受相同额度的补贴。

此后,1990年《税收分配的综合协调法案》和1992年《能源税收法案》均扩展了非常规能源的补贴范围。1992年,美国联邦能源管理委员会取消了管道公司对天然气购销市场的控制,规定管道公司只能从事输送服务。天然气供销的市场化,使得非常规天然气的供应更加便捷,供应成本大幅度降低,市场竞争力增强。1997年的《纳税人减负法案》延续了替代能源的税收补贴政策。2004年的《美国能源法案》规定了政府对非常规天然气研发的补贴。2006年投入运营,用于生产非常规能源的油气井,可在2006—2010年享受22.05美元/吨(或热量等价)的补贴。

另外,在州政府政策中最具代表性的是得克萨斯州。自20世纪90年代初以来,得克萨斯州就对页岩气开发免征生产税,实施3.5美分/立方米的政府补贴,另外还有其他税收优惠①。

2.4.4 债券和贷款担保政策

美国政府用于支持能源发展的债券主要有清洁可再生能源债券和节能债券。债券发行人只需支付本金,债券持有人可以根据联邦政府的规定享受税收抵免,调整后的税收抵免额度为联邦政府公布的传统债券利率的70%。如果抵免额度超过纳税义务,相应部分可以延期到下一个年度。

贷款担保项目主要有能效抵押贷款担保、能源部贷款担保、农业部美国农村能源

① 林伯强.美国如何扶持页岩油气产业[N].科学时报,2011-08-01.

贷款担保等。能效抵押贷款担保主要用于推进可再生能源在住宅方面的应用，私房房主可以利用该贷款进行已有住宅或者新住宅的能效改进和可再生能源利用。能源部贷款担保主要用于可再生能源、能效改进、先进输配电技术和分布式能源系统等领域先进技术的开发。农村能源贷款担保项目与农村能源基金项目的用途基本类似。政府的贷款担保降低了管道建设风险，有利于企业获得贷款，同时，也保障了合理的天然气处理装置价格(廖奎和贾政翔,2011)。

2.5 美国页岩气开发经验总结

纵观美国页岩气的发展历程，可以总结出以下七点经验。

(1) 美国联邦政策和州政府都相当重视页岩气开发，出台了一系列的税收减免政策、补贴政策和贷款优惠政策。非常规能源在开发初期往往离不开政府政策的扶持。如果仅仅依赖市场的价格调节，页岩气在开发初期很难获得盈利。补贴等支持政策则大大鼓励了中小企业的参与热情，有力地扶持和促进了包括页岩气在内的非常规能源的勘探和开发。

(2) 产权清晰和市场化运作。美国页岩气开发中主要有三个参与主体：一是私人矿产和土地拥有者；二是中小型专业化公司；三是大型油气公司和国内外投资者。私有化土地制度保证了矿业权划分清晰，可以自主经营或通过市场交易出让，从而使各个参与主体可以高效率地分工协作。同时，在基于市场机制的油气开发体制下，政府对投资者没有资质、规模、能力等方面的准入限制，通过市场竞争便可获得页岩气开发权，因而极大地调动了参与开发的企业的积极性。实际上，美国的页岩气开发主要是由中小型公司推动的。在页岩气开发的初期，大量中小企业参与和专业化分工协作的结合是美国页岩气商业化运作成功的重要条件之一(张宝成,2016)。在页岩气开发的钻井、压裂、泥浆以及设备制造等各个环节，美国聚集有6 000 ~ 8 000 个中小石油公司(孔祥永,2014)。在高成本、低回报的压力下，中小型独立油气公司率先在技术上实现突破并商业化生产。美国85%的页岩气由中小公司生产(吴建军和常娟,2011；尹硕和张耀辉,2013)。正是在中小公司取得技术和规模突破后,大公司通过并购和兼并,大小企业并存发展,才形成了良性竞争的格局(张凤东,2012)。

(3)构建了天然气市场的竞争机制。美国联邦政府放松了对天然气价格的管制,使气价的波动完全由市场供需决定,政府只通过环境规制、管道建设和管制进行有限介入,这在一定程度上使天然气市场成为竞争较为充分的市场,从而避免了大型油气公司对气价和市场的垄断,使具有竞争力的中小型石油公司也都可以参与到市场竞争中去。

(4)技术创新带来的技术进步提高了页岩气开采的经济性。美国的中小型企业充当了技术创新的先锋。他们利用常规油气开发积累的经验和技术,通过不断的实验和投入,探索出了一整套高效率、低成本的页岩气开采技术,主要有水平井和多段连续压裂改造技术、清水压裂技术、同步压裂技术、储层优选评价、排采增产技术等。这些创新技术的大规模推广应用,降低了页岩气开发成本,大幅度提高了单井产量,使科学技术转化成了生产力。例如,水平井分段压裂技术从最初的单段或两段,目前已经增至七段或更多,使原本低产或无气流的井也获得了工业价值,极大地延伸了页岩气横向与纵向的开采范围(黄玉珍等,2009),进一步降低了成本,提高了采收率。同时,技术创新也保证了页岩气生产成本持续下降,每年降低20%~30%,极大地提高了市场竞争力。

(5)风险投资和国际资本的助推。即使在使用了水平井钻探和分段水压裂技术后,页岩气开采成本仍然相对较高,仅靠政府补贴依然不能解决市场竞争力问题。直到2005年,国际油价开始持续飙升,这给页岩气开发带来了转机。各路资本开始进入页岩气开发领域,中小型油气公司如雨后春笋般成立,其资金主要来源于风险投资和国际资本。这在很大程度上解决了页岩气开发资金投入较大的问题。

(6)建设了完善的能源运输基础设施。美国建成了贯通所有主要天然气产区的输送管网和城市供气网络。2011年,美国天然气干线管道总长52.6×10^4 km,占全球总量的45%,再加上约305×10^4 km的城镇配气管网①,能够将天然气输送到本土几乎

① 2011年5月出版的Pipeline Emergency公布的数据显示,美国的天然气管道总长222.7×10^4 mi,主要由三部分构成:集输管道长2×10^4 mi;长输管道长30.7×10^4 mi;配气管道长190×10^4 mi。

任何一个城市。在完善的运输条件下,美国各产区所采出的页岩气能够以很低的成本输送到消费地点,这极大地减少了企业开发利用页岩气资源的前期投入,扩大了终端消费的规模(杨淑梅和张丽丽,2012)。同时,美国政府禁止天然气生产商拥有天然气管网资产,这样就避免了垂直垄断的出现,为页岩气顺利进入消费市场创造了条件。

(7) 建立了完善的法律法规体系,注重环境规制。随着美国页岩气的不断开采,一些环境问题也逐渐显现。美国政府十分重视页岩气勘探开发的监管问题,凡是与页岩气开发相关的管理部门,均在履行职责中被赋予监管的职能,这在源头上有效防止或降低了页岩气开发的负面影响。

总之,美国页岩气的快速开发离不开政策的扶持、清晰的产权界定、开放的市场、竞争带来的技术创新、完善的基础设施和有效的政府监管。这些经验都对中国页岩气开发的推进工作提供了很好的借鉴意义。

中国页岩气开发进程与现状分析

天然气是一种清洁高效的能源，促进天然气的大规模开采与使用有利于改善中国能源结构，降低对煤炭的依赖，实现节能减排的战略目标。然而，截至目前，中国天然气消费占一次能源消费的比重仍只有 5.5%，远低于世界同期平均 24% 的水平。因此，大力推进包括页岩气在内的非常规天然气的开发是中国政府现在及今后相当长一段时间内能源政策的主要方向。

美国页岩气开发的成功经验为中国提供了借鉴。然而，与美国相比，中国页岩气地质资源条件复杂，矿业权配置、财政金融政策、技术创新、管网配套等方面都还存在较大差距。因此，页岩气开发必须结合中国实际，不能盲目照搬美国经验，这为学术研究提供了目标与空间。本章和第 4 章将对中国页岩气开发进程、发展现状以及扶持政策等进行分析，据此指出存在的问题，为在下面章节中提出解决方案奠定基础。

3.1 中国页岩气开发的进程

中国资源能源禀赋呈现为“富煤、贫油、少气”的特点，一次能源生产和消费都严重依赖煤炭。2014 年，中国煤炭消费占一次能源消费的比例为 66.03%，其他能源按消费比例由大到小排序分别为石油、水电、天然气、可再生能源和核能，占全球一次能源消费的比例分别为 17.51%、8.10%、5.62%、1.79% 和 0.96%。自 2000 年至 2014 年，中国天然气消费占总能源消费的比重从 2.27% 上升至 5.62%，并且仍有持续增长的趋势。然而，天然气进口量也持续增加，对外依存度超过 30%，中国天然气消费占一次能源消费的比例仍远低于同期世界平均 24% 的水平。因此，开发页岩气、增加天然气自给率是优化中国能源结构、确保能源安全的必然选择。

伴随着国产常规天然气田的老化，中国也将替代能源的重点放在非常规天然气的开发上。中国页岩气资源储量丰富，然而，尚处于开发的初级阶段。目前，中国能够进行页岩气经济开发的核心区域的技术条件有五个：(1) 总有机碳含量(TOC)值大于 2%；(2) 处在生气窗内；(3) 脆性矿物含量大于 40%；(4) 有效页岩厚度为 30 ~ 50 m；(5) 有效页岩 TOC 值小于 2%，但累计厚度大于 50 m。满足这五个条件的区域大都集中在川、渝、黔、鄂等地，因此，这些地区便被确定为页岩气开发试验区。

自2004年开始，中国政府、高校和研究机构、相关企业对页岩气勘探开发理论、开采技术进行了研究探索，并在实践中取得了丰硕成果。

从2004年到2010年，国土资源部油气资源战略研究中心和中国地质大学（北京）跟踪调研国外页岩气研究和勘探开发的进展，并在页岩气成藏机理、储量评价、资源量分类、页岩气渗流机理等方面取得了一定的成果，为中国页岩气勘探开发奠定了理论基础。具体进展如下。

2005年，对中国页岩气地质条件进行了初步分析。

2006年，分析了中新生代含油气盆地页岩气资源的前景。

2007年，分析了盆地内和出露区古生界富有机质页岩分布规律和资源前景。

2008年，对比中美页岩气地质特征，重点分析上扬子地区页岩气资源前景，初步优选远景区。

2009年，启动“中国重点地区页岩气资源潜力及有利区优选”项目，以川渝黔鄂地区为主，兼顾中下扬子和北方地区，开展页岩气资源调查，优选页岩气远景区，并在重庆市彭水县钻探了中国第一口页岩气资源战略调查井——渝页1井，取得了一系列评价参数。

2010年，根据中国页岩气赋存的地质特点，分三个层次在全国有重点地展开页岩气资源战略调查：在上扬子川渝黔鄂地区，针对下古生界海相页岩，建设页岩气资源战略调查先导试验区；在下扬子苏皖浙地区，开展页岩气资源调查；在华北、东北、西北部分地区，重点针对陆相、海陆过渡相页岩，开展页岩气资源前景研究。通过上述工作，总结了中国富有机质页岩的类型、分布规律及页岩气富集特征，确定了页岩气调查主要领域及评价重点层系，探索了页岩气资源潜力评价方法和有利区优选标准。

2011年，结合上述前期调查研究成果，国土资源部在川渝黔鄂开展了五个项目的先导性试验，在上扬子及滇黔桂区、中扬子及东南区、西北区、青藏区、华东-东北区五个大区继续开展资源潜力调查，同时开展了五个页岩气勘探开发相关工艺技术的攻关项目。

2012年1月，页岩气被国土资源部正式确立为中国第172种矿产。国土资源部按独立矿种制定投资政策，进行页岩气资源开发管理。

2009—2012 年,国土资源部组织开展全国页岩气资源潜力调查评价及有利区优选工作,对 41 个盆地(或地区)、87 个评价单元、57 个含气页岩层段的页岩气资源潜力进行了评价。结果表明,全国页岩气地质资源量为 134×10^{12} m^3(不含青藏区),约是常规天然气地质资源量的 2 倍;页岩气可采资源量为 25×10^{12} m^3。

2014 年,经过七年来对滇、黔、桂、湘、鄂、川、渝、陕等八省区的勘测调查和反复研究,最终将页岩气优势区域锁定在重庆东南部,并确定了一条以綦江为起点,经万盛、南川、武隆、彭水、黔江、酉阳、秀山的开发路线。綦江有着独特的地理位置和资源优势,处于云贵高原到四川盆地过渡区域,沉积地层齐全,页岩气埋藏浅,深度在 200 ~ 700 m,有利于开发。目前,四川盆地是中国实现第一批商业页岩气产量的地区。

截至 2014 年 4 月底,中国页岩气开发已累计投入超过 150 亿元,累计完成页岩气钻井 322 口,初步评价了$(6\sim10)\times10^{12}$ m^3的勘探靶区;颁发页岩气探矿权 52 个,勘探面积 16.4×10^4 km^2,主要集中在四川盆地及其周缘地区。

由表 3.1 可以看出,目前,中国页岩气的主要产区在上扬子区,其产量超过全国产量的 90%,其他地区尽管已经确立了页岩气项目,但还未投入商业化生产,未来的发展潜力仍然巨大。2016 年《BP 世界能源展望》指出,到 2035 年,页岩气产量将占全球天然气总产量的四分之一。届时,中国也将成为对页岩气产量增加贡献最大的国家之一。

表 3.1 中国页岩气项目区域分布(截至 2015 年 10 月)

所属区域	勘探中	产气中	涉及行政省份
上扬子区	43	8	四川省,重庆市,湖北省,湖南省,云南省,贵州省
华北区	6	1	陕西省,山西省,河南省
下扬子区	6	0	江苏省,浙江省,安徽省,江西省
中扬子区	3	0	湖南省
滇黔桂区	2	0	云南省
总计	60	9	

注:该统计不包括页岩气资源潜力调查和评价中项目。

数据来源:中国天然气全图. http://www.chinagasmap.com/.

3.2 中国页岩气规划目标与产量

根据《页岩气发展规划(2011—2015年)》,“十二五”期间,中国将探明页岩气地质储量$6\ 000\times10^8\ m^3$,可采储量$2\ 000\times10^8\ m^3$,实现2015年页岩气产量$65\times10^8\ m^3$,2020年将力争达到页岩气年开采量为$(600\sim1\ 000)\times10^8\ m^3$。另外,非常规天然气中的煤层气也与页岩气具有同等重要的地位。根据《能源发展战略行动计划(2014—2020年)》的目标,到2020年,页岩气产量力争超过$300\times10^8\ m^3$。国家能源局将会以沁水盆地、鄂尔多斯盆地东缘为重点,加大支持力度,加快煤层气勘探开采步伐。

根据《天然气发展“十二五”规划》,到2015年,国产天然气供应能力将达到$1\ 760\times10^8\ m^3$,其中,常规天然气$1\ 385\times10^8\ m^3$,煤制天然气$(150\sim180)\times10^8\ m^3$,页岩气产量达到$65\times10^8\ m^3$。如果以上目标得以实现,中国天然气自给率有望提升到60%~70%,并使天然气在一次能源消费中的比重提升至8%左右。这将有助于扭转中国过度依赖煤炭的能源结构,并减少油气能源的对外依存度。然而,随着页岩气开发的推进,原来的乐观估计遇到技术、成本、原油价格低位徘徊等诸多障碍,2015年,中国页岩气产量不足$50\times10^8\ m^3$,没有实现预定目标。因此,国家能源局已经将2020年页岩气产量目标从$(600\sim1\ 000)\times10^8\ m^3$下调到了$300\times10^8\ m^3$。

尽管如此,在以上规划指导和鼓励下,近几年来,中国天然气产量仍保持稳步上升态势(图3.1)。2014年,中国石油产量2.1×10^8 t,净增长138×10^4 t,同比增长0.7%;天然气产量$1\ 316\times10^8\ m^3$,净增长$94\times10^8\ m^3$,同比增长7.7%。全国油气产量3.3×10^8 t,净增长$1\ 193\times10^4$ t,同比增长3.7%。其中,常规天然气产量$1\ 280\times10^8\ m^3$,净增长$114\times10^8\ m^3$,同比增长9.8%,连续4年保持$1\ 000\times10^8\ m^3$以上;煤层气产量$36\times10^8\ m^3$,同比增长23.3%;页岩气产量$13\times10^8\ m^3$,同比增长5.5倍。相较于原油产量的增长乏力,天然气产量迎来两位数增长,尽管页岩气占比还较小,但其增长势头喜人。

根据《BP世界能源统计年鉴(2016)》的数据,2015年,中国天然气产量约为$1\ 380\times10^8\ m^3$,同比增长4.84%;天然气消费量$1\ 932\times10^8\ m^3$,同比增长5.7%;进口天然气$621\times10^8\ m^3$,同比增长3.3%,其中,管道天然气进口量为$345.6\times10^8\ m^3$,同比增长7.2%,占天然气总进口量的55.7%;液化天然气进口量为$275.4\times10^8\ m^3$,同比下降1.1%,占天然气总进口量的44.3%。

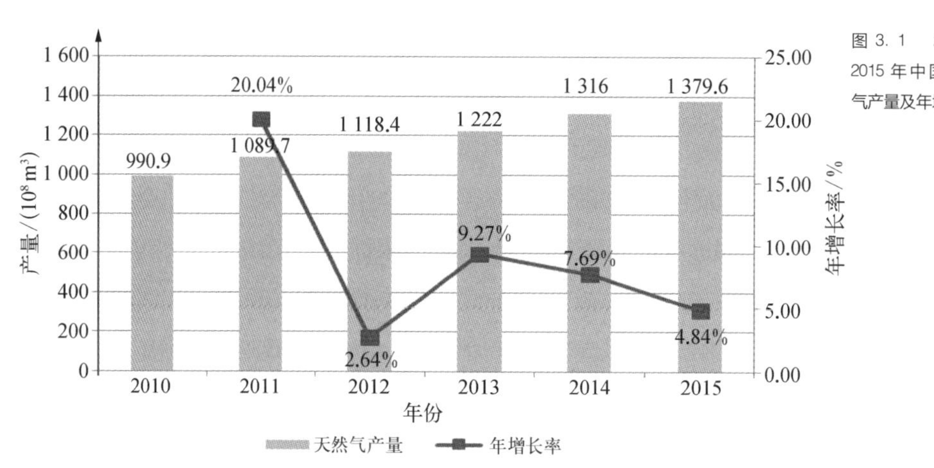

图 3.1　2010—2015 年中国天然气产量及年增长率

“十二五”期间，中国页岩气勘查在南方下古生界海相、四川盆地侏罗系陆相及鄂尔多斯盆地三叠系陆相相继获得重大突破，累计新增探明地质储量 5 441.29 × 10^8 m^3，已经成为继美国、加拿大之后第三个实现页岩气商业化开发的国家。目前，中国已形成涪陵、长宁、威远、延长四大页岩气产区，年产能超过 60 × 10^8 m^3。2015 年，中国页岩气产量为 44.71 × 10^8 m^3，同比增长了 3.45 倍；全年页岩气勘查新增探明地质储量 4 373.79 × 10^8 m^3，新增探明技术可采储量 1 093.45 × 10^8 m^3。截至 2015 年底，全国页岩气剩余技术可采储量 1 303.38 × 10^8 m^3。国家能源局发布的《2017 年能源工作指导意见》提出，2017 年将推进页岩气国家级示范区新产能建设，力争新建产能达到 35 × 10^8 m^3。

由图 3.2 可知，从 2013 年至 2016 年，中国页岩气产量增长很快。根据国家统计局公布的数据，2016 年 1—7 月，非常规天然气产量 96.4 × 10^8 m^3，增长 104.8%，其中，页岩气产量 50.1 × 10^8 m^3，增长 1.92 倍。页岩气产量的大幅增加是拉动非常规天然气产量快速增长的主要原因。因而非常规天然气占天然气总产量的比重明显提高，已经达到 12.1%，比上年同期提高 6 个百分点。其中，煤层气占天然气的比重为 5.4%，提高 0.3 个百分点；页岩气占比为 6.3%，提高 5.5 个百分点；致密砂岩气占比为 0.4%，提高 0.2 个百分点。

2016 年 8 月 15 日，美国能源信息局的数据显示，过去 5 年，中国建成了 600 多口页岩气井，2015 年日均产量为 5 × 10^8 ft^3。未来中国页岩气产量将持续增加，到 2040

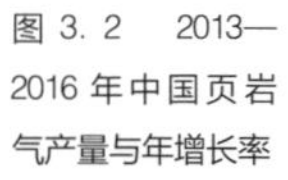

图 3.2　2013—2016 年中国页岩气产量与年增长率

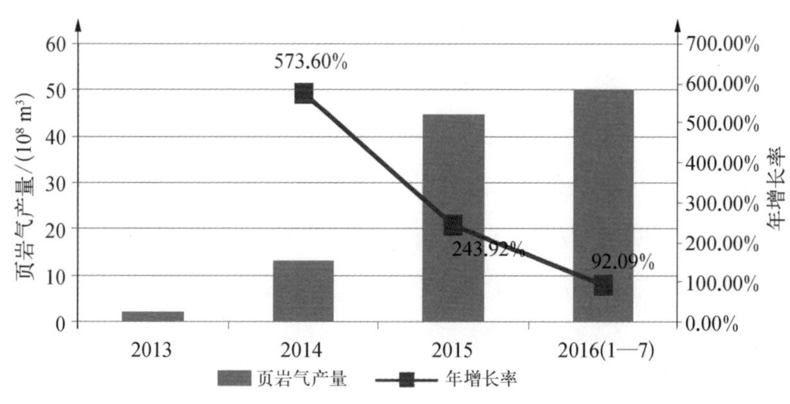

年日均产量将突破 200×10^8 ft^3，占中国天然气总产量的比例超过 40%，成为仅次于美国的全球第二大页岩气生产国。届时，美国、中国、加拿大、阿根廷、墨西哥和阿尔及利亚 6 国的页岩气产量将占全球页岩气产量的 70%。

3.3　中国页岩气开发参与企业分析

中国页岩气开发的探矿权配置方式为政府招标。到目前为止，国土资源部共进行了两次招标，中标者多是以中国石油天然气集团公司（以下简称“中石油”）、中国石油化工集团公司（以下简称“中石化”）、中国海洋石油总公司（以下简称“中海油”）、陕西延长石油（集团）有限责任公司（以下简称“延长石油”）为代表的大型国有油气企业。目前，中标页岩气区块的勘探开采工作正在有序进行，尤其是中石化在四川地区的开发最为成功。

3.3.1　页岩气探矿权招标

中国页岩气开发的探矿权采取招标方式发放。到目前为止，国土资源部共举行了两次招标,共许可了 21 个区块的页岩气开发权。

2011 年 6 月 27 日,国土资源部举办中国首轮油气探矿权公开招标,中石油、中石化、延长石油、中联煤层气有限责任公司(以下简称“中联煤层气”)、河南省煤层研发利用有限公司(以下简称“河南煤层气”)等五家公司受邀投标。7 月 7 日,国土资源部公布了招标结果,中石化获得渝黔南川页岩气勘查区块矿业权,河南煤层气则取得了渝黔湘秀山页岩气勘查区块矿业权。中石化计划的勘查投入为 5.91 亿元,参数井和预探井 11 口,位列三家候选人综合评比之首。在渝黔湘秀山页岩气区块招标中,河南煤层气计划勘查投入 2.48 亿元,参数井和预探井 10 口,击败中联煤层气和延长油矿管理局而中标。

2012 年 10 月 25 日,国土资源部召开页岩气第二轮开标会,当天共接收到 83 家企业的 152 套合格投标文件。在 20 个拟招标区块中,只有安徽南陵区块因投标企业不足 3 家而流拍。这次招标的区块资源条件一般,但仍引得近百家企业来争夺,“这说明以页岩气为突破口的油气领域的开放来得太晚,本轮招标是一次垄断之下资源饥渴的集中释放”①。12 月 6 日,国土资源部公布了页岩气探矿权第二轮招标的结果: 在 19 个区块中,共有 17 个区块被国有企业瓜分,其中,地方国有企业拿下 7 个区块;只有华瀛山西能源投资公司和北京泰坦通源天然气资源技术公司两家民营企业中标,分别拿下贵州凤冈页岩气二区块、贵州凤冈页岩气三区块(表 3.2)。

表 3.2 两轮页岩气探矿权招标中的中标企业

轮　次	中标企业	中标区块
第一轮招标	中国石油化工集团公司	渝黔南川页岩气勘查区块
	河南煤层气开发利用有限公司	渝黔湘秀山页岩气勘查区块
第二轮招标	华电煤业集团有限公司	贵州绥阳页岩气区块
	中煤地质工程总公司	贵州凤冈页岩气一区块
	华瀛山西能源投资有限公司	贵州凤冈页岩气二区块
	北京泰坦通源天然气资源技术有限公司	贵州凤冈页岩气三区块
	铜仁市能源投资有限公司	贵州岑巩页岩气区块
	重庆市能源投资集团公司	重庆黔江页岩气区块

① 冯洁,涂方静. 页岩气开标: 饥渴者的“骨头汤”[N]. 南方周末,2012-10-26.

（续表）

轮　次	中标企业	中标区块
第二轮招标	重庆矿产资源开发有限公司	重庆酉阳东页岩气区块
	国家开发投资公司	重庆城口页岩气区块
	湖南华晟能源投资发展有限公司	湖南龙山页岩气区块
	神华地质勘查有限责任公司	湖南保靖页岩气区块
	华电工程(集团)有限公司	湖南花垣页岩气区块
	中煤地质工程总公司	湖南桑植页岩气区块
	湖南省页岩气开发有限公司	湖南永顺页岩气区块
	华电湖北发电有限公司	湖北来凤咸丰页岩气区块
	华电湖北发电有限公司	湖北鹤峰页岩气区块
	江西省天然气(赣投气通)控股有限公司	江西修武盆地页岩气区块
	安徽省能源集团有限公司	浙江临安页岩气区块
	河南豫矿地质勘查投资有限公司	河南温县页岩气区块
	河南豫矿地质勘查投资有限公司	河南中牟页岩气区块

国土部通过两轮招标方式出让了21个页岩气区块，引入了除四大石油公司以外的17家投资主体。截至2014年9月，这些区块总投资20亿元以上，重庆南川、城口，贵州岑巩等中标区块探井均显示良好含气性。因此，第三轮页岩气探矿权竞争出让的准备工作正在进行，已初步形成了方案、选定了区块，将适时通过竞争方式向社会出让新的页岩气探矿权区块。

然而，通过招标方式出让页岩气探矿权也面临以下一些问题。

(1) 中国的常规与非常规油气资源有70%以上的重叠。常规油气资源的探矿权和采矿权大部分由中石油、中石化、中海油、延长石油、中联煤层气、河南煤层气拥有。因而，这些企业对页岩气招标不会积极参与。此外，现有两次招标的页岩气区块都避开了矿权重叠区，也因此避开了资源最优区域，也就是说，真正气源比较好的区块都登记在中石油、中石化等油气巨头名下。

(2) 中国的油气勘探开发权配置实行备案制。现有油气企业在圈定勘探区块后，只要在国土资源部备案，再每年完成一个最低工作量，一般是每平方公里投资1万元，便可安稳坐拥资源。这样的管理制度安排导致企业热衷于圈资源而冷落实质性的勘探开发。在两轮页岩气招标中出让的探矿权有效期均为3年,年均勘查投入应达到3万元/平方公里及以上,钻达目的层的预探井等钻探工程量最低应满足2口/500平方公里。然而,如果企业没有按照政府要求执行,开发权也并不会被收回,从而导致企业仅热衷于圈地。例如,随着全球原油价格的持续低迷,2015年4月,中海油暂缓其在安徽省的页岩气项目;中石油也已大幅缩减其与外资油企在四川省共同开发的页岩气项目的规模。在国内页岩气开发方面较为领先的中石化,虽然继续开采页岩气,但也将其2015年的整体资本支出削减了12%。而第二轮页岩气探矿权出让的大多数中标企业也没有实质性进展:大部分完成了二维地震勘探,部分企业完成预探井钻探,多数企业处于探井井位论证阶段或预探井开钻阶段,还有部分企业处于观望阶段。经历了两年多的前期勘探开发,这些企业发现,中标区块的开采条件并不理想,巨资投进去了,打井却不出气,积极性备受影响。在中标的13家企业中,除了华电系公司、北京泰坦通源公司、国家开发投资公司、安徽省能源集团4家公司外,其余9家公司都引入了合作伙伴,有的甚至还转让股份或者转卖区块。

总体来看,中国页岩气开发尚处于起步阶段,扶持政策体系尚不完善,产量低,技术不成熟,仍属于高投入、高风险状态。投入与产出比严重不协调是令页岩气开发企业裹足不前的主要原因,因为页岩气开发的投资模式明显不同于常规天然气。常规天然气开发只需要一次性成本支出,尽管首次投资额很高,但是产量稳定后开发成本就会逐步降低;而页岩气开发需要花更多的精力进行成本规划,因为当其产量达到一定程度后,就要考虑封井和开始新的勘探,投资是持续的,也是不确定的。因此,现阶段参与页岩气开采的企业主要以资金实力雄厚的常规油气、电力、煤炭类公司为主(表3.3)。在目前已经实现的页岩气产能中,中石化为$10\times10^8\ m^3/a$,中石油为$3\times10^8\ m^3/a$,延长石油为$1\times10^8\ m^3/a$,占比分别为72%、21%和7%。

表3.3 中国页岩气开发参与企业情况

类　型	典型公司
国内油气企业或油田技术服务公司	中石油、中石化、中海油、延长石油、中石油东方地球物理公司、中石油长城钻探、中石油渤海钻探、中海油田服务、北京托普威尔石油技术服务等
国内拥有煤层气专营权的企业	河南省煤层气开发、中联煤层气、山西兰花科技创业、山西晋城无烟煤矿业、中石油煤层气、中国煤层气集团、河南煌龙新能源、中国神华集团等

（续表）

类　型	典 型 公 司
国内电力集团或其他	华能集团、华电集团、华电工程、中电投集团、国家开发投资公司、华菱集团
国外油气公司	BP、壳牌、道达尔、埃克森美孚、美国新田石油、雪佛龙、康菲、挪威国家石油公司、哈里伯顿能源等
国外技术服务公司	切萨匹克能源、德文能源公司、Quicksilver Resources Incorporated、San Leon Energy、西南能源、塔里斯曼能源、极豪石油、贝克休斯公司等

资料来源：兴业证券研究所。

下面各节将以中石油、中石化、延长石油和中海油为例，对企业参与页岩气开发情况进行详细分析。

3.3.2　中石油页岩气勘探开发情况

在常规油气开发领域，中石油领先于中石化与中海油，是中国最大的天然气生产、运输与销售企业，年产天然气近 $1\ 000 \times 10^8\ m^3$，占国内市场的份额近 75%（表 3.4）。2010 年，中石油天然气产量尚居世界石油公司的第八位，到了 2015 年就跃居为第五位。中石油未来的战略重点是大力开发天然气资源，计划在 2020 年前把天然气在其总产量中的比例从目前的 37% 提高到 50%。

表3.4　2014 年中国天然气产量（公司口径）

公 司 名 称	2014 年产量/（$10^8\ m^3$）	市 场 份 额	增 长 率
中 石 油	954.6	74.4%	7.5%
中 石 化	198.4	15.5%	7.9%
中 海 油	124.1	9.7%	11.8%
延长石油	6.0	0.5%	27.7%
合　计	1 283.1	100.0%	8.0%

数据来源：中商情报网. http://www.askci.com/news/chanye/2015/10/24/165117rcat.shtml.

1. 中石油的天然气开采情况

目前,中石油旗下的长庆油田、塔里木油田和西南油气田仍是中国天然气产量最大的 3 个油气田,2014 年这三个油气田的天然气产量分别比上年增长 34.7×10^8 m^3、12.7×10^8 m^3和 11.2×10^8 m^3,达到 381.5×10^8 m^3、235.5×10^8 m^3和 137.3×10^8 m^3;合计产量为 754.3×10^8 m^3,占全国总产量的 58.8%。其中,长庆油田和塔里木油田天然气产量增长趋势下降,西南油气田产量增长趋势上升。

四川和重庆是中国能源结构中天然气使用率最高的地区,其中,中石油西南油气田公司的供气量约占 75%。2016 年 11 月 24 日,该公司天然气日产量达到 $6\,025\times10^4$ m^3,首次突破 $6\,000\times10^4$ m^3大关,创历史新高。老区稳产和页岩气开发是该公司天然气日产量得以突破的关键。

2. 中石油的页岩气开发历程

自 2007 年 3 月起,中石油开始探索页岩气开发技术。中石油西南油气田公司页岩气开发事业部启动了页岩气综合地质评价,探得四川盆地南部地区埋深 4 000 m 以上的页岩气资源有 15×10^{12} m^3,四川约占 2/3,重庆约占 1/3。

2012 年 3 月,国家能源局批准设立四川长宁-威远国家级页岩气示范区。

2013 年 4 月 18 日,国内首条页岩气长输管道投入运行,宁 201 井区的 8 口井相继投入试采,5 月 6 日产气量超过 80×10^4 m^3。

2013 年 12 月,中石油与地方企业联合组建四川长宁天然气开发有限责任公司,开发长宁区块页岩气资源;至 2013 年底,中石油在长宁-威远和云南昭通两个国家级示范区,以及富顺-永川合作区,完成二维地震勘探 4 411 km,三维地震勘探 359 km^2;完钻井 50 口(评价直井 23 口、水平井 27 口),试气 33 口(评价直井 16 口、水平井 17 口);投入试采 10 口井,累计获得页岩气商品气量 $7\,922\times10^4$ m^3。

2014 年 2 月,长宁-威远龙马溪组地层页岩气开发方案成形,长宁区块的宁 201 井区、威远区块的威 202 井区和威 204 井区是页岩气富集区,将优先开发。2014 年第一季度,中石油在长宁示范区 2 个平台分别进行了 2 口井(H3 平台)和 4 口井(H2 平台)的拉链式同步压裂,单井日均产量分别在 10×10^4 m^3和 20×10^4 m^3以上。这两个平台也有低产井,都在 5×10^4 m^3/d 以上,主要原因是施工过程中的事故造成压裂段数较少。昭通示范区也完井 10 口水平井,日均产量也在 10×10^4 m^3 左右。2014 年,中石油计划在其两个国家级示范区投资 100 亿元，到 2015 年建成 $26\times10^8\ m^3$ 的页岩气生产能力。

2014 年 4 月，中石油建成首条页岩气外输管线——长宁地区页岩气试采干线，并投入运行。该管线规模日输气能力 $450\times10^4\ m^3$，全长 93.7 km，起于宜宾市上罗镇宁 201－H1 井集气站，途经宜宾市珙县、高县境内十多个乡镇，在宜宾市双河乡双河集输末站与四川输气大动脉“纳安线”对接，进入环四川盆地天然气管网。随着该示范区 H3、H2 平台共 8 口井的陆续投产，该区域页岩气日产气量可达 $50\times10^4\ m^3$。

2015 年 9 月，中石油在四川盆地的页岩气勘探获得重大突破。经国土资源部审定，中石油在四川盆地 3 个区块新增页岩气探明地质储量 $1\ 635.31\times10^8\ m^3$，技术可采储量 $408.83\times10^8\ m^3$。

2016 年以来，中石油西南油气田公司加快推进高石梯-磨溪区块、长宁-威远国家级页岩气示范区、川东北高含硫气田产能建设工程，持续做好老区稳产工作，天然气日产量持续增长，与 2015 年同期相比，增幅超过 20%。目前，示范区投产页岩气井 116 口，日产页岩气超过 $750\times10^4\ m^3$，较 2015 年增加 $200\times10^4\ m^3$。安岳气田高石梯-磨溪区块是中石油西南油气田公司的主力生产区块。中石油西南油气田公司完成了磨溪龙王庙组气藏建产期 30 口开发井的钻试工程，建成年生产能力达 $110\times10^8\ m^3$ 的大气田，日产气超过 $2\ 500\times10^4\ m^3$。该公司还有序推进震旦系气藏试采工作，已投产高石 7、高石 001－H2、高石 8 等八口新井，目前日产气约 $150\times10^4\ m^3$。

2016 年，中石油西南油气田在川南已建成年产能超过 $25\times10^8\ m^3$ 的长宁-威远国家级页岩气示范区，年产量达到 $23\times10^8\ m^3$，比计划超产 $8\times10^8\ m^3$。截至 2016 年 10 月，中石油长宁-威远国家级页岩气产业示范区累计投产气井 107 口，日产量达 $644\times10^4\ m^3$，平均每天单井产气量为 $6\times10^4\ m^3$。

2017 年，中石油计划在长宁-威远区块部署新开钻平台 19 个，新开钻井 110 口，配套完成井 45 口，新增年产能 $15\times10^8\ m^3$。

此外，由于中国企业尚不具备先进的页岩气开采技术和设备，中外企业合作是近期中国企业开采页岩气的主要途径。中石油与国外企业合作开发页岩气的第一个区块是四川富顺-重庆永川区块，合作对象是壳牌公司。2013 年 3 月，中石油与壳牌签署中国首个页岩气产品分成协议，将共同开发四川富顺-永川区块 3 500 km^2 内的资源。

该合作被认为是中国页岩气开发的里程碑。随后，壳牌在富顺-永川、金秋和梓潼区块完成了合同规定的钻井工作量，在上述三个项目中的投资规模超过了 20 亿美元。然而，壳牌的评价结果认为，这三个项目的地质条件无法进行大规模开发。因此，在持续了三年的勘探、钻井和评价工作之后，壳牌停止了在中国四川页岩气项目上的投资①。与中石油合作的另一个能源巨头——康菲石油也退出了四川页岩气区块的合作。在这种背景下，2016 年 3 月和 7 月，英国石油公司（BP）却与中石油签署了两份页岩气勘探、开发和生产的产品分成合同（PSC），分别位于内江-大足区块、四川盆地荣昌北区块。这两个区块原本是康菲石油退出的联合研究区块。BP 公司认为，要战略性看待中国的页岩气开发，不是看几年，而是要看长远。一个大的油气项目要着眼于 15 ~ 20 年以上。

3. 中石油的技术创新

在页岩气开发的技术研发方面，中石油也起到了带头作用。美国页岩气分布稳定、埋藏浅，因而其技术无法直接照搬到中国，中国需要的是针对埋藏 3 000 m 以深的页岩气的开采技术。2013 年 2 月，由中石油牵头的国家“973”项目——“中国南方海相页岩气高效开发的基础研究”启动。中石油勘探开发研究院联合中石油钻井研究院、中国石油大学（北京）、西安交通大学和中石油西南油气田公司等单位参与，力争为中国页岩气产业化发展提供理论方法和技术支持。目前，中石油通过自主攻关已在页岩气领域拥有 4 套自主知识产权的开采技术，包括 1 套体积压裂设计和实时监测及压后评估技术，3 套应用于页岩气开采的复合桥塞 + 多簇射孔联作分段压裂工具系列。

2013 年 3 月，中石油已在长宁-威远和云南昭通两个国家级示范区内完钻 23 口井，成功实现了页岩气的直井压裂和水平井分段压裂。其中，长宁-威远国家级页岩气示范区完钻 16 口井，完成压裂试气 12 口井，直井日产量$(0.2 \sim 3.3) \times 10^4\ m^3$，水平井日产量$(1 \sim 16) \times 10^4\ m^3$。云南昭通国家级页岩气示范区完钻 7 口井，完成压裂试气 2 口井，直井日产 $0.25 \times 10^4\ m^3$，水平井日产$(1.5 \sim 3.6) \times 10^4\ m^3$。

为了适应中国页岩构造特点，中石油对水平钻井技术进行了必要的改进。例如，威 201 - H1 井所处地区的页岩气层主要由黄铁矿和燧石构成，质地坚硬，该地区使用

① BP 逆势牵手中石油开发页岩气 开采成本等现实障碍短期难除. 中国经营报，2016 - 09 - 03.

了PDC钻头来解决钻井难问题。此外，超深、超高温、超高压天然气井核心技术多年依靠国外服务商，而川庆测井在双探3井应用超高温、超高压射孔、酸化、测试三联作工艺，开创了中石油在“三超”井应用三联作工艺技术的先河。在固井技术方面，中石油通过改进前置液的材料和用量来提高钻井液的使用率，保证固井胶结质量；通过优化通井程序，保证水平套管顺利完成。2016年，中石油自主研发的桥塞成功应用，使得长宁-威远地区的页岩气井日产量得到突破，并减少成本数亿元。

3.3.3 中石化页岩气勘探开发情况

中石化上游油气资源缺乏，天然气产量仅占全国总产量的15%左右。在全球原油价格低迷的背景下，国内外大型企业都在暂停页岩气开发项目，中石化却逆势而上，大力进军页岩气等非常规油气资源开采领域，不仅是因为涪陵页岩气的资源储量远远高于预期，而且是因为通过技术创新大大降低了成本。更重要的是，页岩气开发被作为中石化资源战略的重要增长点。目前，中石化在页岩气产量上远超中石油，占据了75%的份额。

1. 中石化页岩气开发历程

2009—2010年，中石化通过与雪佛龙、壳牌、康菲和道达尔等公司合作，学习、消化、吸收北美页岩气开采经验，开展页岩气联合研究。中石化勘探南方分公司开展了中国南方海相页岩气勘探研究，并认识到其与北美页岩气的相似性与差异性。相似点在于，两者都属于海相且富含有机质，同时脆性矿物含量高、处于高成熟-过成熟阶段；差异性表现在，中国稳定地块小，活动性强，经历多期构造运动叠加改造，页岩气赋存条件远比美国复杂。

2011—2012年，中石化主要致力于南方海相四川盆地的勘探选区及配套工程。为此，中石化勘探南方分公司提出了中国南方海相页岩气“二元富集”理论。经过整体评价，中石化优选川东南探区为有利勘探区带，认为涪陵区块焦石坝为有利勘探目标，部署了第一口焦页1HF井，实施15段水力压裂。2012年10月，该井初始产量$20.3\times10^4\ m^3/d$，实现了海相页岩气勘查的重大突破。在此基础上，中石化部署了600 km^2的三维地震和焦页 2HF、焦页 3HF、焦页 4HF 三口评价井，分别试获日产 35×10^4 m^3、15×10^4 m^3、25×10^4 m^3 的高产气流，试采产量稳定、压力稳定，实现了对焦石坝构造主体页岩气分布的整体控制。

此后，中石化在四川威远新场上三叠统须家河组五段下亚段、四川盆地川西南坳陷金石构造下寒武九老洞组、重庆彭水、黔北丁山构造、重庆涪陵焦石坝龙马溪等页岩都有重大发现，其中，焦石坝龙马溪页岩实现了规模化开采，2013 年部署了 10 个平台（30 口水平井），完钻 26 口井。

2014 年，中石化新建水平井组 32 个，完钻水平井 135 口，年底交井 110 口。2014 年 3 月，中石化宣布涪陵页岩气田提前进入商业化开发阶段，并计划新建年产能 18×10^8 m^3。截至 2014 年 4 月底，该气田累计产气 3×10^8 m^3 左右，全年预计产气量超过 10×10^8 m^3。

2015 年，中石化累计建成页岩气产能 50×10^8 m^3。截至 2015 年 8 月，涪陵页岩气田已累计开钻 246 口，投产 119 口，日产能力达到 $1\,200\times10^4$ m^3。2015 年 6 月，涪陵页岩气搭乘中石化川气东送管道，输往华中、华东、华南地区，助力重庆市乃至沿途省市的绿色发展。以三口之家一天用气 0.5 m^3 计算，$1\,500\times10^4$ m^3 的页岩气可满足 3 000 万户家庭的用气需求。

根据涪陵页岩气二期建设方案，中石化初步规划在涪陵等地区部署 90 多个平台 300 余口井。未来还将跟踪其他地区勘探进展，落实三期产能接替阵地。涪陵地区面积为 283.56 km^2 的焦石坝主体页岩气三级储量达到 $2\,402.36\times10^8$ m^3，丰度接近 8.5；整个川东南探区的资源储量为 2.1×10^{12} m^3。而且，焦石坝主体的页岩气田还是不含硫化氢的优质天然气干气气藏，质量好，无须脱硫；已完成压裂试气的 23 口井均获高产工业气流，平均单井测试产量达到 32.9×10^4 m^3/d。

2015 年 12 月 29 日，中国第一大页岩气田——涪陵页岩气田如期完成 50×10^8 m^3 的一期产能建设；焦页 1FH 井已经连续产气 3 年多，日产量仍然高达 6×10^4 m^3。同时，中石化启动了二期 50×10^8 m^3 页岩气产能建设，力争在 2017 年建成百亿立方米的大气田，这将使中国页岩气开发加速迈进大规模商业化发展阶段。

截至 2016 年 8 月 31 日，中石化涪陵国家级页岩气产业示范区累计开钻 293 口，完钻 280 口，完成试气 250 口，投产 232 口，产气 34.3×10^8 m^3。据此估算，平均每口页岩

气井单日产量约为 6.1×10^4 m^3。2016 年，中石化在上游板块投资了 479 亿元，重点安排境内油气勘探工程及涪陵页岩气二期项目建设。为实现 2017 年页岩气产能 100×10^8 m^3的目标，预计中石化需要新增 230 口页岩气井。

2. 中石化的页岩气开采技术与开发模式创新

中石化率先实现了中国页岩气资源的商业化开采，其在理论基础、技术创新、开发模式创新等方面的探索功不可没。通过装备技术国产化、井工厂作业、地企合作等模式，中石化打一口页岩气井的综合成本已从最初的 1 亿元降到了现在的 7 000 万元，单井投资减少 20%，钻井、压裂施工周期减少 40% 左右。

首先，针对中国南方海相页岩气地表环境差、地质条件复杂等特点，中石化创新性地提出“二元富集”理论，建立了选区评价标准。该理论的主要观点是，深水陆棚优质页岩是海相页岩气形成富集的基础，而良好的赋存条件是海相页岩气富集高产的关键。目前，判断一个页岩气高产的依据就是是否有良好的赋存条件，而压力系数是页岩气赋存条件的综合性判断指标。根据统计分析，一般高产页岩气井压力系数大于 1.2。通过页岩气逸散破坏模型的总结，发现在中国南方具有良好的顶底板条件、适中的埋深、远离开启断裂、远离抬升剥蚀区、远离缺失区、构造样式良好、调整改造时间短的地区，页岩气具有良好的赋存条件。因此，中石化构建了以页岩品质、赋存条件、经济效益三大类指标组成的中国南方海相页岩气评价体系与标准。

其次，中石化集成以页岩气藏综合评价、水平井优快钻井、长水平井分段压裂试气、试采开发和绿色开发配套为主的涪陵页岩气开发技术体系，有效突破了页岩气勘探开发的技术瓶颈，为中国页岩气大规模勘探开发奠定了理论和技术基础。

中石化自主研发了国内首台步进式、轮轨式和导轨式钻机，大功率 3000 型压裂机组、连续油管作业车、带压作业车等大型装备，以及螺杆、PDC 钻头等钻具组合和可钻式桥塞等配套井下工具，实现了关键装备和配套工具的国产化，打破了国外垄断，大批量投入现场应用。在页岩气勘探开发技术中，桥塞分割是分段压裂施工中的核心技术之一，中石化将该技术国产化后，桥塞的进口费用从 20 万元降到了 2 万元。

在焦石坝，有多家国内外公司的设备同台竞技。中石化经过一年多的跟踪评估，发现由川庆钻探承担分簇射孔施工的井产量更高。川庆测井通过推广电缆分簇射孔技术，打开了射孔弹新市场，其 210℃/175 MPa 高温高压射孔器在克深区块应用后，打破了国外公司的技术垄断，国内页岩气开采成本直线下降超过 40% ①。

再次，涪陵页岩气勘探开采以来，中石化探索形成了油气公司体制、市场化运作、自主创新、项目化管理的开发建设模式，创新形成的理论、技术、管理体系，以及互利共赢的企地合作模式，初步实现了国内首个页岩气示范区、示范基地的引领带头作用，为国内页岩气产业发展提供了有益的借鉴参考。例如，中石化通过建立以“市场化运作、项目化管理”为核心的油公司模式，实现了资源优化配置，开发成本不断下降，单井投资较初期减少 20%；通过创新“井工厂”生产组织模式，生产效率不断提高，创造了一系列工程施工的“涪陵速度”，钻井、压裂施工周期较初期减少 40% 左右；通过创立“标准化设计、标准化采购、模块化建设、信息化提升”的地面建设模式，实现了页岩气地面集输系统的工厂化预制、模块化成撬、撬装化安装、数字化管理，树立了页岩气田高效开发建设的典范。

涪陵页岩气田是中石化第一个采用“地企合作”模式进行开发的油气田。中石化与重庆市合作建立了中石化重庆涪陵页岩气勘探开发公司，与中石化重庆天然气管道公司和中石化重庆涪陵页岩气销售公司一起全面负责涪陵页岩气田的经营与运作，中石化持股 99%，重庆市股权为 1%。重庆綦江区也与中石化西南油气分公司签订战略合作协议，双方在“十三五”期间将在页岩气勘探、开发和利用等方面展开深入合作，共同推动页岩气产业发展。根据协议，中石化西南油气分公司于“十三五”期间对綦江区块丁山构造约 400 km^2 的页岩气进行勘探开发，规划新建页岩气年产能 $(5 \sim 10) \times 10^8\ m^3$。同时，根据勘探进展情况，持续推进开发建设，进一步扩大资源基础和产能规模，加快页岩气输气管道建设，以满足页岩气外输需要。

最后，中石化倡导并践行绿色低碳开发，推行“减量化-再利用-再循环”、促进“节能、降耗、减污、增效”的全过程清洁生产，把安全环保、绿色低碳作为重中之重，做到了水体保护有效、废水重复利用、污水零排放；推行“丛式井”设计、“标准化”施工等集约化用地措施，严格实施土地复垦方案，恢复生态原貌，单井土地征用面积较常规节约 30% 以上。

页岩气开发不仅推动了区域能源结构的改善，促进了节能减排，还能够创造经济

---

① 川庆靠创新降低页岩气开采成本. 中国石油新闻中心，2016-09-13.

效益。根据重庆政府的统计,涪陵页岩气已拉动涪陵区 GDP 增长 1.5 个百分点,每开发一口页岩气井,会给焦石镇带来(20 ~ 50)万元的收入。2015 年,重庆页岩气产值约为 60 亿元,页岩气化工产值约为 120 亿元,累积实现收入 75 亿元,上缴税费 9 亿元。根据国家能源局 2017 年页岩气新建产能 $35\times10^8\ m^3$ 的目标测算,新增投资将会高达 96 亿元,新增 31 个井队的作业量以及 1 550 人的工作岗位。

页岩气的开发、加工以及管网建设还给当地百姓生活、企业生产带来了用气上的便利,也带来了新的商机。中石化与当地政府成立合资公司,共享页岩气开发建设成果;引进了 25 家当地供应商参与生产建设;为当地企业和燃气公司供气,保障当地用气,并为当地居民提供就业机会。

3.3.4 延长石油的页岩气勘探开发

延长石油是一个业务涉及石油化工的综合性企业集团,是目前中国拥有石油和天然气勘探开发资质的四家企业中唯一的地方国有企业,也是实力最弱的企业。目前,延长石油的油田储量已不够 12 年的开采量,低于国际同行的警戒线。而且,中国石油行业的"势力范围"和等级秩序早已确定,与三大国家石油公司相比,延长石油拥有的石油资源面积非常有限,仅登记油气资源面积 $8.67\times10^4\ km^2$,其中,陕北地区 $1.07\times10^4\ km^2$,陕西省外 $7.6\times10^4\ km^2$,而且主力勘探开发区属于特低渗透油田,地质条件差、开发难度大、开采成本高。因此,与中石化类似,延长石油也对战略性接替资源极度渴求。天然气已被列为延长石油的重要接替资源,页岩气则是其中的重点。根据表 3.4,2014 年延长石油的天然气产量只有 $6\times10^8\ m^3$,占比 0.5%,但增长率是四家油气企业中最高的。

1. 延长石油的页岩气勘探开发历程

由于有成熟的北美技术和经验可供借鉴,中国海相页岩气的勘探开发相对容易。而以鄂尔多斯盆地为代表的中国陆相地层的地形地貌虽相对稳定和平缓,页岩气埋藏较浅,平均深度在 1 000 多米,易于开发,但没有经验借鉴。因此,从 2008 年起,延长石油以自身成熟的超低渗透油田勘探开发技术为基础,开始探索鄂尔多斯地区特低渗透油藏的页岩气开发。通过相关研发和攻关，延长石油公司发现，鄂尔多斯盆地中生界陆相沉积地层具备较好的页岩气成藏条件，并具有相当规模的资源量。

2011 年 4 月，延长石油在延安下寺湾地区压裂柳评 177 井并成功点火，成为中国第一口陆相页岩气出气井。延长石油另一口“自主设计并施工”的水平井——“延页平 1 井”也在 2012 年 1 月试气成功，再次令业界瞩目。而此前，延长石油一直采取垂直井开采。

2012 年 9 月，国家发展和改革委员会（以下简称“国家发改委”）正式批准设立“延长石油延安国家级陆相页岩气示范区”，面积达到 4 000 km^2。作为首个国家级陆相页岩气示范区，“十二五”期间安排探明地质储量 1 500 $\times 10^8$ m^3 以上，建成产能 5 $\times 10^8$ m^3 以上。

截至 2013 年 12 月 20 日，延长石油累计完钻页岩气井 39 口，其中，直井 32 口（中生界 28 口，上古生界 4 口），丛式直井 3 口，水平井 4 口；共压裂页岩气井 34 口，其中，直井 28 口，丛式直井 3 口，水平井 3 口。直井日产量不超过 3 000 m^3，水平井日产量不超过 8 000 m^3。

截至 2014 年 10 月，延长石油累计完钻页岩气井 30 口，其中，直井 24 口、丛式井 3 口、水平井 3 口，完成页岩气压裂 23 口①。可以说，延长石油陆相页岩气勘探开发的突破是国内第一乃至世界第一。

按照延长石油页岩气发展规划，2016—2020 年，延长石油计划累计新增页岩气控制地质储量（4 000 ~ 5 000）$\times 10^8$ m^3，建成 10 $\times 10^8$ m^3 的页岩气产能。

2. 延长石油的陆相页岩气开采技术

从 2008 年起，延长石油就对所属油气田陆相页岩气资源勘探进行大胆探索，开展了《延长油田非常规资源评价》项目攻关，并承担了国土资源部《矿产资源节约与综合利用》等专项研究。通过探索，延长石油建立了自主研发、配制的油基钻井液体系；形成多项适合陆相页岩气储层压裂改造的关键技术，以及适合陕北地貌特征的配套装置；编制陆相页岩气相关标准、规范 8 项，申请国家发明专利 3 项，实用新型专利 3 项，并参与国家高技术研究发展计划（以下简称“863 计划”），填补了中国在陆相页岩气开

① 路晓宇，胡利强. 延长石油“页岩气革命”异军突起. 三秦都市报，2013－06－27.

采技术方面的多项空白，被确定为中国首批40个矿产资源综合利用示范基地之一。

中国第一个页岩气“863计划”项目——“页岩气勘探开发新技术”是由延长石油牵头的，这是唯一一个由省属企业而非央企牵头承担的“863计划”项目。延长石油必须证明，此前在狭小区域钻探成功的技术和经验，可在地质意义上的鄂尔多斯盆地等广大陆相页岩气区域进行复制。

2016年11月15日，由延长石油研究院自主研发的页岩气水平井水基钻井液在陕北延长县云页平3井试验成功。此项技术填补了陆相页岩气水平井水基钻井液技术空白，达到世界先进水平。国内外页岩气水平井通常采用油基钻井液技术，水基钻井液技术是当前的热点和难点，能否取代油基钻井液技术也是制约页岩气高效开发的瓶颈之一。延长石油技术人员历经4年攻关，在水基钻井液的井壁稳定、井眼净化和降低摩阻等方面取得突破，提高了页岩气水平井水基钻井液的抑制性、封堵性、流变性和润滑性，研制出适合陆相页岩地层的水基钻井液体系。与油基钻井液相比，云页平3井页岩气水基钻井液的成本仅为前者的40%，且更环保，后期处理简单①。

然而，对于鄂尔多斯盆地这样的西北缺水地区而言，开发页岩气首先面临的就是水资源缺乏的挑战。采用高压水力压裂技术开采页岩气，平均每口井耗水达(0.38~1.51)$\times 10^4$ m^3，其中，50%~70%的水在生产过程中会被消耗，每口井耗水量相当于中国5 000~10 000个普通家庭的月耗水量。按照延长石油目前2 000 m^3的页岩气单井日产量水平计算，即使一年365天不间断生产，要想实现其所规划的2015年5×10^8 m^3的产量目标，也需要打约700口井。目前，国内页岩气开发每口井需进行10段压裂，每段耗水超过2 000 m^3，700口井共需耗水1 500 $\times 10^4$ m^3以上。这在西北地区意味着较高的成本，解决的办法包括循环用水和无水压裂，但这需要更多的资金和艰难的技术攻关。这是延长石油未来要面对的技术难题。

2015年10月19日，由延长石油研究院研制设计，中国第一次陆相页岩气井二氧化碳干法压裂在延长油田云页4井实施，并获得成功。此次压裂共计入井液态二氧化碳385 m^3，加入超低密度支撑剂10 m^3，开创了国内陆相页岩气无水压裂的先河，这对于陕北半干旱缺水地区实现环境保护与经济发展的双赢具有重要意义。此次云页4

① http://www.sxdaily.com.cn.

井的压裂设计理念在国内是第一例，压裂时采用的超低密度支撑剂易于携带，可增加砂比从而提高压裂成功率。目前，世界上仅有少数公司掌握二氧化碳干法加砂压裂技术，即采用纯液态二氧化碳代替常规水基冻胶压裂液进行造缝和携砂，其优势是：一无水相、快返排，因而完全避免了常规水基压裂液中的水相侵入对油气层的伤害；二无残渣，可使裂缝面和支撑导流带保持清洁；三可实现增产，即用于煤层气、页岩气压裂时，利用超临界状态的二氧化碳分子对储层吸附甲烷分子具有的置换特性，促进甲烷解析，从而实现增产①。

3.3.5　其他企业的页岩气勘探开发

除了以上三家企业外，中海油、中联煤也在皖浙地区、山西沁水盆地开展页岩气勘探作业。其中，尤以中海油较为典型。

2012 年初，中海油上海分公司开始启动“安徽芜湖下扬子西部区块页岩气勘察项目”，面积逾 4 800 km^2，范围涉及合肥市、芜湖市及马鞍山市等 5 个城市。该项目是国土资源部 2010 年发放给中海油的勘探项目，也是第一次给中海油的陆上勘探项目，是中海油进行陆上油气勘探的尝试。2011 年 12 月 29 日，中海油安徽页岩气项目的地震作业正式开工。2012 年 4 月，完成安徽芜湖页岩气昌参 1 井的测井作业，获取全部测井资料；2012 年 5 月完成首批 3 个钻孔的取芯钻探。2013 年 4 月 8 日，该项目二维宽线地震勘探项目野外采集完工。当年，由于页岩气前期投入大、工区地质情况复杂等原因，中海油还与壳牌中国勘探公司签约合作，共同商讨页岩气的作业对策。2014 年 3 月 1 日，中海油国内首口页岩气探井——徽页 1 井顺利开钻，完钻井深 3 001 m，钻井周期 91 天。该井采用常规和复合钻井技术，钻遇了 2 套优质页岩层，下一步将进入压裂试气阶段。

然而，经过 3 年的前期勘探后，中海油决定暂时搁置安徽页岩气项目。根据中海

① http://ytgs.sxycpc.com/content.jsp?urltype = news.NewsContentUrl&wbnewsid = 3784&wbtreeid = 1045.

油的评估和判断,安徽省页岩气资源“不足以支持大规模开发”,原因主要是国际油价低迷、页岩油气的开采成本高、技术不成熟、投资周期长,因而整体盈利性较差。

中海油“上岸”战略的核心是天然气,但又没有中石油那样充足的陆地油气资源、完善的运输管道。因而,中海油把重心放在更优质的项目上,比如,进口 LNG 业务和海上气田开发,这两块业务会为中海油提供充足的储量和供应量保障。非常规油气也是中海油未来的突破口,因此,除安徽省的页岩气项目外,中海油控股的中联煤在山西沁水盆地开发了寿阳、沁源和晋城 3 个页岩气有利区。

更重要的是,中海油把非常规油气项目的重点放在国外。2010 年 10 月,中海油以约 11 亿美元的价格收购了美国鹰滩岩页岩油气项目(the Eagle Ford Shale project)33.3%的权益。2011 年 2 月,中海油收购美国切萨皮克能源公司在尼奥泊拉拉页岩油气区块 33.33%的工作权益项目。2014 年,随着鹰滩项目钻井数量的增加,产量连续三年增长,约达 5.3 万桶油当量/天。现在,尼奥泊拉拉项目也开始为中海油的油气产量做出贡献。

2014 年 6 月 23 日,中海油研究总院新能源研究中心页岩气研究室自主创新研发的页岩油气产量和可采储量预测技术在其海外页岩油气区块中得到成功应用。该项技术已经完成了中海油美国鹰滩(Eagle Ford)等页岩油气项目区块储量及产量预测、尼克森页岩油气资产并购评价等工作,为中海油在美国、加拿大等国家的页岩油气项目的评价和并购提供了技术支撑,有效缩短了评价时间,降低了公司的勘探开发风险,也为中海油在海外页岩油气方面的发展奠定了基础。

综上所述,在中国四家油气企业中,中石化与延长石油对于页岩气开发的积极性最高,主要原因是这两家企业的油气资源较少,需要接替资源以培育新的增长极。而本身具有丰富的陆上或海上油气资源的中石油和中海油,对于页岩气的态度基本上着眼于技术储备,尚未投入更多的精力和资金。因此,要想大力促进页岩气的快速开发,中国在油气资源配置改革方面还需加大力度,以打破上游垄断,让更多的非油气企业参与进来,以形成充分竞争的格局。

第4章

中国页岩气开发政策的演进与评价

从美国的成功经验来看，页岩气属于非常规低品位天然气资源，其勘探开发的技术要求高、投资较大、风险较高。因而，页岩气的规模化勘探、开采及其应用，尤其是在早期阶段，离不开政府政策的引导与扶持。

实际上，自 2011 年以来，中国政府就密集出台了页岩气开发的相关扶持政策。然而，总体来说，这些政策推进缓慢，效果尚未显现，也未形成鼓励开发包括页岩气在内的低品位油气资源的一揽子政策体系。

本章主要通过对五年来中国有关页岩气开发的大事及相关政策进行汇总及梳理，并结合国际经验进行比较分析，以了解目前中国页岩气扶持政策领域存在的问题。

4.1　中国页岩气开发扶持政策的梳理

自 2011 年初以来，美国页岩气革命的成功鼓舞了世界各国，页岩气开发成为全球关注的热点。作为页岩气储量大国，中国也积极拉开了页岩气开发的大幕。从 2011 年至今，逐步推进的页岩气扶持政策对加大政府和企业的资金投入、基础理论研究、资源潜力调查评价和优选、技术改进和创新、配套设施完善直至油气体制改革都有所涉及，推进了页岩气勘探开发的进程。

下面，我们按时间顺序进行梳理。

2011 年 6 月，国土资源部开展首轮页岩气探矿权招标，共有四个区块参与竞标出让，分别为渝黔南川页岩气勘查、贵州绥阳页岩气勘查、贵州凤冈页岩气勘查和渝黔湘秀山页岩气勘查。最终，中石化中标“渝黔南川页岩气勘查”区块，河南煤层气公司中标“渝黔湘秀山页岩气勘查”区块。

2011 年 9 月 23 日，国土资源部在《关于首批矿产资源综合利用示范基地名单的公告》中，将贵州黄平列为页岩气综合利用示范基地，建设单位为中石化华东分公司；陕西延长被列为页岩气高效开发示范基地，建设单位为延长石油公司。

2011 年 10 月，发改委等四部委联合发布的《关于发展天然气分布式能源的指导意见》提出：“十二五”期间，我国将建设 1 000 个左右天然气分布式能源项目，并拟建设

10 个左右各类典型特征分布式能源示范区域;未来 5 ~10 年在分布式能源装备核心能力和产品研制应用方面取得实质性突破,初步形成具有自主知识产权的分布式能源装备产业体系。

2011 年 12 月底,国务院批准页岩气为独立矿种,并由国土资源部发布《新发现矿种公告 2011 年第 30 号》,明确页岩气为第 172 种新矿。作为一种新能源,页岩气需要全新的勘查开采技术和管理方式。页岩气开发高度依赖技术进步,如果按照开发常规油气的技术思路来开发页岩气,必然导致其成本居高不下。考虑到页岩气自身特点、中国页岩气勘查开采进展以及国外经验,国土资源部将页岩气按独立矿种进行管理,引进多种投资主体,制定相关支持政策,以加快推进页岩气勘查开采进程。

2011 年 12 月底,国家发改委发布《外商投资产业指导目录(2011 年修订)》,其中的第 9 项明确"页岩气等非常规天然气资源勘探、开发(限于合资、合作)"是鼓励外商投资的产业。

2012 年 3 月初,国土资源部公布《全国页岩气资源潜力调查评价和有利区优选》成果,确定我国陆域页岩气地质资源潜力为 134.42×10^{12} m^3,可采资源潜力为 25.08×10^{12} m^3(不含青藏区),进一步证实了我国具有丰富的页岩气资源。

《全国页岩气资源潜力调查评价和有利区优选》的结果还表明,贵州省页岩气地质资源量为 10.48×10^{12} m^3,占全国的 12.79%,排名第四。因此,国土资源部与贵州省签署了页岩气勘查开发合作协议,将开发分为两个阶段: 2012—2015 年为准备阶段,重点开展页岩气资源调查,建立示范区,加快勘探,计划提交页岩气地质储量 $2\,000\times10^8$ m^3,可采储量 600×10^8 m^3,产量 1×10^8 m^3;2016—2020 年为快速发展阶段,拟形成一批页岩气勘探开发区,计划提交页岩气地质储量达到 1×10^{12} m^3,可采储量 $3\,000\times10^8$ m^3,产量$(80\sim100)\times10^8$ m^3,成为我国页岩气开发的主力产区。

2012 年 3 月 16 日,国家能源局发布《页岩气发展规划(2011—2015 年)》,制定了"十二五"期间我国对页岩气勘探开发的战略,计划在全国建立 19 个页岩气勘探开发区,并提出到 2015 年实现页岩气产量 65×10^8 m^3,2020 年产量力争实现$(600\sim1\,000)\times10^8$ m^3等规划目标。

2012 年 3 月 21 日,国土资源部发布《关于做好中外合作开采石油资源补偿费征收工作的通知》，对包括常规石油、天然气，以及煤层气和页岩气在内的非常规油气资源均征收矿产资源补偿费，且中外合作开采矿产资源的补偿费实行属地化征收，这将直接增加地方政府的收入，从而提高地方政府引入外资开采矿产资源的积极性。

2012 年 5 月 17 日，国土资源部发布《页岩气探矿权投标意向调查公告》，公布了 2012 年页岩气探矿权招标投标资格条件，其中，除要求投标内资企业注册资金不得低于 3 亿元人民币外，没有其他要求，这次的门槛明显低于首轮页岩气探矿权招标。

2012 年 8 月 13 日，国土资源部发布《页岩气资源/储量计算与评价技术要求（试行）（征求意见稿）》，这为下一步页岩气开发铺平了技术道路，也给涉及页岩气装备制造和开发的公司再次带来机会。

2012 年 10 月 25 日，国土资源部召开第二轮页岩气探矿权招标开标会。在 20 个拟招标区块中，19 个区块被国有企业和民营企业瓜分，这表明企业对参与页岩气开发的积极性较高。

2012 年 10 月 26 日，国土资源部发布《关于加强页岩气资源勘查开采和监督管理有关工作的通知》（被称为“159 号文”），鼓励开展石油、天然气区块内的页岩气勘查开采。石油、天然气矿业权人可在其矿业权范围内勘查、开采页岩气，但须办理矿业权变更手续或增列勘查、开采矿种。此外，还对页岩气富集区域与常规油气矿业权重叠的问题进行了规定。

2012 年 11 月 5 日，财政部下发《关于出台页岩气开发利用补贴政策的通知》，标志着页岩气补贴政策正式出台。但该补贴政策有两个条件：必须是已开发利用的页岩气；企业必须已安装可以准确计量页岩气开发利用的计量设备，并能准确提供页岩气开发利用量。补贴由中央和地方两部分组成。财政部对页岩气开采企业给予的补贴标准为，2012—2015 年为 0.4 元/立方米，并将根据页岩气产业发展情况予以调整；地方财政可根据当地页岩气开发利用情况对页岩气开发利用给予适当的补贴，具体标准和补贴办法由地方根据当地实际情况研究确定。

2012 年 11 月 28 日，中石化部署在涪陵焦石坝地区的焦页 1HF 井获得日产 $20.3\times10^4\ m^3$ 的高产工业气流，实现了中国页岩气开发的重大突破。

2013 年 1 月 9 日，焦页 1HF 井投入试采，平均日产气达到 $6\times10^4\ m^3$，正式拉开中国页岩气商业化开发的序幕。

2013 年 9 月，国家能源局批复设立涪陵国家级页岩气示范区，并正式启动建设。2015 年 12 月 11 日，涪陵国家级页岩气示范区通过专家组验收。由于国有大型油气企业资金实力雄厚且掌握了油气开发的大量技术资源，由中石化运营的国家级示范区对页岩气开发起到了标杆引领作用。

2013 年 10 月 30 日，国家能源局发布《页岩气产业政策》，继《页岩气发展规划（2011—2015 年）》之后，进一步细化了页岩气开发方向与政策措施。其中，页岩气开采被正式纳入国家战略性新兴产业，这标志着页岩气将与高端装备制造业、节能环保等行业一起成为国家在结构调整及战略转型中重点发展和扶持的行业，可以期待国家将进一步出台相关的配套政策。此外，该政策的出台也表明，我国在页岩气开发的初始阶段已经面临包括制度、技术、环保在内的各种问题，亟须进行顶层设计加以规范和引导。

2014 年 2 月，国家能源局发布《油气管网设施公平开放监管办法（试行）》，要求在有剩余能力的情况下，油气管网设施运营企业应向第三方市场主体平等开放管网设施，按照签订合同的先后次序向新增用户公平、无歧视地提供输送、储存 、气化、液化和压缩等服务。管网设施开放的范围为油气管道干线和支线（含省内承担运输功能的油气管网），以及与管道配套的相关设施。

2015 年 4 月 27 日，财政部再次发布《关于页岩气开发利用财政补贴政策的通知》，继续实行页岩气国家财政补贴政策，但调低了补贴标准。2016—2020 年，中央财政对页岩气开采企业给予补贴，其中，2016—2018 年的补贴标准为 0.3 元/立方米；2019—2020 年的补贴标准为 0.2 元/立方米。财政部、能源局将根据产业发展、技术进步、成本变化等因素适时调整补贴政策。

2016 年 9 月 30 日，国家能源局发布的《页岩气发展规划（2016—2020 年）》提出，创新体制机制，吸引社会各类资本，扩大页岩气投资；通过技术攻关、政策扶持和市场竞争，大幅度提高页岩气产量，把页岩气打造成我国天然气供应的重要组成部分。在政策支持到位和市场开拓顺利的情况下，计划到 2020 年力争实现页岩气产量 $300\times10^8\ m^3$；2030 年实现页岩气产量 $(800\sim1\,000)\times10^8\ m^3$。

表 4.1 简要总结了 2011 年以来我国出台的有关页岩气开发的主要政策。

表 4.1 中国涉及页岩气开发的主要政策

时　间	事件和政策
2011 年 6 月	国土资源部开展首轮页岩气探矿权招标
2011 年 10 月	发改委等四部委联合发布《关于发展天然气分布式能源的指导意见》
2011 年 12 月	国土资源部发布《新发现矿种公告 2011 年第 30 号》
2011 年 12 月	国家发改委发布《外商投资产业指导目录(2011 年修订)》
2012 年 3 月	国土资源部召开全国页岩气资源潜力调查评价和有利区优选成果新闻发布会
2012 年 3 月	国家能源局发布《页岩气发展规划(2011—2015 年)》
2012 年 3 月	国土资源部发布《关于做好中外合作开采石油资源补偿费征收工作的通知》
2012 年 6 月	国土资源部开展第二轮页岩气探矿权招标
2012 年 8 月	国土资源部发布《页岩气资源/储量计算与评价技术要求(试行)(征求意见稿)》
2012 年 10 月	国土资源部发布《关于加强页岩气资源勘查开采和监督管理有关工作的通知》
2012 年 11 月	财政部发布《关于出台页岩气开发利用补贴政策的通知》
2013 年 9 月	国家能源局同意成立涪陵国家级页岩气示范区
2013 年 10 月	国家能源局发布《页岩气产业政策》
2014 年 2 月	国家能源局《油气管网设施公平开放监管办法(试行)》
2015 年 4 月	财政部、国家能源局发布《关于页岩气开发利用财政补贴政策的通知》
2016 年 9 月	国家能源局发布《页岩气发展规划(2016—2020 年)》

4.2　中国页岩气开发扶持政策存在的问题分析

截至 2016 年底,以中国当前的扶持政策、技术水平、井口数量和配套设施等指标来看,页岩气的开发进展并非如预想中的那么顺利,政府扶持政策的效果尚不够明显。2015 年,中国页岩气产量只有 $44.71\times10^{8}\ m^{3}$,远低于规划目标的 $65\times10^{8}\ m^{3}$;而且,在国际油价持续低迷的背景下,大部分招标项目已经暂停。这使得我国页岩气开发与美国的差距继续拉大,达到了 10~15 年。

通过前文的梳理可以发现,中国陆续出台了一系列页岩气开发扶持政策,但总体来看,这些政策体系还不够系统,政策力度不大,薄弱环节较多,瓶颈环节依旧存在。

因此,结合第3章对美国页岩气开发成功经验的总结,本节主要就中国油气体制改革、管网建设与监管、财政补贴政策、技术创新、环境保护和环境规制等五个方面存在的问题进行归纳与分析。

4.2.1 油气领域上游垄断严重，矿权重叠问题亟待解决

从中国油气产业链的角度看,从上游、中游到下游,行政管理体制僵化以及因此导致的垄断无处不在。目前,上游油气资源与中游管网主要掌握在三大油气企业之手,而页岩气富集区域又通常与常规油气资源区重叠,三大油气企业开发非常规资源的积极性不高,致使我国最好的页岩气资源得不到开发;下游的城市居民、商业、工业等终端需求的释放则受制于垄断的管网这一瓶颈环节,这导致不论是管网建设规模还是运营模式都无法满足不断增长的终端需求。

我国常规石油、天然气的探矿权和采矿权配置采取备案制,即企业申请在先,经国土资源部审批后登记备案。这导致油气资源的矿业权大部分由三大国家石油公司——中石油、中石化和中海油获得,其他地方国有企业,如延长石油、中联煤层气、河南煤层气等仅拥有少量矿业权。而在中国,70%的页岩气分布区与常规天然气分布区重叠,位于三大油气巨头已登记矿业权的常规油气区块中,因此,国土资源部举行的第一次和第二次页岩气招标区块都避开了重叠区。而且,重叠区块往往是页岩气发育最好的。如果这些优质区块得不到开发,我国页岩气开发将难以形成规模。

独立研究机构莫尼塔在研究报告中指出,即使在目前开发进展最快的四川地区,制度性障碍依旧未能得到解除。尽管页岩气已成为独立矿种,但专门针对页岩气的管理办法尚未出台。由于四川境内大部分页岩气资源与常规天然气区块重叠,第二轮页岩气招标区块并未将这些存在矿业权问题的区块纳入,在19个招标区块中,只有三块位于重庆,没有一块位于四川和新疆,而根据国土资源部的数据,这三个省份在国内页岩气储量中排名位列前三。

国土资源部曾对页岩气勘探开发提出了“两步走”战略：第一步,先允许非国企参与与常规油气矿业权无重叠的页岩气区块招标;第二步,考虑放开与常规油气矿业权

重叠的页岩气区块的探矿权。然而,如果不能大刀阔斧地改革现行油气管理体制、开放上游准入,要解决矿业权重叠问题并真正让民营资本能够参与到页岩气开发中来,简直困难重重。对于中国这样的油气进口大国来说,在油气领域打破行政性垄断、引入竞争,让市场机制在油气资源配置中起决定性作用的改革势在必行。

4.2.2 输气管网和终端销售等领域改革进展缓慢

页岩气的大规模开发有赖于下游需求市场的培育,通过需求拉动供给的扩大,但这需要管网建设与管网体制改革、终端销售的放开准入以及终端定价机制改革等需求侧政策体系的配套与支撑。

首先,中国天然气管网等基础设施的规模和覆盖程度偏低,支持政策尚不完备。美国油气管网的覆盖面非常广泛。2011 年,美国原油、成品油和天然气管道总长度已经接近 60×10^4 km,原油、天然气和煤炭运输采用管道运输的比例已经达到20%,输配管道达到 160×10^4 km。与此相比,我国油气管网的规模和覆盖程度明显偏低,油气管道总长度只有10 万多公里,原油、天然气和煤炭采用管道运输的比例在4%以下,输配管道只有 45×10^4 km 左右。管网设施的不足极大地阻碍了页岩气的运输,导致产气运不出去、使用不了,进而阻碍了页岩气开发的进程。

其次,管网体制改革进展缓慢,垄断问题仍然突出。目前,中国油气管网主要由中石油、中石化、中海油三大油气巨头和地方燃气公司来投资建设,其中,中石油是国内最大的管道拥有者,控制着 7.7×10^4 km 长的油气管道,远超紧随其后的拥有3 万多公里管道的中石化,占国内天然气管网的70%。此外,我国油气管网管理体制僵化,行政性垄断严重,因而输气价格高企,高度垄断下的油气管网也没有实现互联互通,这一方面使页岩气运输的成本大大增加,使其他参与页岩气开发的企业失去竞争优势;另一方面也会由于缺乏竞争造成我国管网建设进展缓慢。

再次,终端天然气销售仍处于垄断之下,尚未触及改革,价格市场化进展缓慢。中国城市燃气市场主要被六大巨头瓜分:以港华燃气为代表的港资燃气企业;以中石油昆仑燃气、华润燃气、中国燃气为代表的大型央企、国企;以北京燃气为代表的地方燃气企业;以新奥燃气为代表的民营企业。其中,掌控着全国95%天然气产量的上游企业——三大油气公司及其下属公司将打通产业链,逐渐成为城市燃气市场的主导力量。而没有气源优势的新奥、港华等企业或将采取合作、重组等方式,争取优化渠道,拓宽气源以增强竞争力;或将与三大油企深入合作,争取获得稳定气源。实际上,城市燃气企业的输配气业务有一定的自然垄断特征,应保持合理的垄断地位,但要受到政府严格监管,而上游和下游可以放开竞争,以引入更多终端销售企业,避免城市燃气行业上中下游一体化式垄断者的出现。同时,尽快对天然气价格形成机制进行市场化改革。

4.2.3　财政政策退出过快,融资政策缺乏

与北美相比,中国页岩气的勘探开发受地表条件的影响较大,因而成本较高,政府补贴政策和融资优惠政策的作用就显得十分重要。

北美地多人少,开发页岩气的地区以平原为主,水源丰富,交通便利,钻前工程量小,成本也较低。同时,北美地区页岩气开发的技术进步和市场竞争也促使钻井与储层改造费用逐年下降。目前,美国 Barnett 页岩气开发单井费用为(250 ~ 350)万美元,储层改造和钻井费用基本相当,两者占总成本的80%以上。

中国页岩气地质条件复杂,多位于像长宁、威远这样的丘陵-低山地区,交通不便,水资源有限且人口相对稠密,土地征用成本高,井场的选择范围受限。另外,我国页岩气开发尚处于技术攻坚阶段,前期评价成本高,科技攻关投入大,加之气藏埋藏较深,又造成钻井、压裂等作业成本高,钻前工程量大,开采难度较大。经过两年的商业化开采,尽管开发成本也在逐渐降低,单井投资较初期减少了20%,钻井、压裂施工周期减少了40%左右,但单井综合成本仍然居高不下,达到7 000万元,是美国的2 ~ 3倍。而且,页岩气开发具有产出周期长和投资回收慢的特点,即便是财力雄厚的油气企业也可能会面临一定的资金周转困难。因此,如果没有政府补贴,页岩气开发的投资风险极大。

然而,根据财政部的最新通知,2016—2018年,中央财政对页岩气开采企业的补贴

标准从 2015 年以前的 0.4 元/立方米下降到 0.3 元/立方米;2019—2020 年下降到 0.2 元/立方米,下降幅度逐渐增大,从 25% 到 33.33% 。这一政策的背后是中国政府预期技术进步正在降低开采成本。然而,目前来看,这一趋势并不十分明显。

此外,上述补贴政策条件苛刻、流程手续烦琐。如果严格按照财政部的要求执行,不是所有企业都能拿到补贴。而且,企业在页岩气勘查阶段没有补贴,即企业必须独自承担前期勘查阶段的风险。例如,财政补贴的申请程序如下: ① 每年 1 月底前,页岩气开发利用企业(包括中央直属企业)向项目所在地财政部门和能源主管部门提出资金申请报告,并提供上年页岩气开发利用数量,以及录井、岩心分析数据、测井、压裂施工数据、压后监测数据和试采数据等勘探资料。② 企业的资金申请报告由所在地财政部门和能源主管部门核实汇总后上报省级财政部门和能源主管部门。省级财政部门和能源主管部门审核汇总后于 2 月底联合上报财政部和国家能源局。③ 财政部、国家能源局将组织专家对地方上报的资金申请报告和审核情况进行复审,对符合补贴条件的项目在财政部和国家能源局网站上予以公示(公示时间 1 周),对无异议的下达补贴资金。

最后,从我国已出台的页岩气政策体系中可以看到,尚缺乏完善的融资优惠政策。中国页岩气开发的投资缺口仍然很大,投资风险基本上完全由企业承担,这造成企业参与开发的积极性不高。国土资源部矿产资源储量评审中心主任张大伟认为,按 2020 年页岩气产量目标测算,中国需要打出 2 万口井,10 年内所需投资在 4 000 亿元到 6 000 亿元。这么庞大的资金量仅仅依靠传统油气企业现有的投资模式是绝对办不到的。那么,如何吸引企业参与页岩气开发,如何鼓励地方政府对页岩气开发企业进行投资补贴等,在现有政策中都没有规定具体措施和实施细则。

4.2.4 核心技术依赖国外,技术标准仍缺乏

中国针对页岩气开发的技术研究刚刚起步,研究基础也较薄弱,因而,页岩气开发的核心技术主要依赖国外公司。例如,施工所采用的油基钻井液、分段压裂工具、压裂设计及压裂液体系等核心工具、体系以及设计技术大都由国外公司提供服务,这一方

面限制了我国页岩气开发的独立性和技术创新动力，也导致我国页岩气开发的成本居高不下。

此外，中国页岩气水平井设计方法和工艺技术体系尚未建成，工艺技术不配套，相关标准、规范体系也尚未形成。页岩气不含硫化氢等有毒组分，且只有通过压裂才能产气，从这个意义上说，页岩气是人工气藏。而现行的《钻井井控技术规程》(SY/T 6426—2005)规定的人居安全距离、钻井液密度等对页岩气井来说过大，不利于降低作业成本。更进一步地说，页岩气属于非常规天然气，其勘探开发阶段的划分与现行《石油天然气资源/储量分类》(GB/ T 19492—2004)标准中的描述有较大差异，其储量也无法按照现行《石油天然气储量计算规范》(DZ/T 0217—2005)计算。而且，中国仍没有自己的单井产量衰减曲线，没有页岩气探明储量计算规范。因此，中国页岩气勘探开发程序不能按现有的常规油气勘探开发程序进行。

最后，页岩气开发的技术扶持政策不足。我国页岩气相关扶持政策提出，要形成一套适用于我国页岩气地质条件的钻完井技术，却没有提出具体的实现方式。此外，较高的技术壁垒对新进入页岩气开发领域的其他企业将形成巨大障碍，从而降低了他们参与开发的积极性，不利于形成竞争性的市场格局。

4.2.5 环境风险较大，环境规制不受重视

页岩气开采过程主要包括五个步骤：钻竖直井到页岩层；钻水平井到页岩气储层；通过射孔作业向页岩气中注入水、砂和化学添加剂组成的高压混合液；利用水平井压裂技术扩大裂缝；最后将页岩气抽采到地表。整个开采作业会造成一定的环境污染、资源消耗和地质灾害，例如，水平压裂作业会消耗大量水资源；钻井作业如果操作不当会导致地下水污染，也可能导致地质灾害；水平压裂液如果随意处置，也会带来严重的土壤污染；开采过程中使用的大功率设备会造成噪声污染；开采过程还会产生大气污染，等等。

目前，中国主要依靠《环境保护法》《页岩气产业政策》中关于环保的要求对页岩气开发过程中产生的环境污染进行监管。然而，前者并不是专门针对页岩气开发所带

来的环境污染问题制定的，所以并没有把页岩气开发所引起的问题囊括其中；后者则对具体造成的污染值、污染后的处理措施等方面的规定还不够详细；另外，在环境影响评估上，目前我国并没有让受到环境污染影响最大的群体即公众参与进来，公众普遍对程序的合法性质疑。

总之，为促进页岩气开发进程，我国政府应总结国内页岩气发展规划、行业管理、投资管理、技术创新、环境保护等开发过程中出现的问题，在充分调研和研究的基础上，制定相关法律、法规体系，制定适合我国国情的页岩气产业政策，完善页岩气管理制度。本书在后续第 8、9、10、11、12 章将依次对这些法律政策体系的构建进行研究，并提出政策建议。

第5章

页岩气开发的能源结构效应预测

由第 2.3 节可知，页岩气革命为美国带来了经济、就业、能源结构、能源自给率等方面的收益，使美国能源结构中天然气占比逐渐提高，能源对外依存度大幅下降。那么，中国页岩气开发是否也能获得同样的效应呢？为此，本章将对页岩气开发对中国能源结构、能源自给率的影响进行预测。

5.1 页岩气开发的能源结构效应研究

2012 年，中国页岩气实现商业化生产，2014 年开始计入开采企业的财务报表，但总产量较低，因此，页岩气开发对我国能源结构的影响尚未显现。2014 年，页岩气产量占天然气总产量的 1.1%，2015 年这一比重略有上升，但也只达到 3.6%，而这一年美国页岩气产量占天然气总产量的比重已经超过 50%。当然，随着各大企业页岩气钻井数量的不断增加，以及页岩气开采技术的突飞猛进，我国页岩气占天然气的比重也将持续增长。

考虑到数据的可得性问题，本节基于我国天然气生产及消费不同的情景，对未来页岩气的产量及其对我国能源结构、能源自给率的影响作出预测。

5.1.1 天然气消费预测

首先，我们根据往年平均增长率 $\bar{r}$ 对中国天然气未来消费情况进行预测。设 2015 年天然气的消费量为基期 D_0，则第 n 年全国天然气消费总量 D_n 的计算公式为

$$D_n = D_0 (1 + \bar{r})^n \tag{5.1}$$

式中，平均增长率 $\bar{r}$ 按照国家统计局公布的 1998—2016 年全国天然气消费的平均增长率计算，$\bar{r} = 10.8\%$。如果维持我国现有的天然气消费格局不变，则在年均增长率为 10.8% 的情况下，到 2025 年，我国天然气消费总量为 $5\,442 \times 10^8\ m^3$。相比 2015 年的消费量 $1\,951 \times 10^8\ m^3$，增加了 $3\,491 \times 10^8\ m^3$。

接下来，再考虑低增长率情况来预测未来我国天然气的消费需求。根据发达国家的经验，在经历了工业化过程中能源消费的高速增长后，工业化后期和后工业化阶段，一国对天然气的消费将趋于平稳。因而，低增长率情景以 OECD① 国家在 1998—2016 年天然气消费的平均增长率为基准进行确定。根据 BP 的统计，OECD 国家在此期间的天然气消费增长率为 1.3%。在这种情景下，2025 年我国天然气消费总量为 $2\,220.6\times10^8\ m^3$。

为保证可比性，将 EIA 对中国天然气消费量的预测作为第三种情景②。根据 EIA 的预测，2025 年，中国天然气消费量为 $3\,829\times10^8\ m^3$。表 5.1 给出了高、中、低三种情景下中国天然气需求量的预测情况。

表 5.1 中国天然气需求量预测（单位：$10^8\ m^3$）

年 份	平均增长率情景	EIA 预测情景	低增长率情景	需求量区间
2016	2 162.305	1 842.870	1 976.908	[1 842.870， 2 162.305]
2017	2 395.834	2 081.583	2 002.608	[2 002.608， 2 395.834]
2018	2 654.584	2 223.451	2 028.642	[2 028.642， 2 654.584]
2019	2 941.279	2 388.822	2 055.015	[2 055.015， 2 941.279]
2020	3 258.937	2 582.794	2 081.730	[2 081.730， 3 258.937]
2021	3 610.902	2 832.833	2 108.792	[2 108.792， 3 610.902]
2022	4 000.879	3 066.165	2 136.207	[2 136.207， 4 000.879]
2023	4 432.974	3 337.725	2 163.977	[2 163.977， 4 432.974]
2024	4 911.735	3 598.524	2 192.109	[2 192.109， 4 911.735]
2025	5 442.203	3 829.591	2 220.606	[2 220.606， 5 442.203]

5.1.2 天然气供给预测

为了对中国未来天然气的供给能力进行预测，我们运用时间序列建模方法，通过

① OECD：经济合作与发展组织（Organization for Economic Co-operation and Development），简称经合组织，是由 34 个市场经济国家组成的政府间国际经济组织，旨在共同应对全球化带来的经济、社会和政府治理等方面的挑战，并把握全球化带来的机遇。

② http://www.eia.gov/outlooks/aeo/data/browser/#/?id=6-IEO2016®ion=0-.

SPSS19.0 软件构建 ARIMA 模型如下：

$$\Delta X_t = 0.018\Delta X_{t-1} + \varepsilon_t - 0.964\varepsilon_{t-1} \tag{5.2}$$

其中，X_t 为储量，$t = 2006, \cdots, 2025$，ε_t 为误差项。模型的 $R^2 = 0.989$，拟合程度很好。该模型表明，X_t 是一个滑动平均序列，ε_{t-1} 系数通过了 T 统计量检验，因此，式(5.2)模型可以用于预测。

根据中国现有天然气供给数据，ARIMA 模型的预测结果以及 EIA 的预测结果如表 5.2 所示。

表 5.2 中国天然气供给量预测（单位：10^8 m^3）

年　份	ARIMA 模型预测	EIA 预测	供给量区间
2016	1 419.09	1 562.672	[1 419.09，1 562.672]
2017	1 499.47	1 655.373	[1 499.47，1 655.373]
2018	1 580.13	1 771.431	[1 580.13，1 771.431]
2019	1 660.77	1 912.424	[1 660.77，1 912.424]
2020	1 741.42	2 038.824	[1 741.42，2 038.824]
2021	1 822.07	2 292.266	[1 822.07，2 292.266]
2022	1 902.72	2 515.898	[1 902.72，2 515.898]
2023	1 983.37	2 732.558	[1 983.37，2 732.558]
2024	2 064.02	2 942.490	[2 064.02，2 942.490]
2025	2 144.67	3 144.025	[2 144.67，3 144.025]

注：根据平均增长趋势进行的预测隐含技术不变的假设，但长期来看，由于技术进步则实际值可能比预测值高。

根据表 5.1 和表 5.2 的预测，我国天然气的供给能力与需求仍然存在较大的差距。仅当天然气需求保持低消费水平时，供求才能实现平衡。若按照平均增速和 EIA 预测的增速，我国天然气的供应缺口达到(75.936 ~ 3 297.533) $\times 10^8$ m^3。因此，只要我国天然气需求增长率大于 1.3%，天然气供应缺口就仍要通过进口等途径来补充。这意味着，中国天然气的对外依存度将长期处于高位。但需要注意的是，此处对天然气供给的预测并没有包含页岩气产量的快速增长情况，因而，可能是低估的。

5.1.3 中国页岩气产量及其对能源结构的影响预测

我们对未来中国页岩气的产量区间按照高、中两种不同的增长情景进行预测,具体介绍如下。

1. 高增长情景

根据我国《能源发展战略行动计划(2014—2020 年)》的目标,到 2020 年,页岩气产量力争超过 $300\times10^8\ m^3$。按此规划,则从 2016 年到 2020 年,我国页岩气供给的年平均增速必须达到 62.2%。实际上,2016 年 1—7 月,中国页岩气产量达到 $50.1\times10^8\ m^3$(全年预计为 $86\times10^8\ m^3$)。以此为基准,在乐观情景下,预计 2025 年我国页岩气产量将达到 $746.5\times10^8\ m^3$。

2. 中等增长情景

根据我国 2012—2015 年的页岩气产量计算,平均增长率高达 303.2%。然而,这样的爆发式增长只可能发生在页岩气开发的初期。根据美国的经验,页岩气单井产量在初期后衰减很快,其在 2007—2015 年页岩气产量的平均增长率为 36%,以此作为我国页岩气产量的中等增长速度,并以 2016 年的 $86\times10^8\ m^3$ 为基准,则预计到 2025 年,我国页岩气产量将达到 $364.8\times10^8\ m^3$。

表 5.3 给出了不同增长率情况下对我国页岩气产量的预测结果。

表 5.3 中国页岩气产量预测(单位: $10^8\ m^3$)

年　份	高增长(62.2%)	中等增长(36%)	页岩气产量区间
2017	139.5	117.0	[117.0, 139.5]
2018	193.0	148.0	[148.0, 193.0]
2019	246.5	178.9	[178.9, 246.5]
2020	300.0	210.0	[210.0, 300.0]
2021	389.3	241.0	[241.0, 389.3]
2022	478.6	271.9	[271.9, 478.6]
2023	567.9	302.9	[302.9, 567.9]
2024	657.2	333.8	[333.8, 657.2]
2025	746.5	364.8	[364.8, 746.5]

由以上对天然气供求及页岩气产量的预测结果可以看出，短期内，我国天然气供给仍然不能完全满足天然气需求，因此气源的多元化供给对于缓解天然气供求不平衡具有非常重要的作用。如果中国页岩气产量能够按照国家规划的速度增长，便至少能够满足我国未来天然气需求的近 15%，乐观情况下可以达到三分之一，而这对于改善中国能源结构将起到不可忽视的作用。

5.2 页岩气开发的能源依存度效应研究

由于国际局势动荡，国际能源市场价格波动剧烈，我国面临的能源安全形势十分严峻。面对“内忧外患”，我国能源战略唯有走“调整能源结构、立足国内自给”的道路，才能确保能源安全，稳定经济增长。而大力开发页岩气等非常规油气资源，补充常规天然气资源的不足，无疑是一条重要的路径。

5.2.1 中国化石能源的对外依存度

目前，中国是世界上最大的能源消费国，也是最大的化石能源消费国。2016 年，中国能源消费总量为 43.6×10^8 t 标准煤，比 2015 年增长 1.4%。尽管增速下降了，但中国能源生产仍远不足以满足如此庞大的消费，能源对外依存度不断攀升，2015 年达到 11%，2020 年将接近 26%，其中，石油对外依存度上升到 60%，天然气为 35%，2020 年将接近 40%。根据 IEA 的预测，到 2035 年，这两个数字将会达到 80% 和 40%。2015 年，中国原油进口首次超过美国，成为全球最大的原油进口国。中国能源安全已经受到了严重的威胁。

1. 石油的对外依存度

图 5.1 表明，中国原油生产与消费的缺口在持续扩大，2015 年，石油对外依存度已经达到 60% 的危险线，而 2016 年，中国原油进口 3.81×10^8 t，同比增长 13.6%，

原油进口量持续增加。实际上,在2015年,中国已经超过美国成为世界最大的原油进口国(图5.2)。同时,图5.3显示,中国原油进口主要来自中东与俄罗斯,中东地区局势的动荡必然影响原油进口的安全性。2040年以前,中国石油需求仍将持续上升,对外依存度将达到80%。而曾经的能源进口大国——美国,却将完全实现能源自给。2010年,美国对中东石油进口的需求为$8\,000\times10^4$ t,替代这些石油仅需要$1\,000\times10^8$ m^3的页岩气,而其2011年页岩气产量就增产近500×10^8 m^3,因此,美国对中东地区的石油依存度大幅度下降。毫无疑问,超高的石油对外依存度将严重威胁国家战略安全。

图5.1 中国原油产量、消费量与缺口

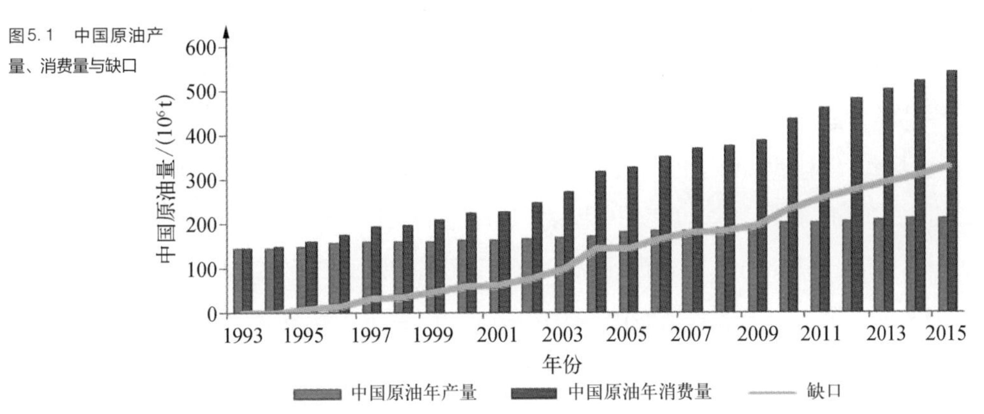

图5.2 中美原油进口对比分析

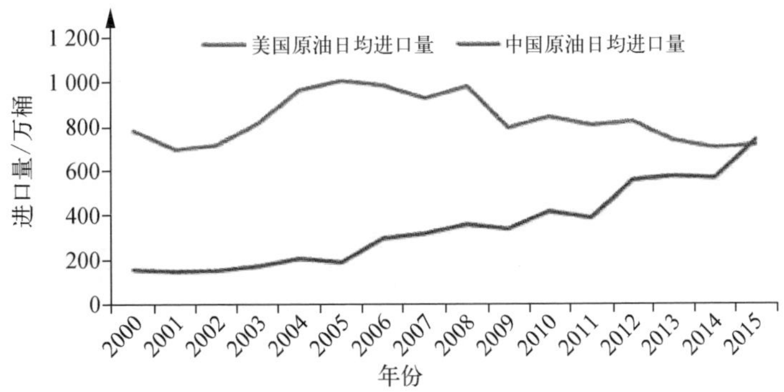

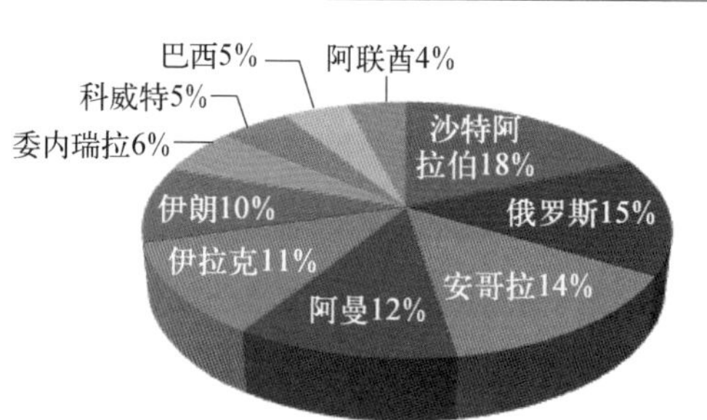

图5.3　中国原油进口前十大来源国家

2. 天然气的对外依存度

随着中国城市化进程的加快和环境保护要求的提高，天然气作为一种清洁高效的能源，被大量用于城市燃气以及替代燃油、人工煤气等车用、工业用燃料。然而，中国天然气资源相对贫乏，剩余可采储量不足世界总量的 2%。国家统计局数据显示，2005—2015 年，全国天然气产量由 $493\times10^8\ m^3$ 增长至 $1\,350\times10^8\ m^3$，消费量由 $468\times10^8\ m^3$ 增长至 $1\,931\times10^8\ m^3$，十年复合年均增长率分别为 10.6% 和 15.2%（图 5.4）。按照国家发改委的规划，到 2020 年，中国天然气消费量将达到 $4\,000\times10^8\ m^3$，届时，供需缺口可能扩大至 $700\times10^8\ m^3$。因此，从 2006 年开始，中国便已经成为天然气净进口国，且为世界第三大天然气消费国。2007—2015 年，中国天然气进口量从 $40\times10^8\ m^3$ 增加到 $624\times10^8\ m^3$，9 年增加了 15 倍之多（图 5.5）。

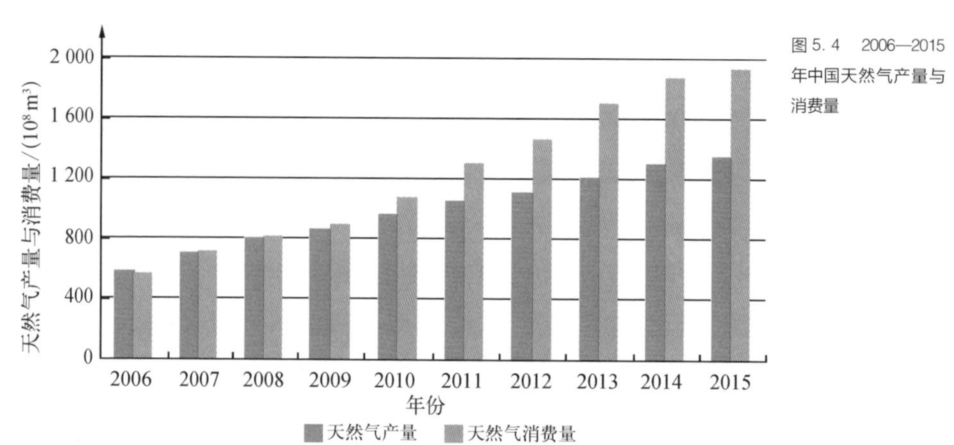

图 5.4　2006—2015 年中国天然气产量与消费量

图 5.5　2006—2015 年中国天然气进口量

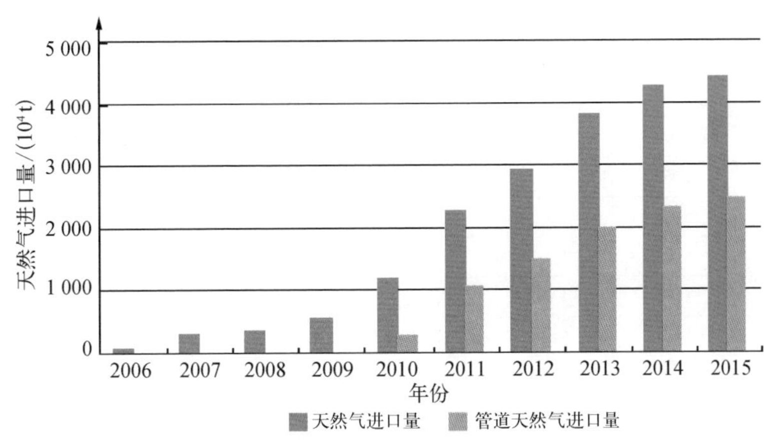

尽管如此,中国的天然气利用程度仍落后于其他发达国家。由于开发较早和地质条件较好,美国的天然气年产量早在 20 世纪 50 年代就超过 1 400 × 10^8 m^3/a。更重要的是,美国天然气在能源生产和消费中的占比一直远超中国,2015 年,美国 36.6% 的能源生产以及 29% 的能源消费都来自天然气,而中国对应的比例只有 4.9% 和 5.9% 。

由表 5.4 可知,美国也曾是天然气进口大国。但随着美国页岩气革命的成功,其天然气的对外依存度逐年下降,2013 年虽略有反弹,但 2015 年已经低至 1.3% 。中国从 2007 年开始进口天然气,仅花 9 年时间,天然气的对外依存度就飙升到 32.7% 。根据海关总署的数据,2015 年天然气进口量达到 4 435 × 10^4 t,五年复合增长率接近 30% 。而管道天然气更是近年进口量增长的动力,2015 年达到 2 468 × 10^4 t,五年复合增长率达到 57% 。预计未来我国进口天然气仍将增长,而管道天然气增速仍将超过液化天然气(图 5.5)。

表 5.4　中美天然气对外依存度对比(单位：10^8 m^3)

年份	中　国			美　国		
	生产量	消费量	对外依存度	生产量	消费量	对外依存度
2001	303	274	−10.6%	5 555	6 297	11.8%
2005	493	468	−5.3%	5 111	6 234	18.0%
2006	586	561	−4.5%	5 240	6 144	14.7%

（续表）

年份	中　国			美　国		
	生产量	消费量	对外依存度	生产量	消费量	对外依存度
2007	692	705	1.8%	5 456	6 542	16.6%
2008	803	813	1.2%	5 708	6 591	13.4%
2009	853	895	4.7%	5 708	6 591	13.4%
2010	948	1 076	11.9%	6 041	6 732	10.3%
2011	1 025	1 307	21.6%	6 513	6 901	5.6%
2012	1 072	1 438	25.4%	6 814	7 221	5.6%
2013	1 171	1 616	27.5%	6 876	7 372	6.7%
2014	1 220	1 800	32.2%	7 285	7 560	3.6%
2015	1 318	1 933	32.7%	7 673	7 778	1.3%

随着国内天然气供给格局逐渐形成“常规天然气开采 + 多路进口气源 + 非常规天然气开采”的三位一体结构，天然气供给安全性可以获得一定的保障，天然气总消费量增速维持在30%以上的势头能够得到延续。目前，中国天然气进口渠道主要有管道入口和 LNG 入口。正在运营的天然气进口渠道包括：霍尔果斯口岸的中亚管道天然气、云南瑞丽口岸的缅甸管道天然气、东北地区的俄罗斯东线管道天然气(2018 年开始接收)、江苏福建等沿海码头的亚太 LNG，以及其他陆续投产的沿海 LNG 码头，将在建和达产项目加总，全部输送能力将接近 $2\,400 \times 10^8\ m^3/a$，接近目前国内天然气产量的 2 倍。

从国外进口天然气固然必要，但解决能源安全问题的关键是要增加自己的能源供应能力。时任国家能源局局长吴新雄表示，要加快石油天然气发展，着力突破页岩气等非常规油气资源开发。在常规天然气之外，开发页岩气、煤层气、煤制气等非常规天然气，而这类能源在今后必将成为中国天然气供应的重要补充。

3. 煤炭的对外依存度

中国的资源禀赋表现为“富煤、缺油、少气”，这决定了在一次能源消费中煤炭消费占比较高，达到64%，远高于30%的世界平均水平。中国煤炭消费主要用于发电和取暖，其中煤电占总发电量的比重高达 80%。2015 年，世界煤炭产量约 80×10^8 t，中国产量达 37.5×10^8 t，虽然同比减少了 3.3%，但仍占世界煤炭总产量的 47%；中国煤炭

消费量为 39.65×10^8 t,同比下降 3.7%,但仍占世界煤炭总消费量的一半。

在中国经济转型升级和绿色发展的背景下,煤炭的环境污染和碳排放问题依然严重,降低煤炭消费比重的紧迫性不言而喻。据估计,中国的煤炭需求将在 2020 年到 2025 年达到顶峰。中国政府正在通过调整产业结构、淘汰高耗能产业、加快推进天然气替代煤炭战略、对可再生能源提供高额补贴等方式,降低煤炭消费总量及其在一次能源结构中的比重。

然而,十年来,中国煤炭产量日益增加,消费总量虽已经减少,但煤炭进口量却持续增加。图 5.6 表明,自 2009 年中国成为煤炭净进口国以来,除了 2008 年、2014 年和 2015 年煤炭进口是减少的,其他年份基本都保持在 2 位数的增长率,2009 年更是比 2008 年增长了 2 倍多。2013 年,中国煤炭进口量达到 3.27×10^8 t,同比增长 13.5%,创下历史新高。2016 年,中国煤炭进口量为 2.56×10^8 t,同比增长 25.5%。

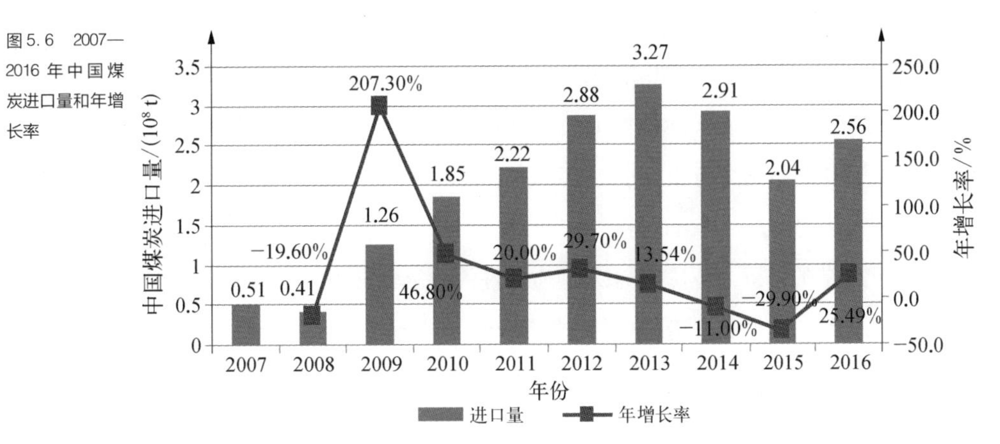

图 5.6 2007—2016 年中国煤炭进口量和年增长率

中国煤炭的对外依存度在 2013 年达到最高的 8.13%,较 2012 年的 7.11% 上升明显。实际上,我国煤炭产能是过剩的,进口煤炭量增加的主要原因不在于国内供给不足,而在于以下两个因素。首先是价格因素。2013 年国际市场上煤炭价格大幅度下降,而国内煤炭价格远高于国外,即使加上海运、铁路运费,进口煤炭相比国内煤炭仍有价格优势,从而导致进口煤炭量增加。其次是需求因素。中国煤炭产区分布在西部和北部,而需求方主要分布在东南沿海地区。国内煤炭本来在价格上就不占优势,在地理位置上也不占优势,进而导致南方沿海地区成为进口煤炭的主力。煤炭进口量保持在高位不利于中国能源结构的调整和能源安全的提高,因此,必须从提高煤炭进口关税、在南方沿海大力推进天然气替代煤炭战略等方面入手,以扭转当前这一局面。

5.2.2 页岩气开发对天然气对外依存度的影响预测

鉴于中国化石能源的对外依存度都较高,中国能源独立的解决方案只能从发展核电、可再生能源和非常规天然气入手。日本核泄漏事故对我国核电事业的发展产生了不利影响,核电项目审批一度停止,但至少从目前的形势来看,还不会改变我国核电发展的战略方向。对于可再生能源来说,尽管目前的开发成本和能源质量不占优势,但随着技术进步,可再生能源仍可以实现大规模开发利用。

美国以页岩气开发为代表的能源技术革新导致能源独立,为中国提供了经验借鉴。中国的页岩气资源储量高,如果能够实现突破,不仅能够增加页岩气的供应,还会推动常规天然气市场的发展,带动整个能源市场的改革。而随着改革的不断深入,会有更多的能源企业进入这个行业,带来更多的资金投入、技术投入和创新,总的供应量会不断增加。

根据 5.1.3 节的分析,页岩气开采对地质条件的要求较常规天然气高得多,我国页岩气产量长期维持高增长率情况发生的概率较低。因此,本节将中等增长率下的页岩气产量作为未来页岩气产量的预测值,估计未来页岩气产量对天然气产量结构的影响,结果如表 5.5 所示。

表 5.5　页岩气产量对天然气供给结构的影响预测

年份	天然气产量均值/(10^8 m^3)	中等水平下的页岩气产量/(10^8 m^3)	页岩气产量占天然气产量的比重/%
2016	1 490.9	86.0(估计)	5.76
2017	1 577.4	117.0	7.42
2018	1 675.8	148.0	8.83
2019	1 786.6	178.9	10.01
2020	1 890.1	210.0	11.11

（续表）

年份	天然气产量均值/($10^8\ m^3$)	中等水平下的页岩气产量/($10^8\ m^3$)	页岩气产量占天然气产量的比重/%
2021	2 057.2	241.0	11.71
2022	2 209.3	271.9	12.31
2023	2 358.0	302.9	12.85
2024	2 503.3	333.8	13.33
2025	2 644.4	364.8	13.80

根据预测结果，随着我国页岩气产量的增长与开发进程的加快，页岩气产量对天然气供给结构的影响也越来越大，到 2025 年，页岩气产量有望达到天然气产量的近 15%，因此大力推进页岩气开发，能够实现降低天然气对外依存度、缓解能源供求压力、保障我国能源安全的目的。

第6章

页岩气开发的经济效应——以四川省为例

美国页岩气革命对促进经济增长、增加就业岗位产生了重大效果，这对世界各国都起到示范和推动作用。在中国，四川省的页岩气储量、产量都位于前列，经过几年的开发，已经取得了一定的成果。然而，目前国内外对页岩气开发经济效应的分析通常以定性分析为主，较少定量化研究，因而无法精准分析页岩气开发对区域经济的哪些方面造成影响，是正的影响还是负的影响，这些影响到底有多大，哪些因素会驱动页岩气开发的经济效应等问题。

本章旨在利用改进的双重差分法（PSM－DID），对四川地区页岩气开发对经济增长的影响作出定量分析，以利于更有针对性地提出政策建议。

6.1 文献综述

在理论研究上，对于油气资源开采对经济增长的作用，学者们针对不同国家及地区的研究得出的结论并不一致。在短期影响上，形成了正向影响和资源诅咒两类成果；在长期影响上，对于贸易部门和非贸易部门的研究结论也不尽相同。本节将基于不同的研究主题和结果对现有文献进行综述。

6.1.1 油气资源开采促进经济增长

在短期影响上，一些学者认为，资源开采能够提高当地劳动、资本等要素的价格，增加就业岗位，从而带动经济的增长。美国商务和经济研究中心（2008）、Considine 等（2010）运用投入产出模型证实，短期内资源开采可以促进经济增长。Weber（2012）认为，天然气开发热潮增加了就业总量和工资，导致私人和公共部门租金上涨。当然，总就业和收入的上涨，并不意味着平均收入的增加。收入的分配在很大程度上取决于当地居民的技能，他们在收入分配格局中的位置、工作地点和区域劳动力市场一体化的程度，以及非高速发展行业溢出效应的大小。

在长期影响上，Sachs 和 Warner（1999）扩展了资源开采模型，证明资源开采热潮可能是长期增长的催化剂，因为非贸易部门只能在特定的市场规模上实现规模报酬递增。Black 等（2005）研究了 20 世纪美国四个州 70 年代的煤炭繁荣和 80 年代的煤炭萧条对地区劳动力市场的影响，结果发现，煤炭开采对本地而非国际贸易品部门存在正向溢出效应。Michaels（2010）研究了一个拥有油气田的位于美国南部的县在 1890—1990 年的经济增长，结果表明，在 20 世纪中期，石油县市获得了较高的教育水平和人均收入。与石油开采相关的经济活动促进了当地的人口增长，增加了制造业的就业人数。这一发现与 Sachs 和 Warner（1999）的结论一致。Marchand（2010）研究了加拿大西部的石油和天然气开采对劳动力市场的影响。在 1996—2006 年的繁荣时期，实验组（在基期有 10% 以上的收入来源于资源开采）每年的就业增长率比对照组（所得来源于资源开采的溢出效应）高 6.5%。类似地，总收入和人均收入增长分别为 11.5% 和 4.9%，而生活在贫困线下的人数减少 10.2% 以上。这说明，资源开采的经济效应是很大的，但也是合理的，因为在加拿大西部的能源部门在当地经济中占很大的比重。Munasib 和 Dan（2015）运用综合控制法（SCM 模型）考察了页岩气开发对当地经济的影响。该模型不仅考虑了页岩气开发对生产总值、就业的促进作用，还考虑了其对当地物价水平、环境的负作用，最后得出的净效应是正的。

中国学者在研究油气资源开采对当地经济的影响时，多数持正效应的观点。胡奥林等（2010）、赵煜晖（2015）分析了天然气对川渝地区财政、就业、人均收入等的影响，但他们没有进行实证检验。余雷等（2013）运用协整分析和格兰杰因果检验对新疆石油、天然气产业集聚度与区域经济增长的关系进行了实证研究。结果表明，两者之间存在长期稳定的均衡关系；当滞后一期时，油气产业集聚度为人均 GDP 的格兰杰原因，对新疆区域经济增长表现出显著的正向影响。此外，一些学者也认为，美国的页岩气革命推动了美国经济的增长，增加了税收，促进了就业（孙鹏，2013；管清友和李君臣，2013；王蕾和王振霞，2015）。

6.1.2 油气资源开采阻碍经济增长（资源诅咒假说）

与上面的观点相反，也有一些学者认为，资源开采对当地经济会产生负面影响，使非贸易部门的竞争力下降,产品价格上升,但对家庭收入的净影响取决于政府的管理能力。Corden 和 Neary(1982)研究了一个小型开放经济中新资源的开采对出口部门和整个经济的影响,发现了自然资源的贸易活动导致国内制造业衰退的现象,并提出了"荷兰病(Dutch disease)"概念。20 世纪 50—70 年代,荷兰北海一带发现了大量天然气资源。随着采掘业的兴起,对劳动力的需求导致工资增加,这些额外收入导致非贸易品(如住房)的价格上涨(因为供给弹性较低),而非高速增长的出口部门将不得不承受劳动力成本的上升和实际汇率(非贸易品价格/贸易品价格)的下降,从而降低了该出口品在世界市场上的竞争力。

实际上,不仅在荷兰,世界上很多国家都曾经发生过类似现象,如挪威、冰岛、澳大利亚、英国等。挪威在发现北海油田之后,石油出口大幅度增加,但其总货物和服务出口并未以与国民收入相同的速度提高,这说明石油出口挤出了非石油出口,使总出口相对于国民收入停滞不前。当 20 世纪 70 年代的石油危机造成油价上涨后,英国开采苏格兰外海的北海油田变得具有经济效益。到 70 年代末期,英国已经由石油进口国转变为石油出口国,并推升了英镑汇率,这反过来降低了其他部门的国际竞争力。

Auty(1993)正式将"荷兰病"现象命名为资源诅咒(Resource Curse),即指自然资源丰富的国家在经历了资源开发的大繁荣(Resource Boom)之后,并没有出现经济飞速增长的结果,其发展速度反而低于许多缺乏自然资源的国家和地区。此后,关于资源开采与经济增长关系的理论和实证研究引起了学界的广泛关注。Sachs 和 Warner(1995)通过测算 95 个发展中国家在 1970—1989 年的经济增长后发现,资源充裕程度与经济增长存在明显的负相关关系。Rodriguez 和 Sachs(1999)认为,资源开采型国家看上去增长得更慢,但资源开采对经济的长期影响并不清楚。Papyrakis 和 Gerlagh(2007)证明,自然资源采掘业的繁荣降低了投资、教育、开放程度和研发的开支,增加了腐败,因而对于经济增长产生了负面影响。Caselli 和 Michaels(2009)研究了 2000—2005 年巴西的石油产量如何影响当地的经济增长和财政收支。他们发现,石油生产几乎没有外溢到非石油经济。尽管石油产量和地方政府收入有很强的正向关系,但以贫困率和家庭收入来衡量的当地生活水平并没有得到改善。这一观点与 Michaels(2010)、Marchand(2010)等相反,但支持了 Mehlum 等(2006)的观点。Acemoglu 和 Robinson(2015)指出,自然资源丰富的地方未必会走上繁盛的康庄大道,反而容易遭遇资源诅咒。

然而，并不是所有资源型国家或地区都遭遇了资源诅咒。例如，Michaels（2010）发现，尽管跨国分析表明，在资源依赖和经济增长之间存在负相关关系，但在某些国家可能存在相反的情况。如果资源开采区域的经济只是区域或国家经济的很小一部分，则资源开采的热潮不太可能引起工资大幅增加等“荷兰病效应”。Mehlum 等（2006）认为，当地政府的能力对自然资源行业的经济效应影响较大。因而，是否落入资源诅咒陷阱取决于政府的调控能力以及一国对资源部门的依赖性。

中国学者的研究表明，中国部分资源丰裕地区，如西部、东北存在资源诅咒现象（徐康宁和韩剑，2005；徐康宁和邵军，2006；胡援成和肖德勇，2007；胡健和焦兵，2007；邵帅和齐中英，2008；邵帅，2010），其经济增长速度普遍慢于资源贫瘠地区，而且这是导致地区发展差距的一个重要原因。更深层次的原因是制度落后，排挤制造业投入、外资投入、科技投入和人力资本投入，下游产业聚集程度低等。例如，冯宗宪等（2010）发现，中国荷兰病的主要症结在于挤出了制造业的固定资产投资，这在山西和陕西表现得十分明显。

邵帅等（2013）同时考察了资源产业依赖对经济发展效率的“祝福”与“诅咒”并存的非线性影响。结果表明，资源产业依赖对于经济增长呈现出显著的倒 U 形关系，制造业发展和对外开放程度决定了能否规避资源诅咒现象，而政府干预的强化则增加了资源诅咒发生的风险。他们还发现，我国城市层面的资源诅咒问题正逐渐得到改善。董利红和严太华（2015）也发现，技术投入和对外开放水平对资源诅咒现象具有门槛效应，较高的技术投入和对外开放水平可以有效改善资源开发和经济增长的关系，促进地区经济的发展；地区经济陷入资源诅咒的关键是资源依赖度。

综上所述，大量文献从正和负两个方面评价了油气开采对当地经济的影响。然而，一方面，现有文献关于油气资源开采的经济效应仍存在诸多争议，尚有针对中国特定区域进行研究的空间；另一方面，从评价方法上看，上述文献往往通过直接对比开采前后的地区经济绩效来作出判断（单差法或投入产出法），无法准确识别出油气资源开采对于经济增长的净效应。因为不管当地是否具有油气资源的开采，都会在其他因素的推动下取得经济增长。因此，如果想要有效识别资源开采的净效应，则必须剔除影响当地经济增长的其他因素。

针对上述研究成果的不足，本章采用更为科学的双重差分方法（Difference in Difference，DID）以及修正后的双重差分倾向评价匹配方法（PSM－DID）对四川地区页岩气开采的经济绩效进行评价。页岩气开采可被看作是在有页岩气储藏的地区进行的一项政策试验，对于这种政策的效果评价，通常使用 DID 方法进行分析。相对于传统办法，双重差分法能够避免政策作为解释变量所存在的内生性问题，即有效地控制了被解释变量与解释变量之间的相互影响。如果样本是面板数据，那么，双重差分模型不仅可以利用解释变量的外生性，而且可以控制不可观测的个体异质性对被解释变量的影响，因而能得到对政策效果的无偏估计（陈林和伍海军，2015）。

6.2 自然资源开采对经济增长的影响机制

上节的文献综述表明，自然资源开采对区域经济的影响并不是单一的，可能存在正或负的效应，因此，其净效应与区域特性有很大关系。在这些研究中，资源诅咒假说得到了证实。那么，自然资源开采为什么会导致资源诅咒？其影响机制如何？更进一步地说，如何从一开始就防止资源诅咒的产生？本节将对此进行详细分析。

6.2.1 “荷兰病”模型

Corden 和 Neray（1982）的“荷兰病”模型给出了资源诅咒效应最典型的传导机制。该模型主要研究因资源开发部门（the booming sector，主要指采掘业，也包括新技术替代旧技术的工业部门）的繁荣而导致的“去工业化（de-industrialisation）”现象所造成的收入分配效应，以及制造业部门的规模和利润所受到的影响等问题。

1. 模型假设

“荷兰病”模型假设如下。

（1）一国的经济主要由三大产业构成：制造业、采掘业（资源产业）和服务业，前两类产业参与对外贸易，其产品分别为X_M和X_E，价格为外生地决定，恒等于国际市场价格；服务业不参与对外贸易，即为不可贸易部门，其产品为X_S，由本国市场的供需条件内生地决定。

（2）所有的产品仅用于最终消费。技术进步表现为希克斯中性。

（3）模型只决定商品的相对价格，不存在货币因素，国际收支平衡。

（4）商品和要素市场没有扭曲，工资具有弹性，劳动力市场能实现充分就业。

（5）每一个部门均使用两种要素，即固定要素——资本，以及可变要素——劳动力。

真实汇率定义为非贸易产品与贸易产品的相对价格之比，因此，非贸易产品（服务）价格的上升会导致本币的升值。以制造业的产出为基准，因此，要素价格按照制造业产品价格来衡量。

此外，该模型还定义了两个效应：资源转移效应（resource movement effect）和支出效应（spending effect），其中，资源转移效应是指，资源部门的繁荣导致劳动力边际产出的提高，其他部门劳动力流出，因而经济中的其他部门进行调整，导致真实汇率发生改变。如果资源部门的繁荣不需要其他部门的劳动力流入，那么，资源繁荣就会导致支出效应，即资源部门的繁荣导致实际工资的提高，对服务部门产品的支出增加，服务部门的产品价格上升，造成本币升值，从而也导致经济其他部门的调整。当只有一种要素可以流动时，这两种效应均造成了去工业化效应。

2. 模型分析

（1）资源繁荣前的均衡

首先分析劳动力市场。如图6.1所示，纵轴表示工资率水平（制造业工资率），横轴表示经济中的总劳动力投入。每个部门的工资率都与该部门的产量有关。劳动力需求是工资率的减函数。L_S是服务业部门劳动力的需求，L_M是制造业部门劳动力的需求，L_T是可贸易部门劳动力的总需求。因此，L_T与L_M之间的距离就是资源部门劳动力的需求。L_S与L_T的交点A为初始的充分就业均衡点，均衡工资为w_0。很明显，在图6.1中没有提到服务业产品的价格是如何决定的。这说明，服务业产品的价格是内生的，而这决定了L_S的位置。

图6.1　劳动力市场的资源繁荣效应

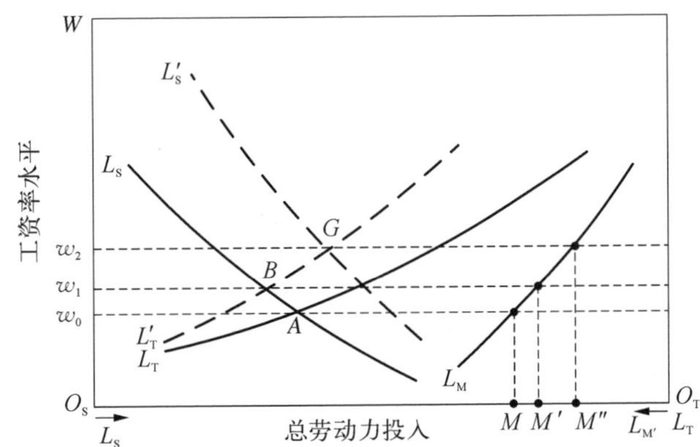

其次，我们分析服务产品市场。图6.2解释了服务业产品价格的决定机制。纵轴代表可贸易物品的产出，横轴代表服务业的产出。资源繁荣前的生产可能性曲线是T，与无差异曲线的交点为a，即资源繁荣前的均衡点。初始阶段的服务价格，也即真实汇率，由a点处两条曲线切线的斜率决定。

图6.2　资源繁荣对商品市场的影响

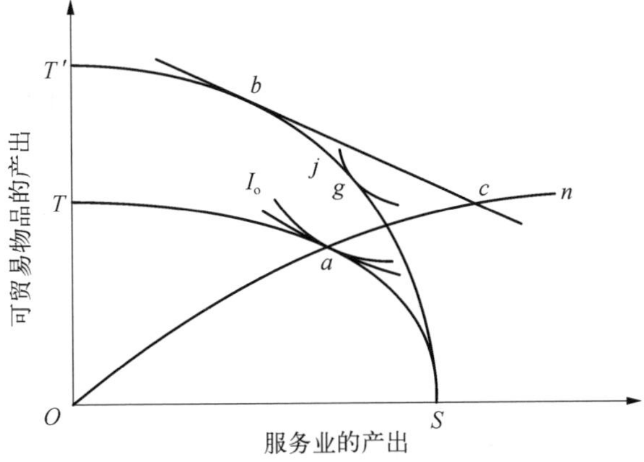

(2) 资源繁荣带来的产出效应

现在考查由中性技术进步带来的资源部门的繁荣对其他部门的影响。

首先分析资源转移效应。第一步假设真实汇率（服务部门产出的价格）不变，即图

6.1 中的L_S及图 6.2 中的价格比例不变；第二步假设真实汇率改变，从而使得服务市场能够恢复均衡。

由于资源部门繁荣，产品获利增加，对劳动力的需求也增加，L_T移至L_T'，在 B 点取得新的均衡。均衡工资率上升至 w_1，导致制造业劳动力的需求从 O_TM 减少为 O_TM'，因此资源转移效应导致了直接的去工业化效应。在图 6.2 中，资源繁荣没有改变服务部门的最大产出 S，但是使得可贸易部门的最大产出由 T 变为 T'，生产可能性曲线变为 ST'。由于真实汇率没有改变，因此均衡点由 a 点移至 b 点。在均衡点 b 处，资源转移效应使得服务业劳动力减少，产出下降。

第二步假设服务业需求的收入弹性为 0，因此，收入消费曲线是经过 a 点的一条与横轴垂直的曲线，与 ST' 交于 j 点。在初始汇率下，资源支出效应导致对服务业产出的额外需求，使得真实汇率上升，即服务业产出价格上升。尽管价格上升抑制了一部分过剩需求，但是，服务业产出下降最终不可逆转。均衡点最终位于 ST' 上 b 点与 j 点之间的位置，这反映出资源支出效应最终导致服务业的产出低于初始均衡时的产出。

接下来分析支出效应。为了从资源转移效应中分离出支出效应，首先假设资源部门的繁荣没有导致劳动力的新增需求。因此，在初始汇率下，资源繁荣对图 6.1 中的劳动力市场没有产生影响。在图 6.2 中，资源繁荣使得生产可能性曲线垂直向上，b 点在 a 点的正上方。假设对服务业产品的需求随收入的增加而增加，On 为收入-消费曲线，On 与 ST'交于 c 点，因此，在初始汇率下，对服务业产出又产生了超额需求，真实汇率上升，新的均衡在 j 点与 c 点之间，为 g 点。此时，服务业的产出与初始状态相比提高了。

现在，我们同时分析资源转移和支出两种效应。可以看到，这两种效应都导致真实汇率上升。最终均衡点 g 比初始均衡点 a 的服务业产出价格高。然而，资源转移效应使得服务业的产出下降，而支出效应使得服务业的产出上升，其对服务业产出的净效应取决于何种效应占支配地位。在图 6.2 中，支出效应大于资源转移效应。

而对于制造业来说，两种效应均会导致其产出下降。在图 6.1 中，由于真实汇率上升，服务业产品价格上升，服务业的需求曲线移至L_S'，L_S'与L_T'交于 G 点。因此，工资水平上升至 w_2，使得制造业劳动力需求从 O_TM'减少至 O_TM''，这样，资源繁荣不仅导致了直接的去工业化(O_TM 减少为 O_TM'),也导致了间接的去工业化(从 O_TM'减少至 O_TM'')。前一种由资源转移效应引发,后一种由货币升值及服务业对劳动力需求的增加引发。由于制造业劳动力总人数下降,因此其产出也下降。

(3) 资源繁荣对要素收入的影响

首先考虑资源繁荣对劳动力工资的影响。资源转移效应使得服务业的产出下降,因而服务业的工资必然是上升的。由图6.1 可以看出,资源转移效应使得可贸易部门的工资上升。同时考虑服务业和可贸易部门的工资变化,那么,真实工资水平必然上升。另一方面,支出效应使得服务业产出上升,因此服务业的工资水平必然是下降的。但支出效应导致真实汇率升值,如图6.1 所示,可贸易部门的工资上升。因此,支出效应对真实工资的影响是不确定的。总体来说,支出效应越大,服务业产品在消费中占比越大,真实工资下降的可能性越大。

其次分析三个部门中资本要素的回报。资本要素的回报可以衡量资源繁荣对各个部门利润水平的影响。显而易见,制造业部门的利润水平下降。对于服务业部门而言,如果仅有支出效应,其盈利水平上升;然而,资源转移效应可能导致盈利水平的下降,因为服务业产品价格的上升使其工资升高,从而挤占了利润空间。对于资源部门而言,由于资源转移效应,其盈利水平上升。但是,由于资源部门的价格外生地由世界市场决定,支出效应无法带来要素回报的增加。因此,资源部门最终的盈利水平是不确定的。

当然,各种要素在各个部门产品价值中的密集程度决定了该部门的盈利水平。如果制造业产品比服务业产品具有更密集的资本要素,则其盈利水平将高于服务业,或者其亏损水平将低于服务业。

6.2.2 “荷兰病”的传导机制

综上所述,资源繁荣对于资源行业必然造成产品价格上升、劳动力需求增加、盈利水平增加。对于服务业而言,对其产品需求的增加导致其产品价格上升,但是两种不同效应对其产出的影响不确定。如果去工业化仅定义为制造业产出水平和劳动力需求的下降，那么，由于资源转移效应和支出效应的存在，确实会导致去工业化现象。如果制造业的产品为可贸易品，产品价格外生决定，则制造业的盈利一定会下降。如果制造业产品在国内市场与国际市场价格一致，那么其国内需求必然上升，从而导致出口减少。但是，如果制造业产品是资本密集型的，对劳动力的需求不大，则去工业化导致的劳动力工资上升不一定带来利润水平的下降。

简而言之，资源产业的爆发性增长提高了国内非贸易品的价格，从其他产业抽走了大量的资本和劳动力；与此同时，资源出口也使得本币迅速升值，这损害了其他出口行业的利益（Bruno 和 Sachs，1982）。而如果汇率机制不够灵活的话，这又会在国内市场上形成通货膨胀（Wijnbergen，1984）。当然，具体是哪种效应占主导地位是不确定的，而且这两个方面都是短期效应；从长期看，资源产业的繁荣还可能通过对教育、创新、干中学效应、政府政策的不恰当变化，甚至工作积极性的抑制损害经济的长期增长潜力。例如，当时在荷兰，政府用增加的收入提高了社会保障水平，而后者是不可持续的，因为在民主政治体制下，当财政收入无法维持时，高企的社会保障水平几乎无法降低。

总结下来，"荷兰病"有以下三个传导机制。

（1）要素转移效应。即资源产业的繁荣吸引了大量资本和劳动力，导致资本和劳动力的价格上升。

（2）收入（支出）效应。即国内非贸易品部门收入增加，导致非贸易类产品价格上涨，同时以服务业为代表的非贸易部门扩张，要素需求增加，两者共同抬高了制造业的生产成本。另一方面，非贸易品价格上涨意味着货币的实际购买力下降，制造业收益下降。

（3）汇率效应。资源产品大量出口导致本币升值，外国资本流入也导致本币升值，这两方面都降低了制造业产品的国际竞争力。

以上三个机制导致制造业成本提高、收益下降、出口减少，造成了去工业化的结果，也摧毁了一国长期经济增长的源泉。首先，从产业发展角度看，产业结构单一，过度依赖资源产业将导致当地经济在资源濒临耗竭时难以为继。而且，制造业的技术含量和附加值整体上高于资源产业，其产业链条长，前、后向联系都比较广泛，容易通过关联效应催生其他产业，更容易实现产业升级。而资源产业通常加工链较短，中间产品比例高,最终消费品比例低,技术含量和附加值的提升空间有限。其次,从人力资本积累角度看,制造业是技术和管理创新的载体,还承担着培养企业家的使命;而资源开采部门则对人力资本的要求较低,资源产业与制造业的一涨一落很容易造成人力资本投资下降或者人才外流。如果资源部门工资高到吸引了很多潜在的企业家和创新人才,资源开发还会进一步挤出企业家活动和创新。再次,从自由贸易角度看,工业制成品出口减少、进口增加,这种情况下政府通常会施行一些限制进口、补贴出口的贸易保护政策,这降低了开放度,使幼稚产业难以成熟,与国际分工的大趋势背道而驰。最后,从就业角度看,现代采掘业大多为资本密集型产业,对剩余劳动力的吸纳能力有限。

第 6.1 节的文献综述表明,“荷兰病”在中国还是具有相当的普遍性的,可以说是资源诅咒在我国最主要的表现形式。因此,如何避免“荷兰病”就是中国资源富集省份在经济发展中需要关注的重要问题,包括本书所讨论的页岩气资源富集的西南、西部各省。Auty(2001)认为,“荷兰病”的直接后果是造成当地产业的单一化和初级化,这是资源富集地区经济绩效差的一个重要原因。因此,要想避免“荷兰病”,就需要从产业结构多元化和延长产业链入手,强化资源产业对经济增长的贡献。

首先是单一化。中国绝大多数资源富集地区的产业结构单一,附加值高的制造业很不发达。而在市场经济条件下,基于比较优势的市场运行会自动强化当地本已单一的产业结构,挤占其他高技术含量与附加值的制造业和高新技术产业的发展机会。因此,在资源尚未枯竭前,必须由政府主导,鼓励民间资本参与,遵照市场规律,积极寻找并发展接续产业,实施多元化战略,以减少地区对资源部门的依赖。

其次是初级化。中国的资源大省大都以采掘和原料工业为主,加工链较短,中间产品比例高,最终消费品比例低。一方面,上游产品的技术含量低、缺乏特色、市场竞争激烈、价格波动大、附加值低;另一方面,下游产业的关联效应要远远大于上游产业,上游产业比重过大便难以带动相关产业发展、形成产业集群从而发挥出应有的经济效益。因此,资源富集地区要避免单纯从事采掘和粗加工,而要把资源开发与产业升级结合起来,根据区位特点与市场前景,构建完整的资源开发产业链,着力于精细加工与利用,尽量避免上游开发比重过大、下游加工比重过小的“头重脚轻”型产业结构。

6.3 四川盆地页岩气资源开采现状分析

6.3.1 四川省页岩气储量及开采情况

根据 2012 年国土资源部的数据，全国页岩气地质资源量为 $134.4\times10^{12}\ m^3$，技术可采资源量为 $25.08\times10^{12}\ m^3$，其中，四川盆地页岩气地质资源量为 $40.02\times10^{12}\ m^3$，技术可采资源量为 $6.45\times10^{12}\ m^3$，分别占全国的 30% 和 26%（图 6.3）。由此可见，四川盆地页岩气资源量十分丰富。而根据 2013 全国油气资源动态评价成果，中国常规天然气地质资源量仅为 $68\times10^{12}\ m^3$，可采资源量为 $40\times10^{12}\ m^3$。

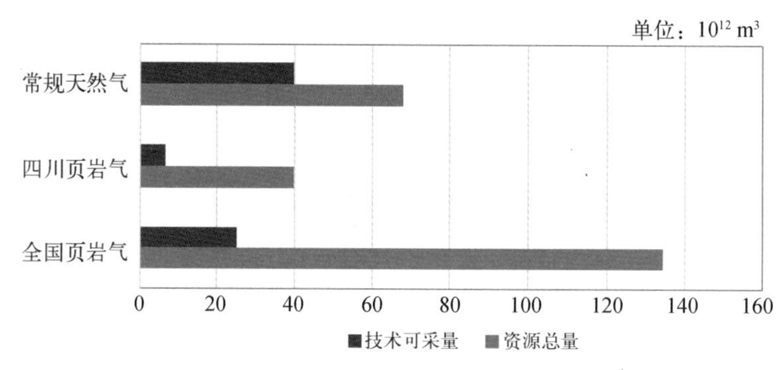

图 6.3 全国及四川常规气及页岩气资源量

由图 6.4 可知，我国页岩气资源主要集中在南方和西部地区，包括四川盆地、扬子地区和塔里木盆地。按照省（区、市）统计，全国页岩气资源总量的 68.87% 分布于四川省、新疆维吾尔自治区、重庆市、贵州省、湖北省、湖南省、陕西省等地区。

四川盆地一直是中国天然气勘探开发最具潜力的区域之一，大型整装常规气田既有 2003 年发现的普光气田，也有 2012 年发现的安岳龙王庙气田。同时，四川盆地的非常规天然气资源量更为丰富，致密气资源已在川东、川西等地区实现了工业化生产。2010 年，威远区块的第一口页岩气井——威 201 井在五峰组-龙马溪组获日产气 $(0.3\sim1.7)\times10^4\ m^3$，实现了中国页岩气勘探开发的战略性突破；2014 年，在涪陵焦石

图6.4 全国各地区页岩气可采资源量

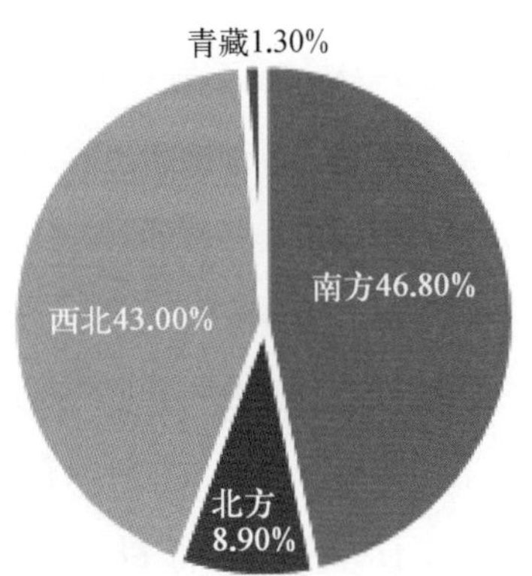

坝地区探明了中国首个千亿立方米级的大型页岩气田，落实了 50×10^{8} m^{3} 产能建设目标，实现了四川盆地页岩气的工业化生产，成为中国页岩气勘探开发的历史性转折点。至2014年7月，四川盆地落实了有利页岩气勘探开发面积 $(2\sim2.5)\times10^{4}$ km^{2}，页岩气可采资源量 3.38×10^{12} m^{3}，确定了 75×10^{8} m^{3}/a 的产能建设目标；初步建成页岩气 25×10^{8} m^{3}/a 的产能，累计产气 7×10^{8} m^{3}，初步实现了页岩气商业化生产（董大忠等，2014）。

根据四川省《"十三五"能源发展规划》，四川将统筹推进常规天然气和页岩气勘探开发，加快推动川中、川西和川东北常规天然气勘探开发以及川南页岩气资源调查和勘探开发；到2020年，新增常规天然气探明储量 $6\,500\times10^{8}$ m^{3}，天然气产量达到 450×10^{8} m^{3}（其中页岩气 100×10^{8} m^{3}）；建成投产长宁区块页岩气产能建设项目、威远区块页岩气产能建设项目、富顺-永川区块页岩气产能建设项目、黄金坝-紫金坝-大寨页岩气产能建设项目；加快建设井研-犍为页岩气勘探开发项目、威远-荣县页岩气勘探开发项目；加快内江-大足页岩气勘探项目、天宫堂页岩气勘探项目前期工作。此外，国家能源局发布的《2017年能源工作指导意见》提出，2017年，将推进页岩气国家级示范区新产能建设，力争新建产能达到 35×10^{8} m^{3}。

6.3.2 四川地区页岩气开采现状分析

鉴于四川省、重庆市、云南北部等地区的页岩气开采时间并不一致,且各省在开采前的经济水平差别较大,本章选取具有代表性的四川省 21 个地级市和重庆市作为研究对象,将四川省有页岩气开采的地级市作为处理组,其余地级市作为控制组。由于重庆各区的微观数据较难获得,将重庆整体作为处理组。

根据董大忠等(2014)的研究,四川省各地级市的页岩气开采情况如图6.5 所示①,其中,蓝色区域所标的地级市有页岩气开采项目。可以看出,页岩气开采区域集中在川东、川南地区,其页岩分布广、富有机质页岩集中段厚度大、岩石脆性好,因此是海相页岩气较有潜力的重要目的层系(邹才能等,2011)。

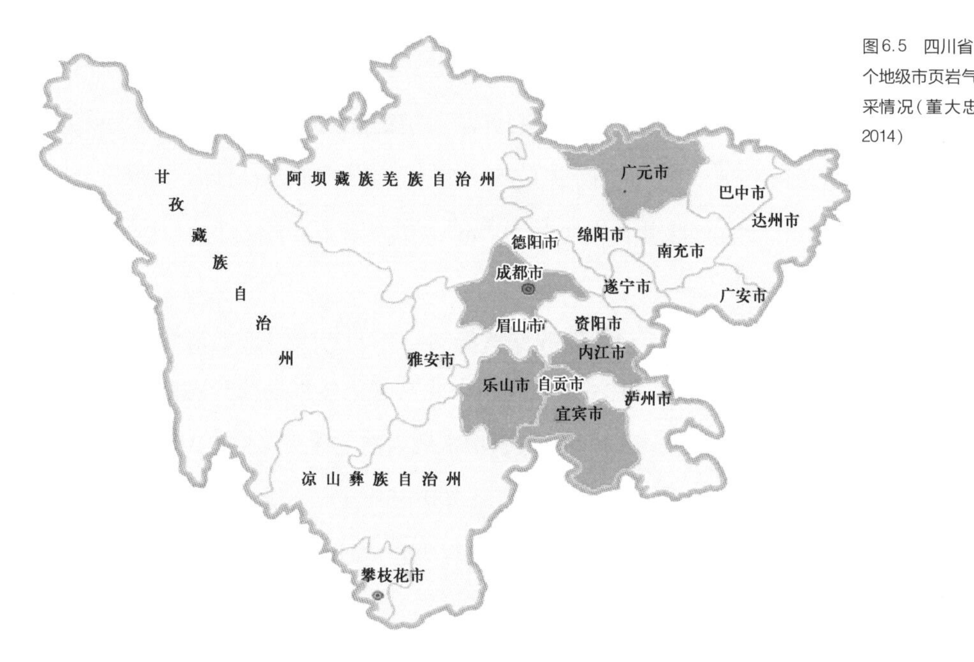

图6.5 四川省 21 个地级市页岩气开采情况(董大忠, 2014)

① 由于重庆市各区的统计数据不完整,本章将整个重庆市作为一个行政单位考虑。尽管重庆市存在页岩气开采,但图中只标示了四川省的页岩气开采情况。

为度量页岩气开采的经济效应，本章共选取了 GDP 和人均 GDP（*pergdp*）、工资总额（*twage*）和人均工资（*avewage*）、总就业人数（*temploy*）三组被解释变量，以及政府支出（*gov*）、外资占比（*fdi*）、固定资产投资比重（*fai*）、产业结构（*thirdin*）、科技水平（*se*）、工业化程度（*indus*）、人口密度（*pd*）等解释变量，并将开采页岩气地区的上述指标与未开采地区进行对比，结果参见表 6.1。

表 6.1　2004—2014 年四川盆地开采地区及未开采地区经济指标对比

变　量	页岩气开采地区 2009 年前平均值	页岩气开采地区 2009 年后平均值	未开采地区 2009 年前平均值	未开采地区 2009 年后平均值
gov	0.15	0.20	0.22	0.34
fdi	0.01	0.01	0.00	0.02
fai	0.43	0.72	0.55	0.97
indus	0.46	0.55	0.43	0.52
thirdin	0.34	0.32	0.33	0.30
se	0.01	0.01	0.01	0.01
gdp	769.22	1 929.75	554.50	1 348.02
pergdp	121.15	295.19	102.98	241.64
temploy	286.07	305.22	268.26	279.28
twage	81.33	314.69	53.72	188.36
avewage	168.78	320.44	176.11	335.05
pd	535.52	547.44	340.27	318.16

由表 6.1 可知，不管是在开采前还是在开采后，页岩气开采地区的上述指标的平均值均超过未开采地区，且在开采后的增幅明显更大。未开采页岩气地区之所以也能获得一定的经济增长，是由于开采地区的溢出效应及其为开采地区提供辅助的经济活动等原因。除了工业化程度、产业结构外，不管在开采前还是开采后，未开采地区的几项指标均高于或持平于开采地区。由于这几项指标都是相对值，与经济总量密切相关，而未开采地区经济总量远远小于开采地区，因此，在地区各项支出金额差别不大的情况下，未开采地区的 GDP 总量较低，比重较大。

6.4 计量模型与估计方法

根据上述界定,本章将 DID 方法的基准回归模型设定为如下形式:

$$Y_{it} = \beta_0 + \beta_1 treated_{it} + \beta_2 t_{it} + \beta_3 treated_{it} \cdot t_{it} + \beta_4 Z_{it} + \varepsilon_{it} \tag{6.1}$$

式中,下标 i 和 t 分别代表第 i 个地级市和第 t 年,$t=0$ 代表页岩气开采之前的年份,$t=1$代表页岩气开采之后的年份;$treated=1$ 代表有页岩气开采的地级市,$treated=0$ 代表没有页岩气开采的地级市;Z_{it} 代表一系列控制变量,ε_{it} 为随机扰动项,被解释变量 Y_{it} 度量了地级市的经济增长,具体包括人均实际 GDP 的对数值 *lnpergdp* 和实际 GDP 的对数值 *lngdp*, 各地级市总就业人数 *temploy* 及其变化率 *lntemploy*, 各地级市总收入 *twage* 及总收入增长率 *lntwage*。DID 模型中各参数的含义参见表 6.2。

表 6.2 DID 模型中参数的含义

	页岩气开采前($t=0$)	页岩气开采后($t=1$)	*Difference*
处理组(*treated*=1)	$\beta_0+\beta_1$	$\beta_0+\beta_1+\beta_2+\beta_3$	$\Delta Y_1=\beta_2+\beta_3$
对照组(*treated*=0)	β_0	$\beta_0+\beta_2$	$\Delta Y_0=\beta_2$
DID			$\Delta Y=\Delta Y_1-\Delta Y_0=\beta_3$

由式(6.1)可知,对于进行页岩气开采的地区(*treated*=1),页岩气开采前后的经济增长情况分别是$\beta_0+\beta_1$ 和$\beta_0+\beta_1+\beta_2+\beta_3$, 因此,在开发前后,某地级市经济增长的变化幅度是 $\Delta Y_1=\beta_2+\beta_3$, 其中包含了页岩气开采以及其他相关政策的影响。同样地,对于没有页岩气开采的地级市(*treated*=0),页岩气开采前后的经济增长水平分别是β_0 和 $\beta_0+\beta_2$, 在开采前后其经济增长的变化是 $\Delta Y_0=\beta_2$, 因此, ΔY_0 没有包含页岩气开采对地区经济增长的影响。那么,用处理组在开采前后产出水平的差异 ΔY_1 减去控制组在开采前后产出水平的差异 ΔY_0, 便可得到页岩气开采对当地经济增长的净影响 $\Delta Y(\beta_3)$。如果页岩气开采显著推动了开采地区的经济增长,那么,DID 的系数应该显著为正。

然而,利用 DID 方法的重要前提是,处理组和控制组必须满足共同趋势假设,即如果不存在页岩气开采,页岩气开采地区与其他地区经济增长的变动趋势并不存在系统性差异。但是,四川省各地级市以及重庆市之间经济发展水平差距较大,这一假设很可能无法满足。而由 Heckman 提出并发展起来的双重差分倾向评价匹配方法(PSM - DID)可以有效解决这一问题。

PSM - DID 的思想源于匹配估计量,基本思路是在未进行页岩气开采的控制组中找到某个地级市 j,使得 j 与处理组中的地级市 i 的可观测变量尽可能地相似(匹配),即 $X_i \approx X_j$,当地级市的个体特征对是否有页岩气开采的作用完全取决于可观测的控制变量时,城市 j 与 i 进行页岩气开采的概率相近,便能够进行比较。因此,匹配估计量可以帮助解决 DID 中处理组和控制组在受到页岩气开采影响前不完全具备共同趋势假设所带来的问题。在对处理组和控制组中的个体进行匹配时,需要度量个体间的距离,即倾向得分,该取值范围为[0, 1]。本章采用核匹配(Kernel Matching)的方法来确定权重。

综上所述,PSM - DID 方法的实施步骤如下。

(1) 根据处理组变量与控制变量估计倾向得分,运用 Logit 回归来实现。

(2) 计算页岩气开采地级市的结果变量在开采前后的变化;对于页岩气开采的每个地级市 i,计算与其匹配的全部未经历页岩气开采的地级市在开采前后的变化。

(3) 将有页岩气开采的地级市在开采前后的变化减去匹配后没有页岩气开采的地级市的变化,得到页岩气开采的平均处理效应(ATT),这将有效度量页岩气开采对四川省 21 个地级市的实际影响,也是本文利用 PSM - DID 方法进行检验的依据。

6.5 数据、变量与描述性统计

本章首先利用 2004—2014 年重庆市及四川省 21 个地级市的面板数据来评估页岩气开采的影响。接下来,选取美国三个有代表性的州辖各县的 1996—2004 年的数据,进行稳健性检验。其中,中国的数据来自《重庆市统计年鉴》及《四川省统计年鉴》。

由第 3.1 节可知,2009 年,中国确定南方海相页岩气为重点勘探地区,钻探十余口浅井,由此,四川盆地页岩气开发项目正式启动。因此,我们选择 2009 年为页岩气开采实施的年份。此外,我们还控制了其他影响地区经济增长的各类因素,主要变量的含义和计算方法参见表 6.3。

表 6.3 主要变量含义及其计算方法

变量名称	变量含义	计算方法
lngdp	地区 GDP 对数值	对地区实际 GDP 取对数
lnpergdp	地区人均 GDP 对数值	对地区实际人均 GDP 取对数
did	页岩气开采	虚拟变量，$did = treated \cdot t$
temploy	全部就业人数	各市三次产业全部就业人员
twage	工资总额	各市全部单位就业人员工资总额
avewage	人均工资	各市全部单位就业人员平均工资
gov	政府规模	政府财政预算内支出/地区 GDP
fdi	外商直接投资水平	地区实际利用外商投资/地区 GDP
fai	固定资产投资水平	地区当年固定资产投资额/地区 GDP
thirdin	产业结构	地区第三产业产值/地区 GDP
indus	工业化程度	地区第二产业产值/地区 GDP
se	科技水平	地区科研活动内部支出/地区 GDP
pd	人口密度	各市人口数/地理面积

为了度量地区经济发展水平，本章选取了三组有代表性的被解释变量，分别为各市实际 GDP 和人均 GDP、各市全部就业人数、各市工资总额及人均工资。按照文献中的普遍做法，我们首先选取地区实际 GDP 的对数值（*lngdp*）和地区实际人均 GDP 的对数值（*lnpergdp*）作为被解释变量。同时，为了与 Weber（2014）对美国三个州页岩气开采的经济影响的数据进行比较，本章也选取了就业人数和工资总额这两个指标。

本章还有一个核心指标是页岩气开采的虚拟变量（*did*）。在本章的样本范围内，如果 2009 年以后该市属于有页岩气开采的地级市，则赋值为 1，否则赋值为 0。在后文运用 PSM - DID 方法进行稳健性检验的过程中，指定地区变量为个体 ID，使用 Logit 模型估计倾向得分并进行核匹配，并在此基础上进行一系列检验。

为了控制其他因素的影响，本章选取了一系列控制变量。在转型时期的经济发展中，政府发挥着重要作用，因而政府支出与经济增长存在着密切关系（刘明瑞和赵仁杰，2015），我们以政府规模（*gov*）度量政府对地区经济增长的影响。投资是推动中国地区经济增长的重要动力，外商直接投资水平（*fdi*）和固定资产投资水平（*fai*）影响着地区经济发展，因而需要予以控制。其中，地区实际利用外资数额的原始数据通过各年的美元兑人民币中间汇率进行了换算。经济结构差异是造成地区经济增长差异的重要原因,地区工业化程度(*indus*)和第三产业比重(*thirdin*)可以检验产业结构对地区经济增长的作用。根据内生增长理论,科技水平是推动技术进步、实现长期经济增长的重要力量,我们使用科研活动内部支出水平占GDP的比重度量地区科技发展水平。此外,参考Weber(2014)的研究,地区的人口密度在一定程度上反映经济的活跃程度,人口密度越高,经济活动越频繁,则经济发展水平越高,因此加入该变量控制人口因素。各变量的描述性统计结果参见表6.4。

表6.4 主要变量的描述性统计

变量名称	平均值	标准差	最小值	最大值
lngdp	6.126 146	0.890 612 2	3.740 048	9.117 006
lnpergdp	9.560 797	0.606 619 9	8.333 51	11.082 16
temploy	280.335 5	309.059	47.3	1 696.94
twage	1 493 757	3 060 000	97 113	21 600 000
avewage	25 972.33	10 605.14	10 134	56 852
gov	0.222 472 6	0.243 498 1	0.000 708	1.535 312
fdi	0.008 745 2	0.027 225 1	0	0.292 517 6
fai	0.700 908 6	0.421 533 9	0.203 718 5	3.205 585
se	0.006 247 8	0.011 568 5	0.000 098 7	0.065 585 9
thirdin	0.311 991 9	0.063 999 6	0.206 545 7	0.502 172 1
indus	0.480 502 3	0.105 456	0.187 054 3	0.758 631 4
pd	386.522 2	263.843 9	6	1 190.486

6.6 回归结果与稳健性检验

本节首先运用双重差分法(DID)检验页岩气开发对经济增长的净效应;再考虑到,这些项目的实施是一个逐步推进的过程,因而加入时滞因素考察其对经济增长的影响效应。进一步,为了克服开采地区与未开采地区经济增长趋势的系统性差异,采用PSM－DID方法检验经济增长的净效应。最后，针对页岩气开采对经济增长因素的驱动效应进行检验。

6.6.1 页岩气开发对区域经济增长影响的初步检验

首先，运用DID方法评估页岩气开采对重庆市及四川省21个地级市经济增长的净效应，回归结果见表6.5。

表6.5(a) 页岩气开采对区域经济增长的影响

解释变量	lngdp	lnpergdp	temploy	lntemploy
	(1)	(2)	(3)	(6)
troatod · t	0.041 803 7 (0.210 1)	0.048 961 5 ** (0.062 6)	8.310 192 (94.997 7)	0.010 849 32 * (0.194)
treated	0.259 791 5 (0.171 5)	−0.146 283 *** (0.054 8)	106.696 1 (74.606)	0.431 077 7 ** (0.167 5)
t	0.942 475 1 *** (0.116 3)	0.471 439 8 *** (0.044 5)	122.587 1 *** (32.128 2)	0.494 735 4 *** (0.094 3)
gov	−1.937 36 *** (0.306 7)	−0.143 074 6 (0.122 3)	−501.967 8 *** (99.949 5)	−1.768 834 *** (0.234 9)
fdi	3.667 919 *** (1.194 8)	1.077 199 (0.718 1)	759.269 7 *** (268.165 2)	2.439 602 *** (0.722 3)
fai	0.190 683 2 (0.149 9)	0.147 415 2 * (0.079)	−25.602 98 (45.038 7)	−0.006 795 9 (0.115 9)
thirdin	7.717 493 *** (1.213 6)	4.114 221 *** (0.439 9)	3 474.136 *** (553.725 7)	3.937 534 *** (1.032 3)
indus	4.100 126 *** (0.575)	5.393 428 *** (0.259 8)	752.858 7 *** (217.396 3)	−1.079 151 * (0.550 3)
pd	0.000 592 7 (0.000 2)	0.000 208 *** (0.000 1)	−0.138 786 * (0.083 3)	0.000 206 (0.000 2)
se	9.77 (2.497 1)	5.729 29 *** (1.270 9)	−1 321.194 (954.284 3)	4.690 828 ** (2.073 4)
_cons	1.141 182 *** (0.51)	5.205 375 *** (0.223 9)	−1 107.575 *** (224.335 8)	4.443 663 *** (0.455 2)
N	242	242	242	242
R^2	0.684 4	0.876 0	0.453 1	0.552 7

注：括号中为 t 值。*，**，***分别表示显著性水平为10%，5%，1%。

表6.5(b) 页岩气开采对区域经济增长的作用

解释变量	twage	lntwage	lnavewage	avewage
	(5)	(6)	(7)	(8)
treated · t	2 007 919 *** (642 597.8)	0.017 783 3 * (0.195 7)	0.090 301 3 (0.049 6)	2 382.244 * (1 399.802)
treated	−1 121 496 ** (478 962.3)	0.286 435 3 * (0.156 5)	−0.125 241 9 *** (0.039 1)	−2 757.052 ** (1 076.789)
t	1 221 446 *** (286 248.6)	1.024 731 *** (0.118 6)	0.432 323 6 *** (0.041 4)	8 645.118 *** (1 165.245)
gov	−3 173 211 *** (891 735.7)	−1.593 101 *** (0.302 6)	0.208 888 * (0.111 2)	5 598.255 (3 730.328)
fdi	5 804 256 * (2 975 205)	4.066 637 *** (1.225 2)	0.730 592 5 (0.634 3)	27 327.13 (23 233.15)
fai	226 759.6 (374 097.5)	0.405 383 2 ** (0.182 1)	0.202 347 6 ** (0.091 7)	5 945.492 ** (2 814.095)
thirdin	3.73×10^7 *** (6 473 063)	9.325 334 *** (1.168 2)	1.755 893 *** (0.391 9)	41 267.09 *** (13 457.77)
indus	1.20×10^7 *** (1 898 532)	5.565 306 *** (0.576 9)	2.154 803 *** (0.210 4)	51 071.15 *** (6 863.282)
pd	830.642 5 (863.810 2)	0.000 384 1 * (0.000 2)	0.000 018 7 (0.000 1)	0.755 264 4 (2.257 861)
se	8 882 234 (7 972 654)	11.915 07 *** (3.091 7)	3.810 353 *** (1.407 2)	125 112.9 *** (44 892.77)
_cons	-1.69×10^7 *** (2 785 137)	6.773 762 *** (0.516 8)	7.940 356 *** (0.177 3)	−25 047.86 *** (6 059.948)
N	242	242	242	242
R^2	0.551 2	0.704 3	0.767 5	0.663 3

注：括号中为 t 值。*，**，*** 分别表示显著性水平为 10%，5%，1%（下同）。

在表6.5(a)中，列(1)和列(2)是对地区 GDP 和人均 GDP 的回归结果，列(3)和列(4)是对就业总人数的回归结果。表6.5(b)是对总收入、人均收入及其增长率的回归结果。从表6.5(a)中可以看出，反映是否开采页岩气的变量 *did* 对人均 GDP 的影响较为显著，开采页岩气使得当地的人均 GDP 增长约为4.9%；同时，开采页岩气对就业也有正效应，使得年就业人数增长1.1%。另外，分组变量 *treated* 及时间变量 *t* 对人均 GDP 的影响也较为显著。加入控制变量后的回归结果表明，在地区经济发展中，工业化程度、产业结构、外商投资水平以及人口密度都对地区经济增长起到了明显的推动作用。

从表6.5(b)可以看出,是否开采页岩气对收入水平的影响显著。页岩气开采会使地区总收入平均增加200.79万元,总收入增长约为1.78%,人均收入增加2 382元。然而,2007年,四川盆地才开始进行页岩气资源地质调查,2010年,威远区块第一口页岩气井才开始产气。因此,页岩气对其经济的推动作用尚不是很显著。从市级层面的数据看,工业化进程和第三产业发展可以显著推动地区经济增长,较高的科研支出水平作为经济增长的长久推动作用明显,而较高的人口密度则带来了较高的消费需求和广阔的市场,也对地区经济增长起到重要的促进作用。

6.6.2 页岩气开发对区域经济增长的动态效应检验

页岩气开采是一个逐步推进的过程,其对地区经济增长的效应受到配套政策、企业开采技术和经验的影响。伴随着页岩气产量的逐步提升、企业开采经验的积累、政府配套政策的落实,页岩气开采对当地经济增长的推动作用会逐渐显现。表6.6为页岩气开采对区域经济增长是否存在动态效应的检验结果。可以发现,考虑时滞效应后,页岩气开发对地区经济增长和总就业的动态效应非常显著,对其余被解释变量的效果则不太明显。可见,页岩气开发能为当地带来更多的就业岗位。各变量对代表时间的变量 t_i 影响都非常显著,这说明,随着时间的推移,资源开采对经济增长的影响会越来越大。

表6.6 页岩气开采对区域经济增长的动态检验

解释变量	*temploy*	*twage*	*lnpergdp*	*lnavewage*
	(1)	(2)	(3)	(6)
treated · t	19.546 68*** (95.332 2)	2 183 348* (1 120 318)	0.060 692 3* (0.046 5)	0.035 58 (0.046 9)
treated	32.718 77 (32.054)	−83 138.6 (270 186.7)	−0.088 059*** (0.022 7)	−0.085 731*** (0.016 4)
t2007	−104.771 8* (65.690 7)	97 158.73*** (521 549.7)	0.286 533 1*** (0.042 4)	0.256 325 9*** (0.04)
t2008	146.945 7*** (47.084)	1 480 762*** (406 053)	0.420 651 5*** (0.046 9)	0.404 090 1*** (0.040 5)

（续表）

解释变量	templοy	twage	lnpergdp	lnavewage
	(1)	(2)	(3)	(6)
t2009	91.851 67 * (49.795 5)	1 718 323 *** (446 517.6)	0.495 570 5 *** (0.044 3)	0.383 635 2 *** (0.032 7)
t2010	138.961 6 *** (52.148 8)	2 364 265 *** (520 757.7)	0.602 925 1 *** (0.046)	0.492 773 6 *** (0.032 7)
t2011	165.199 8 ** (53.588 4)	2 938 326 *** (561 257.1)	0.755 470 1 *** (0.047)	0.664 214 *** (0.030 7)
t2012	182.950 4 *** (55.389 9)	3 475 759 *** (655 825.9)	0.864 161 4 *** (0.048 4)	0.789 308 3 *** (0.030 5)
t2013	203.130 8 *** (76.632)	4 039 186 *** (963 664.3)	0.925 192 9 *** (0.050 8)	0.887 003 1 *** (0.031 9)
t2014	144.754 7 ** (80.125 6)	4 046 504 *** (1 195 010)	0.965 671 4 *** (0.049 8)	0.952 723 * *** (0.032 5)
gov	−485.404 3 *** (99.043 4)	−2 612 274 *** (903 178.8)	−0.036 458 8 (0.099 5)	0.295 589 8 *** (0.072 4)
fdi	650.917 9 * (259.235 1)	2 014 824 (4 237 405)	0.508 719 6 (0.328 8)	0.087 575 8 (0.112 4)
fai	−57.255 3 (52.539 1)	−1 250 965 * (668 340.1)	−0.155 497 7 ** (0.077 4)	−0.062 240 2 (0.039)
thirdin	3 251.644 *** (531.850 7)	3.87×10^7 *** (6 436 149)	4.643 412 *** (0.287 1)	2.193 257 *** (0.172 4)
indus	498.700 4 ** (207.802 5)	8 378 395 *** (1 582 244)	4.769 365 *** (0.179 1)	1.545 341 *** (0.095 3)
pd	−0.112 021 8 (0.080 4)	466.134 8 (872.593 6)	0.000 088 8 * (0)	−0.000 075 8 * (0)
se	−1 545.573 (943.195 5)	−5 033 559 (7 689 041)	2.752 778 *** (0.747 8)	0.464 338 1 (0.603 1)
_cons	−903.393 8 *** (204.054 3)	-1.53×10^7 *** (2 462 330)	5.473 236 *** (0.142 6)	8.216 003 *** (0.081 8)
N	242	242	242	242
R^2	0.577 0	0.618 6	0.945 5	0.934 2

6.6.3 稳健性检验

为了克服页岩气开发地区与其他地区经济增长的变动趋势存在的系统性差异，降低DID估计的偏误，进一步采用PSM－DID方法进行稳健性检验。首先，通过政策变

量 *did* 对控制变量进行 Logit 回归,获得倾向得分。结果显示,*thirdir*、*indus*、*se* 等都对被解释变量 *did* 具有显著的影响。这些经济变量对 *did* 系数的符号表明,重庆市及四川省 21 个地级市在开采页岩气前经济发展水平存在显著差异,因而需要根据 PSM 方法进行配对。

其次,为了保证 PSM - DID 方法的有效性,还需要进行一系列的检验,例如,匹配后各变量在处理组与控制组的分布是否变得平衡? 协变量的均值在处理组和控制组间是否依然存在显著差异? 若不存在显著差异,则支持 PSM - DID 方法的应用。Logit 回归结果表明,各协变量对处理变量具有较强的解释力。同时,进行倾向得分匹配后,协变量的均值在处理组和控制组之间并不存在显著差异,各变量在处理组和控制组间的分布变得均衡,这些都说明采用 PSM - DID 方法验证是比较合适的。

通过运用核匹配进行估计,对页岩气开发推动开采地区经济增长的作用进行稳健性检验(表 6.7),结果表明,在运用 PSM - DID 方法检验后,页岩气开发对地区人均 GDP、全部就业人数、总工资及人均工资有一定的推动作用,页岩气开采能为当地人均 GDP 带来约 6.2% 的增长。该系数比只运用双重差分法以及多期双重差分所得到的系数略大。由于控制了开采地区和未开采地区其他影响经济增长的因素,并将基期经济状况进行匹配,所以检验结果较为显著。

表 6.7 页岩气开采推动地区经济增长:PSM - DID 稳健性检验

解释变量	页岩气开采前控制组	页岩气开采前处理组	页岩气开采前控制组与处理组的差分	页岩气开采后控制组	页岩气开采后处理组	页岩气开采后控制组与处理组的差分	双重差分检验结果
temploy	203.418	447.677	244.258	190.061	455.078	265.017	20.759**
twage	2.80×10^5	1.10×10^6	7.90×10^5	1.00×10^6	4.20×10^6	3.20×10^6	2.10×10^6*
lnpergdp	9.119	9.154	0.035	9.931	10.028	0.097	0.062**
lnavewage	9.627	9.564	-0.063	10.293	10.281	-0.012	0.051

6.6.4 页岩气开采对经济增长驱动因素的检验

上述各类检验结果表明,页岩气开采对当地的经济增长具有推动作用,但并不是对每一项经济指标的影响都十分显著。那么,是什么因素导致了页岩气开采的经济效应没有得到应有的发挥呢?为此,我们通过考察页岩气开采对各类经济增长驱动因素的作用来识别其背后的原因,结果参见表6.8。

表6.8(a) 经济增长驱动因素的检验结果

解释变量	*gov*	*fdi*	*fai*	*thirdin*
did	−0.012 386 (−0.48)	−0.004 878 5 (−1.08)	−0.029 626 1 (−0.82)	0.005 473 6 (0.42)
treated	0.030 401 6 (1.4)	−0.000 040 7 (−0.02)	−0.103 138 5*** (−3.71)	0.044 166 2** (4)
t	0.020 807 4 (0.73)	0.009 607 2** (2.04)	0.171 839 6*** (5.61)	−0.026 07*** (−3.64)
_cons	0.285 522 7*** (3.81)	−0.037 306 3** (−2.03)	−0.741 583*** (−5.75)	0.429 092 8*** (28.63)
N	242	242	242	242
R^2	0.776 3	0.604	0.787 4	0.674 2

表6.8(b) 经济增长驱动因素的检验结果

解释变量	*indus*	*pd*	*se*
did	0.004 841 3 (0.24)	11.697 54 (0.17)	−0.000 713 8 (−0.3)
treated	0.071 337 9*** (4.01)	70.490 54 (1.12)	−0.006 292 5*** (−2.84)
t	0.033 281 4** (2.05)	121.732 2** (2.88)	0.003 624 9 (1.33)
_cons	0.731 887 4*** (22.5)	27.108 05 (0.13)	−0.044 232 6*** (−6.3)
N	242	242	242
R^2	0.627 3	0.408 4	0.193 1

在表6.8中,交互项为本节重点观察对象,其代表了页岩气开采对于各种经济增长驱动因素的净影响。根据前文回归结果,*fdi*, *thirdir*, *indus*, *se* 等都对经济增长具有正向作用。那么,可以看到,页岩气开采对于 *thirdir*, *indus*, *pd* 的影响为正,但对于 *fdi*, *fai*, *gov*, *se* 等的影响均为负,但是并不显著。这说明,截至2014年底,页岩气开采对

第三产业、居民收入的提高均产生了积极的影响；但对于其他经济增长的驱动因素的作用仍不明显。

上述分析表明，页岩气开采对于重庆市和四川省的经济增长产生了积极作用。然而，由于中国页岩气开采刚刚起步，其对经济的促进作用仍有待进一步显现；政府支出对于页岩气开采的促进作用也没有体现出来。不过，我们仍可以看出，在现阶段，页岩气开采推动了当地服务业的增长，并使得人均收入水平有了一定的提升。因此，政府要进一步加强对页岩气产业的补贴与鼓励政策，发挥政策的乘数效应。

6.7 中美对比分析：页岩气开采对美国经济的影响

鉴于中国页岩气开采历史尚短，数据样本不足，上述实证研究的结果并不十分理想。因此，我们将运用美国的数据作进一步检验。参考 Weber(2014)的研究，我们选取美国 Colorado、Texas、Wyoming 三个州下辖的341 个县的数据，同样利用 PSM－DID 方法，考察页岩气开采给这三个州带来的经济效应，从而为研究重庆市与四川省页岩气开采的长期经济效应提供借鉴。

Weber(2014)所选取的三个州是美国陆上天然气生产的主要来源，并在 2000 年以后，都经历了持续的页岩气产量的增长，因此，可以代表美国页岩气开采对区域经济的影响效应。本节实证检验所使用的变量与第 6.6 节保持了一致，仅在收入变量上采用了个人收入和人均收入。其中，县级层面人口、工资和薪金、人均收入、就业、各个产业的产值均来自美国经济分析局(Bureau of Economic Analysis)；各个县面积的数据来自美国统计局(US Census Bureau)；县级层面页岩气产量的数据分别来自科罗拉多州石油和天然气保护委员会(Colorado Oil and Gas Conservation Commission)、得克萨斯州铁路委员会(Texas Railroad Commission)以及怀俄明州石油和天然气保护委员会(Wyoming Oil and Gas Conservation Commission)。主要变量及其计算方法参见表 6.9。

表6.9 主要变量及其计算方法

变量名称	变量含义	计算方法
lnpi	个人收入对数值	对个人收入(personal income)取对数
lnpc	人均收入对数值	对人均收入(per capita income)取对数
lntwage	工资和薪水对数值	对工资和薪水(wage and salaries)取对数
did	页岩气开采	虚拟变量，$did = treated \cdot t$
temploy	全部就业人数	各县全部就业人数
twage	工资总额	各县工资加总
thirdin	产业结构	全部服务业收入/总收入
indus	工业化	制造业、建筑业及采矿业收入之和/总收入
pd	人口密度	各县总人口/各县总面积

2000年以后，以上三个州辖县的页岩气产量显著上升，因此，本文选取2000年作为页岩气开采实施的年份，时间跨度为1996—2004年。回归结果如表6.10所示。

表6.10(a) 页岩气开采对美国三个州县经济增长的影响

解释变量	*lnpi*	*lnpc*	*lntwage*
	(1)	(2)	(3)
$treated \cdot t$	0.017 307 5 (0.111 9)	0.001 512 2 (0.020 9)	0.032 885 8 (0.114 9)
treated	0.287 689 4 *** (0.083 5)	−0.000 312 9 (0.015 1)	0.304 323 5 *** (0.084 8)
t	0.346 308 2 *** (0.051 4)	0.205 304 8 *** (0.009 8)	0.372 410 3 *** (0.052 9)
thirdin	16.666 74 *** (1.739 4)	1.195 018 *** (0.198 9)	18.579 22 *** (1.955 6)
indus	3.196 902 *** (0.335 4)	0.155 262 8 *** (0.037 4)	4.762 685 *** (0.356 8)
pd	0.006 007 7 *** (0.000 6)	0.000 450 5 *** (0)	0.006 539 2 *** (0.000 6)
_cons	11.681 54 *** (0.059 2)	9.855 517 *** (0.010 4)	10.390 09 *** (0.061 5)
N	3 063	3 063	3 063
R^2	0.411 1	0.211 9	0.472 4

表6.10(b) 页岩气开采对美国三个州县经济增长的影响

解释变量	lntemploy	temploy	twage
	(4)	(5)	(6)
treated · t	0.019 007 (0.104 3)	411.669 8 * (5 090.189)	87.49 * (179 428.2)
treated	0.249 420 1 * (0.077 1)	−5 496.001 (3 597.805)	−230 900.4 * (120 160.1)
t	0.172 070 2 *** (0.047 1)	3 879.847 (4 570.929)	303 628.1 * (157 473.2)
thirdin	16.369 63 *** (1.856 4)	523 061.4 *** (140 521.2)	1.58×10^7 *** (4 482 276)
indus	3.487 165 *** (0.321 3)	91 493.02 *** (21 401.51)	2 740 882 *** (698 218.8)
pd	0.005 748 8 *** (0.000 6)	1 170.445 *** (143.844 1)	39 291.86 *** (4 849.729)
_cons	7.984 233 *** (0.056)	−18 859.29 *** (3 895.739)	−920 690.6 *** (148 155.1)
N	3 063	3 063	3 063
R^2	0.441 4	0.647 8	0.629 6

与 Weber(2014)利用 OLS 及 IV 估计的结果相比,在本节利用 PSM－DID 估算的经济增长效应中,页岩气开采县的就业人数平均增加 510 人,工资和薪金总收入平均增加 6 900 万美元。本节对就业人数的估计偏小,而对工资薪金总收入估计过高,主要原因是,估计方法和被解释变量的选择不同。另外,因开采页岩气,重庆及四川各地级市的总收入水平平均增长 1.78%,低于 Weber(2014)所作出的美国三个州各县的 3.29%;重庆及四川各地级市的就业增长率为 1.08%,也低于美国三个州各县的 1.90%。这是因为,四川盆地在 2010 年左右才开始大规模开采页岩气,而美国在 2000 年页岩气产量就已经迅速增长,因此各项经济指标的增长率要低于美国的水平。这也说明,只有随着中国页岩气产量的逐步提升,资源开采的促进作用才会显著体现出来。

综上所述,本章利用中国最早进行页岩气开采及工业化生产的四川地区作为样本,采用重庆市和四川省 21 个地级市的面板数据,运用 PSM－DID 的方法,定量检验页岩气开采对四川地区经济增长的影响。结果发现,在控制了其他因素后,页岩气开采对经济增长的正向作用大约为 7.8%;在消除了各地区经济初始发展水平的差异后,页岩气开采对经济增长的正向作用大约为6.2%。在现阶段,页岩气开采推动了当地服务业的发展,带动了居民人均收入水平的上升,而政府支出对页岩气开采的作用尚未体现出来。由此可以得出结论,页岩气开采对区域经济增长产生了正效应。因此,政府应针对存在的问题及时调整政策方向,通过各种政策保障来推动页岩气的进一步开发,使得页岩气开发对当地经济增长产生更为显著的效应。例如,对页岩气开发进行投资补贴;对开发企业进行优惠贷款或优惠税收等金融政策扶持等,具体政策建议将在第12章进行详细论述。

第7章

页岩气开发的成本与收益分析

随着全球变暖、空气污染等气候和环境形势的日益严峻,中国高碳型能源消费结构到了必须要改变的地步。然而,目前中国常规天然气的发电装机容量虽然在高速增长,但其成本是煤炭发电成本的 2 ~ 3 倍,没有政府补贴,这些发电企业难以存活。作为常规天然气重要补充的页岩气,在开发之初,成本同样是制约其发展的关键因素,这不仅包括采掘作业、设备等一次性投资的成本,更关键的是技术成本。因此,为了促进页岩气的大规模开发,关注其成本收益问题,并由此寻求降低成本之路是非常紧迫且重要的。本章将详细分析页岩气的成本构成和收益,并与美国页岩气、煤制天然气等相关国家资源进行横向比较,从而为制定政策提供有价值的参考。

7.1 页岩气成本构成及其经济性分析

美国的页岩气革命使其开采量出现了爆发式增长,成本不断下降,这可以为中国提供很好的借鉴。然而,中美两国页岩气赋存条件差异很大,因而成本下降路径也不会完全一致。而就目前的研究现状来看,针对页岩气发展的研究大都以技术分析为主,经济视角的成本收益分析较为欠缺。因此,本节将详细分析页岩气开发的成本结构及其特征。

7.1.1 页岩气开发成本的构成

页岩气单井成本效益估算是页岩气开发经济性评价的基础,对清晰了解页岩气成本构成和特征具有重要意义。单口页岩气井的投资成本主要包含地质调查费、征地借地费、技术使用费、许可及评估费、用水费、钻井工程费、录井及测井费、完井工程费(射孔、压裂)等(陈广仁等,2013)。

1. 地质调查费

页岩气开发的前期地质调查十分关键,直接影响页岩气开发的成败。政府相关部门主导的公益性页岩气地质调查的基本工作程序包括三个阶段：开展地质调查与研究的准备阶段、野外地质调查阶段及室内综合整理阶段。其费用主要发生在野外工作阶段，包括地层剖面测制、观察及采样，路线走廊大剖面调查及采样，资料样品初步整理，编写初步总结报告，野外验收，等等。

如果是在零基础的页岩气钻探空白区进行勘探，前期的基础地质调查工作大约需要2～3年的时间，包括对地层特性的摸索，对地质规律的认识，对储存禀赋条件的认识等。然后，通过地质分析获取参数，采样并化验分析有无页岩气潜质、有无足够的气体赋存空间。如果整个工序衔接有序，时间大约需要1年，包括做大量的研究实验得出数据，做二维地震资料采集明晰地质构造等。最后，选择井位、打井、再测井，只有得到较好结果后才能进行压裂测试，直至最终出气。前期地质调查成本因研究的区块地质复杂程度的不同而不同，目前二维地震成本在10万元/千米左右，对于重点区域的地质调查勘探，每平方千米通常需要花费上千万元。

2. 征地借地费

页岩气的征地赔付分为永久性征地和临时性借地两部分。永久性征地一般为井口、附属设施的面积；临时性借地一般为钻井作业井场面积、道路面积、宿舍区面积等。具体赔付标准因地而异，耕地、林地、果林地、苗圃地、坟地等各有不同的赔付标准，特定地区也有不同的标准。

在钻井作业时，单口井所需土地面积一般为6 700 m^2左右；在评价井钻井中，井场面积可控制在8 000 m^2以内。钻井工程完成后，单口井井口及其附属设施所需永久性征地的面积在1 300 m^2左右；如果采用丛式井布井，按一个平台4口井来测算，行车通道、钻井设备等共用，则需要10 000 m^2的面积。以涪陵页岩气开采为例，中石化采取"丛式井"设计、"井工厂"模式施工、标准化场站设计及施工复耕等措施，平均一个平台4～5口井，其中，焦页50号平台部署8口井。因此，单井土地征用面积节约了30%以上，最大限度地减少了征地面积，从而降低了开发成本。

3. 技术使用费

由美国公司发明的页岩气开发的两大核心技术为水平钻井技术和分段水力压裂技术。其中，水平钻井技术的核心环节主要有两个：一是在长水平段使用的地质导向，即"随钻录井"（Logging While Drilling，LWD）；另一个是钻井液，俗称"泥浆"。

在 LWD 方面，目前，中国已经初步掌握了 LWD 技术，国内可生产相关低端产品，价格在 300 万元左右。国外 LWD 的低端产品与国内价格相当，但高端产品价格昂贵，约为 5 000 万元。

在钻井液方面，目前，国内已经建成或在建的页岩气井使用的钻井液多是从哈里伯顿和贝克休斯公司进口的产品。这些公司一般只卖配方，一张配方的价格约为(600 ~ 800)万元。由于地质条件不同，一张钻井液的配方只能供应一口井。然而，随着中国页岩气开发的快速发展，国内部分企业已经初步掌握了相关配方技术，同时由于同一地区地质条件有相似之处，所以，在规模化生产后，钻井液就可以反复利用，那么，其成本也将大幅下降。

4. 许可及评估费

许可及评估费包含用水许可、用地许可、环保评估等。办理行政许可需要发生相应的间接费；环保评估需请具有专业资质的第三方机构评估，也要发生相应的评估费用，但该费用的测算目前尚不明晰。

5. 用水费

页岩气开采耗水量巨大，以平均每口水平井压裂耗水 1.5×10^4 m^3、水价 2.8 元/立方米测算，用水费用约为 4.2 万元。需要特别说明的是，与泥浆不同，由于钻井所使用的水注入了页岩层，远比地下蓄水层要深，使得水最后被岩石层吸收掉了，无法进行回收利用。

6. 钻井工程成本

目前，对于一口斜深约 3 000 m、垂深 1 800 m、水平段长 1 000 m 的水平井而言，钻井工程成本平均约为 5 000 万元。钻井队的成本核算方法有两种：一是当钻井队进行钻井作业时，钻井成本为 1 000 ~ 2 000 元/米；二是当钻井队没有钻井作业时，人员加设备每天的费用约为 2.5 万元。

7. 录井和测井费

录井就是随着钻头测试地层的岩石中是否赋存油气。该技术在国内已经比较成熟，成本为(16 ~ 20)万元/月。录井的周期基本与钻井相同，约为 60 天，因此，一个水平井录井的平均成本在 40 万元左右。

测井的主要目的是寻找气层，并把岩石底层的参数提取上来。测井一般需要做两次，一次在固井前，另一次在固井后、射孔前。第二次测井叫工程测井，两次测井的时间都为 20 h 左右。工程测井与第一次测井的设备不同。第一次测井的设备主要是数控测井仪和成像测井仪。目前，数控测井仪为国产的，成本为 2 000 万元/套左右；成像测井仪的国外价格为 1 亿元/套左右，国产价格为 5 000 万元/套左右。工程测井所用的设备为 1 000 万元/套左右。目前，单口井的测井服务综合成本约为 50 万元左右。两次测井之间的固井成本主要是泥沙等原材料和人工费，一个水平井的固井成本在 500 万元左右。

8. 完井工程成本(射孔、压裂)

单口页岩气水平井的射孔成本约为 200 万元。在压裂技术方面，目前，中国第四石油机械厂、四川宏华集团已经可以生产页岩气开发用的大型压裂机组成套设备，部分核心设备已经实地应用，包括大型压裂泵装置、大型混沙装置、大型压裂控制装置及压裂辅助装置等。从当前技术水平看，一口水平井压裂服务的成本在(200 ~1 500)万元。综合来看，一口水平井的完井最高成本约为 1 700 万元。

由上述成本构成可知，页岩气单井成本主要由地面工程、钻井、压裂等部分组成，为(1 200 ~1 600)万美元。但实际上，中石油在四川山区钻一口井的平均成本为 7 000 万元。相比而言，北美页岩气开发的单井费用为(250 ~ 600)万美元，中美相差 4 ~ 5 倍，这既有中国地质条件复杂、页岩气储层埋藏较深的原因，也有目前中国页岩气开发专业设备少、专业施工队伍缺乏以及技术尚不完善等原因。

目前，涪陵焦石坝区块页岩气开采的钻井天数已经从过去的 100 多天降到现在的 40 天，这意味着钻井成本的大幅度下降，因此，国内页岩气单井成本降低的主要制约来源于压裂环节，其成本约占到单井总成本的 60%。事实上，在降低压裂成本方面美国有很多先进经验，比如，几口井同时压裂，减少搬迁费用；压裂液返排后进一步使用；分段压裂分得更细，有针对性地使用支撑剂等。其中，分段式压裂考验页岩气开采技术的精细化程度，美国的分段压裂最多可细化到 90 多段，开采效率更高，而中国的分段压裂多在 10 ~ 20 段，即便是电脑建模也只能达到 37 段。预计未来十年，随着中国页岩气开发的不断推进，规模化生产加上专业设备、专业施工队伍的增多，以及适合中国地质条件的页岩气开发技术的不断成熟，页岩气开发单井成本将会出现大幅度降低。

7.1.2 中美页岩气开发成本及其经济性的对比分析

中美之间页岩气开发成本的差异主要在于资源储藏条件、技术成熟度、学习效应、参与企业的创新与效率等，其中，资源储藏条件是非常重要的基础，其他几个原因都与资源开采规模有关。随着开发规模的不断扩大，规模经济、学习效应等逐步显现，将导致成本持续下降，因而经济性逐步提高。

表 7.1 给出了中美页岩气资源条件与特点的对比，可以看出，两国页岩气地质条件差异较大，美国页岩气赋存的地质年代早、厚度大、埋深浅、开发条件远好于中国；而中国四川盆地的页岩气层埋藏深度多为 1 500 ~ 4 000 m；黔、渝、湘等地页岩层厚度较薄且常呈现多层叠合，局部可见程度不同的变质，井间参照、类比、连层等都较为困难，美国发明的水平井分段压裂技术在中国相关地区的实际应用效果需要进一步在实践中检验并改进。这些都意味着，中国页岩气开发的成本要比美国高好几倍。

表 7.1 中美页岩气资源条件对比

资源条件	中　国	美　国
自然条件	多分布在崇山峻岭间，如蜀南、重庆、鄂西、贵州等	分布在地表条件优越、地势平坦之处
页岩厚度	20 ~ 300 m，单层厚度小	49 ~ 610 m，单层厚度大
有机碳含量	0.3%~10%	0.5%~ 25%
渗透率	较低	较低
保存条件	复杂，多次改造	简单，一次抬升
埋　深	多分布于 3 000 m 左右	800 ~ 2 000 m

目前，中国实现页岩气商业化开采的企业主要有中石油和中石化两大巨头，一方面，两家企业形成了双寡头竞争关系，在设备利用、成本节约等方面互相比拼。例如，中石化曾在涪陵焦石坝创下 38 天的最短钻探周期记录，被业界视为中国页岩气开发降低成本的典范。但另一方面，两家企业也同时受到国际油价下跌的影响，使得其页岩气开发的经济效益进一步降低。

近两年来，中石化在涪陵项目降低成本方面取得了显著进展。中石化已完钻的页岩气水平井垂直深度在 2 800 m 左右，水平段长 1 100 m 左右，钻井周期 93 天，钻完井成本在(7 000 ~ 8 000)万元。这意味着,中石化的平均单井成本已经从2012年的1亿元人民币(约1 600万美元)降至目前的(7 000 ~ 8 000)万元[(1 100 ~1 300)万美元]。而美国Barnett盆地页岩气水平井垂直深度在2 500 m左右,水平段长1 300 m左右,钻井周期27天,钻完井成本在(300 ~ 600)万美元。中石化的目标是降至6 000万元(约900万美元),基本接近美国成本较高的地区,例如,海恩斯维尔(Haynesville)地区约930万美元的成本。除Barnett盆地外,美国马塞勒斯地区(Marcellus)的开采成本约为600万美元,费耶特维尔地区(Fayetteville)的开采成本约为260万美元。然而,从平均成本来看,涪陵区块的井口气价格仍高达21.1美元/百万英热单位(初始产量仅为2 000 Mcfd①的井)和11.2美元/百万英热单位(初始产量4 000 Mcfd的井)。而美国的干气开采成本可低至3.4美元/百万英热单位②。

很明显,产量低是页岩气平均成本较高的主要原因。中石化计划在2017年将涪陵区块的页岩气产量提高到100×10^8 m^3(970 MMcfd),从而促进平均成本的逐步下降。从规划目标上看,中国2015年的页岩气产量目标相当于美国上个世纪末的页岩气产量,2020年的目标也只能赶上美国2009年的页岩气产量。涪陵区块11.2美元/百万英热单位的页岩气成本高于现行价格机制下中石化所能收到的井口价格,扣除管输费和政府补贴后,该价格为8.1 ~10美元/百万英热单位。这一价格已经大大低于2013年冬现货液化天然气价格达到的18 ~19美元/百万英热单位高点。这说明,尽管目前中国页岩气的盈亏平衡价格与美国相比仍然很高,但随着更多经验的积累应该会逐步下降。如果国际油价反弹至60美元以上,涪陵页岩气的产销将达到全面盈利状态;国际油价如果反弹到70美元以上,则该项目毛利率有望达20%以上。

当然,政府补贴和天然气门站价格对于目前中国页岩气开发能否赢利更为重要。目前,页岩气开发的财政补贴为0.3元/立方米,而不是2015年以前的0.4元/立方米;而且,2015年11月18日以后,国内非居民用天然气价格被下调了0.7元/立方米,现在的平均气价为1.5元/立方米。因此,涪陵页岩气开发的经济效益从盈亏基本持平

---

① 1千立方英尺/日(Mcfd) =28.317立方米/日(m^3/d)。

② 李丹阳.中国单位页岩气成本比美国高一倍,产量增加将有助于提高国际议价能力[N].中国证券报,2014 - 05 - 30.

下降到了亏损状态,企业降低成本的压力加大了。这意味着,在短期内提升页岩气经济性的两个途径是,要么提高用气价格,要么提高政府补贴。如果门站价和管输费保持不变,则能够让页岩气开发有利可图的解决方案就是将补贴提高到0.6~0.9元/立方米(3.5~5.4美元/百万英热单位)①。

进一步来说,提高页岩气开发的经济性还需要基于整个天然气产业链进行改革,促进企业效率的提升,包括开放上游市场准入、开放第三方接入以及门站定价机制优化等。这些内容将在第8、9、11、12章中详细展开。

7.1.3 页岩气与煤制天然气的成本比较

中国天然气供不应求的局面将长期存在,页岩气、煤层气、致密气以及煤制天然气等非常规气都是重要的替代性战略资源。然而,由于它们的开采和制造成本差异很大,开发和应用前景大为不同。

煤制天然气是以煤为原料,采用气化、净化和甲烷化技术制取的合成天然气(Synthetic Natural Gas, SNG)。在实践中,业界往往把煤炭的地下气化(亦称为地下采煤,Underground Coal Gasification, UCG)也作为煤制天然气的一种。煤炭作为一次能源,利用路线主要有直接燃烧发电、转化制油、制天然气、制甲醇、制烯烃等技术,其中,煤制天然气效率最高,理论上可超过60%。因此,从综合能源利用效率看,将煤炭转化成天然气作为清洁能源是最高效节能的。

煤制天然气技术已经比较成熟,世界上现有多套煤制气工业化生产装置在稳定运行,投资风险较小,可在一定程度上替代短缺的天然气资源。鉴于中国以煤为主的一次能源结构,煤制天然气被认为是煤炭清洁利用、实现低碳经济的重要路径。因而,随着世界石油价格的大幅上涨,自2013年开始,中国煤制天然气发展出现提速趋势,多个煤制天然气项目获得国家发改委的批准,被允许开展前期工作,包括中电投霍城年产$60\times10^8\ m^3$项目、中海油山西大同年产$40\times10^8\ m^3$项目、内蒙古新蒙能源公司年产

① http://www.xny365.com/news/article-13300.html.

40×10^8 m^3项目、山东新汶矿业新疆伊犁年产40×10^8 m^3项目等。据不完全统计，截至目前，中国共有不同阶段的煤制气项目55个（包含投产及在建、前期准备工作、计划、签约项目），规划年产能共计2 410 $\times 10^8$ m^3，为世界之最。2016年，环保部批准了四个煤制天然气项目的环境影响报告，包括中海油山西大同低变质烟煤清洁利用40×10^8 m^3煤制气示范项目、苏新能源和丰有限公司40×10^8 m^3煤制天然气项目、内蒙古北控京泰能源公司40×10^8 m^3煤制天然气项目、伊犁新天煤化工公司20×10^8 m^3煤制天然气项目。

然而，截至今日，全国投产的煤制气项目仅有5个：大唐内蒙古克什克腾旗、新疆庆华、汇能鄂尔多斯、新疆广汇以及云南解化的煤制油联产甲烷项目，年总产能为38.03×10^8 m^3，仅占全部煤制气项目规划产能的1.58%。国内煤制气项目之所以规划多、投产少，这与其在运行过程中遇到的问题密切相关，其中，煤炭价格、成本、高碳排放、水资源消耗等问题都是瓶颈，从而阻碍了这类项目的推进。

第一，在煤制气的生产成本结构中，煤炭所占比重高达60%，因而，煤炭价格的波动对煤制气项目的成本影响较大，这也是煤制气项目多采用低质低价煤炭的原因。例如，中国第一个煤制气项目——大唐发电在内蒙古克什克腾旗的示范项目的最大特点就是以劣质褐煤作为原料。正是由于褐煤价格低，相对而言，发展煤制天然气具有较高的经济性。

图7.1给出了内部收益率11%下的煤制天然气价格与原料煤价格的关系曲线。

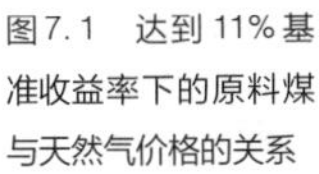

图7.1　达到11%基准收益率下的原料煤与天然气价格的关系

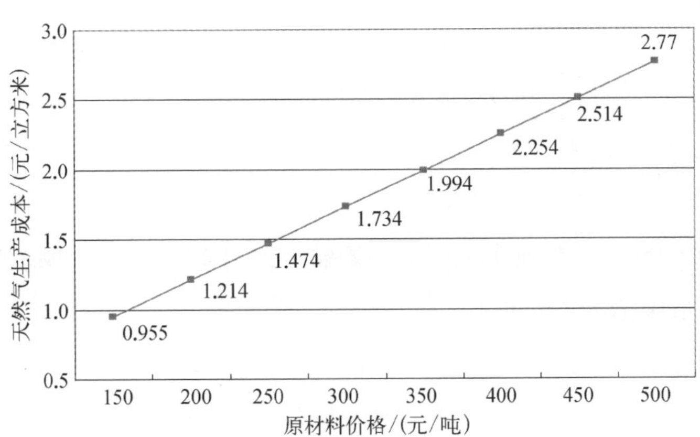

可以看出，当天然气价格一定时，如果原料煤价格处于直线左方，则项目的内部收益率高于行业基准收益率，项目在经济上是可行的；反之，则是不可行的。

第二，目前，国内煤制天然气的生产成本多集中于1.6~1.8元/立方米，与传统天然气价格相比，有一定优势。其成本结构包括原料煤和燃料煤（约占60%）、折旧与维修成本（约占28%）、劳动力成本（约占1.4%）、利息（约占9%）等。以内蒙古为例，据测算，当煤价为200元/吨时，大唐克什克腾旗煤制天然气的出厂成本为1.97元/立方米（含管道投资，不含税）。而根据大唐发电的全资子公司大唐能源化工营销有限公司与中石油天然气销售公司签订的《煤制天然气购销协议》，该项目所产天然气的热量大于8 000 cal/m^{3}①，初期结算合同价格为每立方米2.75元（含13%增值税），扣除部分管输费用，再加上当前政府对煤制气项目0.2元/立方米的补贴，利润也是可观的②。相比而言，页岩气成本可能与煤层气持平或略高。2013年，建峰化工预付给中石化的页岩气价格为1.8元/立方米，而中石化宣布的可接受价格为2.78元/立方米③。

在销售价格方面，出厂价加上管道输送及液化制造LNG的成本，煤制气的终端销售价格高于当地天然气门站价格，没有竞争优势。2015年2月28日，国家发改委发布通知，将国内非民用气中的增量气最高门站价格下调0.44元/立方米，存量气上调0.04元/立方米，最终实现价格并轨。由此，鄂尔多斯天然气门站价格为2.04元/立方米。

第三，煤制天然气项目对环保的要求相当高，而且需要消耗大量水资源，但国内规划的项目大都处于环境承载能力较差、水资源相对缺乏的西北部地区。据估计，一个年产20×10^8 m^{3}的煤制气项目年用水量可达到900×10^4 t。我国西部地区生态脆弱，土壤自净能力较弱，而且大多是荒漠和沙漠，缺少纳污水体，对项目产生的污水几乎没有承载能力。这就要求企业在污水处理上有更高的投入，以实现污水零排放。但是，污水零排放是个世界性难题，目前还没有成熟的技术可以应用。这是制约煤制气项目发展、影响项目收益的主要问题。

---

① 1卡/立方米（cal/m^3）=4.184焦耳/立方米（J/m^3）。

② http://www.yicai.com.

③ 亚化咨询。

此外,天然气虽然是一种低碳能源,但由于煤制气项目的原材料是煤炭,从产品全生命周期角度看,其碳排放较高,似乎并不清洁。以当前的技术水平,一个年产 $40 \times 10^8\ m^3$ 的煤制天然气厂排放的 CO_2 约为 $2\,000 \times 10^4\ t/a$,CO_2 排放会增加资源和环境成本,因此,CO_2 减排是煤制气工程必须重点考虑的因素。

第四,煤制天然气项目采用的工艺技术不同,其投资和经济效益也存在一定差异。以年产 $40 \times 10^8\ m^3$ 的煤制天然气项目为例。该项目拟在内蒙古鄂尔多斯某地建设,气化采用 GSP 粉煤气化,以及 MK 加上鲁奇气化技术;变换采用低水/汽比的耐硫变换工艺;脱硫脱碳采用低温甲醇洗技术;甲烷化采用国外先进技术。项目建设总投资约 256 亿元。项目每年的消耗包括:原料煤 $702 \times 10^4\ t$(5 ~ 50 mm)、原料煤 $400 \times 10^4\ t$(0 ~ 5 mm)、燃料煤 $83 \times 10^4\ t$、耗水 $1\,970 \times 10^4\ t$。项目每年的产出包括:天然气 $40 \times 10^8\ m^3$、硫黄 $8 \times 10^4\ t$、液氨 $5 \times 10^4\ t$、粗酚 $4.5 \times 10^4\ t$、硫铵 $2.5 \times 10^4\ t$、石脑油 $8 \times 10^4\ t$、柴油 $18 \times 10^4\ t$、加氢尾油 $0.2 \times 10^4\ t$。

目前,已投产煤制气项目的气化技术主要分为两种:碎煤加压气化技术和水煤浆气化技术,其中,碎煤加压气化技术的应用较为普遍,占比高达 89.48%;水煤浆气化技术占比为 10.52%。两种技术各有优劣势,但在技术的应用过程中都不同程度地出现了问题。碎煤加压气化技术出现的主要问题是废水处理困难、污染环境,而水煤浆气化技术的问题则是气化工艺能耗不符合示范项目的标准。可见,单一气化技术的应用可能给项目运行带来风险。

此外,在目前国家天然气管网和终端市场被大型油气公司垄断的背景下,煤制天然气项目的后续销售将面临垄断势力的压制。而且,自 2015 年开始,全球经济下滑,国际油价大幅下跌,天然气价格也随之下滑,需求增速逐渐放缓。这些因素都导致煤制气项目投资回报预期不明朗,业内观望情绪浓烈。这也是现在项目批多建少、推进缓慢的主要原因之一。当然,这两方面问题也是其他非常规天然气开发必须面对和解决的问题。

从长期来看,页岩气如果实现大规模、低成本开发,将有机会实现成本低于煤制天然气的结果。但由于中国页岩气开发还存在资源量不确定、配套技术尚不成熟、管道输送及天然气定价机制改革缓慢等问题,预计 2020 年之前两者不会产生显著的竞争关系。

7.1.4 页岩气与煤层气的成本比较

煤层气是煤炭的伴生矿产资源，也被称为“瓦斯”，主要成分为甲烷（CH_4），以吸附在煤基质颗粒表面为主，部分游离于煤孔隙中或溶解于煤层水中，属于非常规天然气，是近一二十年来在国际上崛起的洁净、优质的能源和化工原料。

1. 煤层气的开采方式

煤层气的开采方式一般有两种：一是地面钻井开采；二是通过井下瓦斯抽放系统抽出。通过地面开采和抽放后可以大大减少风排瓦斯的数量，降低煤矿对通风的要求，改善矿工的安全生产条件，减少煤矿井下事故的次数。更重要的是，开采或抽出的煤层气可以得到有效利用并产生收益，如用于取暖、发电、作为化工原料等。

作为煤炭的伴生资源，煤层气开发的一般原则是，煤层气抽采应优先于煤炭的开采，地面抽采应优先于井下抽采。从利用率角度看，地面抽采的利用率可达95%以上，而井下抽采的浓度低，抽采利用率一般只能达到30%左右；从煤矿瓦斯灾害防治角度看，地面抽采是治本的主动防治，而井下抽采是治标的被动防治。这些因素决定了煤层气的抽采应该是地面重于井下，地面抽采量高于井下抽采量，同时坚持地面和井下共同抽采，使宝贵的煤层气资源真正实现产业化。

在国外，煤层气的地面钻井开采已经得到广泛推广，而中国有些煤层的透气性较差，地面开采有一定困难，但如果积极开发，每年也至少可采出 $50\times10^8\ m^3$ 的煤层气。然而，由于过去除了供暖外没有找到合理的利用手段，中国煤层气资源未能得到充分利用，绝大部分被排入了大气中，既花去了费用，又浪费了资源，还污染了环境。

我国煤层气资源丰富，总资源量为 $36.8\times10^{12}\ m^3$，仅次于俄罗斯和加拿大，居世界第三位，目前探明的储量仅为 $1\,852\times10^8\ m^3$，勘探开发潜力巨大。现在，中国每年在采煤的同时排放的煤层气达 $130\times10^8\ m^3$ 以上，合理抽放量应可达到 $35\times10^8\ m^3$ 左右，除去现已利用的部分，每年仍有 $30\times10^8\ m^3$ 左右的剩余量，加上地面钻井开采的煤层气约为 $50\times10^8\ m^3$，可利用的煤层气总量达到 $80\times10^8\ m^3$，折合标准煤 $1\,000\times10^4$ t，每年可发电近 300×10^8 kW·h①。

① 1千瓦时（kW·h）$=3.6\times10^6$ 焦耳（J）。

2. 中国煤层气开采情况

“十二五”期间,中国煤层气累计新增探明地质储量 3 504.89 $\times 10^8$ m^3,比“十一五”期间增加了111.1%。2015 年,中国煤层气勘查新增探明地质储量26.34 $\times 10^8$ m^3,新增探明技术可采储量 13.17 $\times 10^8$ m^3。至 2015 年底,全国煤层气剩余技术可采储量3 063.41 $\times 10^8$ m^3。然而,中国煤层气开采情况却很不理想。2015 年,全国煤层气产量仅为44.25 $\times 10^8$ m^3,同比增长24.75%,勉强与页岩气相当,离“十一五”规划设定的100 $\times 10^8$ m^3/a 的目标相距甚远。相比而言,2010 年,美国煤层气产量约为 500 $\times 10^8$ m^3,占天然气总产量的 8%,这一比例已经稳定了数年,这说明煤层气开发已经成为美国天然气工业的重要组成部分。

从 20 世纪 90 年代初开始,中国就对煤层气资源进行勘探开发试验。2005 年以来,我国煤层气产业快速发展,煤矿区煤层气(煤矿瓦斯)抽采量大幅度上升,地面煤层气开发不断取得突破。在地面煤层气抽采方面,全国做得最好的是山西晋煤集团。晋煤集团与美国合作成立的沁水蓝焰煤层气有限公司(现为山西蓝焰煤层气集团有限责任公司)着力于无烟煤煤层气的开采和抽采技术的探索。该公司煤层气资源拥有量不到全国总量的1%,但地面煤层气抽采总量却占全国的 60.7%,累计建设完成煤层气地面抽采井3 000 余口,日抽采气量突破 330 $\times 10^4$ m^3,年抽采能力为 15 $\times 10^8$ m^3。晋煤集团地面煤层气抽采量和利用量连续六年位居全国第一,目前煤层气抽采量占全国煤层气产量的 30%,也是国内煤层气开发唯一不亏损的企业。原因是,该公司的煤层气资源赋存条件好,煤层透气性高,矿井地层少有断裂破坏,基本上没有放空的矿井。采出的煤层气,一半运往太原等城市的加气站,一半通过管道输送到周边城市,涉及全国 7 个省、20 多个地市,供应煤层气燃料车 7 500 台、民用 15 万户 40 万人、工业用气(40 ~ 50) $\times 10^4$ m^3/d。

为开发煤层气,中国还成立了具有排他性质的中联煤层气有限责任公司,期望其能复制中海油对外合作勘探开发海洋石油的模式。开始阶段,的确有几家美国能源公司携带技术参与其中,但都没有取得期望的成功。以淮南矿业集团为例,尽管在井下瓦斯抽采方面经验丰富,但因其煤层透气性极差,该集团的煤层气地面开采一直没有进展。淮南矿业集团与中煤科工集团西安研究院合作打了多口地面垂直压裂井,产气量很不稳定,远未达到经济上勉强过得去的 800 m^3/h 的设计要求。除垂直压裂井抽采效果不理想外，淮南矿业集团已经在着手进行的水平井试验也一直未达到预期效果。出于效益考虑，淮南矿业集团被迫关停部分井下抽采。

3. 煤层气的开采成本

煤层气井一般生产年限较长，投资回报较慢。天然气井的有效生产年限为 7 ~ 8 年。煤层气井初期单井日产量较低，需要经历较长时间的"排水-降压"过程，才能使煤层附吸气发生解析，一般排采 3 ~ 4 年后产气量才能达到高峰，之后进入产量缓慢递减阶段，因此，煤层气井的有效生产年限通常为 15 ~ 20 年。

中国煤层气的地面抽采成本较高，是阻碍煤层气规模化开发的主要原因。一般地，压裂一口井的外包费用为(300 ~ 400)万元，自己钻一口垂直井的费用为(250 ~ 300)万元。一个矿区至少要打成百口井，投入在(2.5 ~ 4)亿元。如果再加上管网投资还贷和折旧形成的输送费用，到达终端用户的气价将高于天然气①。目前，中国煤层气的抽采成本大约在 2 元/立方米，出厂价为(1.6 ~1.7)元/立方米。由于在终端，煤层气与常规天然气同质同价，因此，只有政府补贴才能使煤层气与常规气相比具有竞争力。

2007 年 4 月，财政部颁布《关于煤层气开发利用补贴的实施意见》，中央财政按照 0.2 元/立方米的标准对煤层气开采企业进行补贴。但是，这个补贴标准过低，还不到煤层气生产完全成本的六分之一，也比页岩气的补贴标准(2016—2018 年为 0.3 元/立方米)少 50%，相对于高昂的煤层气开发成本来说显得"杯水车薪"，严重影响了企业对煤层气勘探开采的积极性。

美国煤层气的补贴额通常相当于气价的 51%，并随通货膨胀系数变化而调整，从而能够保证煤层气企业的内部收益率一般高于 24%。美国的这一补贴政策从 1980 年实行，延期了 3 次，1992 年以前钻探的煤层气生产井可享受财政补贴至 2002 年。而中国的煤层气地质条件远逊于美国，采取与其类似的补贴额度应是合理的。

2013 年 9 月 23 日，国务院办公厅颁布的《关于进一步加快煤层气(煤矿瓦斯)抽采利用的意见》将加大煤层气政策扶持力度，但没有给出具体数额。业内人士建议，中央财政应提高补贴标准至 0.6 元/立方米，执行期 10 年。按照中国煤层气当前

① 煤层气地面抽采成本昂贵，管网建设势在必行[N]. 中国能源报，2013 - 10 - 12.

1.6 元/立方米左右的出厂价，再算上减免的13%增值税，加上财政补贴的0.6元/立方米，总补贴额度在0.8元/立方米左右，约占气价的一半，与美国的补贴力度相当。然而，2016年3月，财政部发布了“十三五”期间煤层气（瓦斯）开采利用国家补贴新标准，每立方米煤层气补贴金额从0.2元提高到0.3元，远未达到煤层气企业的预期。

综上所述，页岩气、煤制天然气、煤层气三种非常规天然气的成本、财政补贴对比分析如表7.2所示。可以看出，煤制天然气产量大，但成本高；煤层气成本低，更有竞争力。从图7.2中也可看出，煤层气成本甚至低于常规天然气。相比煤层气而言，页岩气因埋藏较深，其成本仍较高，随着开采量的稳定释放，成本将会逐渐下降。

表7.2 非常规天然气生产成本对比分析

	页岩气	煤制天然气	煤层气
2015年产量	$44.71\times10^8\ m^3$	$150\times10^8\ m^3$（预计）	$44.25\times10^8\ m^3$
生产成本	涪陵区块 1.95元/立方米	大唐克什克腾旗项目 1.97元/立方米	山西晋城 1.6元/立方米
财政补贴	0.3元/立方米	0.2元/立方米	0.3元/立方米

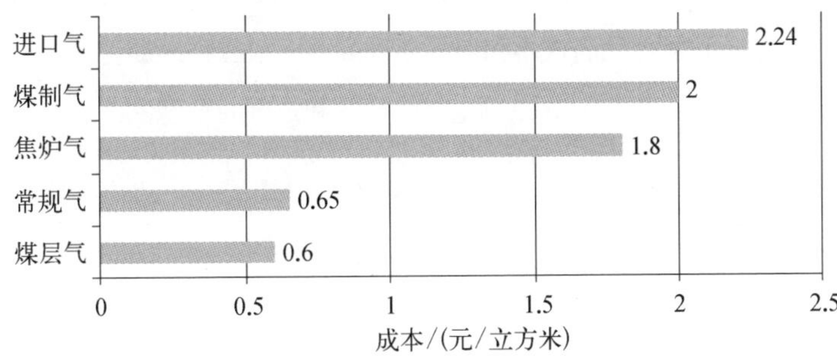

图7.2 煤层气与其他气体产品的成本比较

7.2 页岩气开发的边际成本分析

在第7.1节中，我们使用的成本概念均是基于全生命周期的成本与产量之比的平均成本。然而,反映企业实际支出的平均成本概念无法反映自然资源本身的价值,因此不能有效刻画页岩气开发的完全成本。在经济学理论中,边际机会成本反映了生产一个单位的产品时全社会需要付出的全部代价,因而基于边际分析的价格才是使社会福利最大化的最优价格。因此,对于页岩气开发成本的分析,必须基于资源环境经济学中的边际机会成本理论来进行,否则将无法得出有价值的结论。

使用一种资源的机会成本是指,把该资源投入某一特定用途所放弃的用于其他用途所能获得的最大利益。核算机会成本的重要方式是对边际机会成本的分析。章铮(1996)认为,根据价格理论,自然资源的价格应该等于其边际机会成本,即资源的全部边际机会成本应该包含利用一单位某种自然资源的全部成本。杨秋媛(2009)基于边际机会成本理论,细化了煤炭的完全成本,将煤炭的边际机会成本从单一的生产成本扩展到了边际生产成本(marginal production cost, MPC)、边际使用成本(marginal user cost, MUC)和边际环境成本(marginal environmental cost, MEC)。高兴佑和高文进(2011)采用边际机会成本理论分析了城市水价,提出基于边际机会成本的城市水价应包括边际生产成本、边际使用者成本、边际外部成本。

基于上述研究,我们认为,页岩气开采和生产的边际机会成本也应该由三部分组成:边际生产成本、边际使用者成本和边际环境成本。本节将详细讨论页岩气开发的边际机会成本的三个组成部分,这是制定补贴政策和定价的重要依据。

7.2.1 页岩气开发的边际生产成本

页岩气开发是将埋藏于地下的页岩气资源开采并剥离出来,实现场地转移的过程,因而其边际生产成本是指,在页岩气开发过程中,生产者直接承担的支出,包括第7.1.1节中所分析的全部八种成本,即地质调查费、征地借地费、技术使用费、许可及评估费、用水费、钻井工程费、录井及测井费、完井工程费(射孔、压裂),这些均属于期初一次性投资,需要通过长达20~30年的时间逐步平摊回收。当页岩气开始商业化生产之后,其主要固定成本则变为固定资产的折旧,包括设备的磨损、更新等,一般会随着开采量的提高而不变或减少;而边际可变成本主要体现为人力资源、原材料的投入。

随着经济的发展,工资势必会不断上升,原材料价格(如水费)也将上升。

实际上,单口页岩气井具有很强的规模经济性,其边际成本呈现不变或下降趋势,但从企业角度看,为了扩大产量规模,需要不断打新井,增加新的投资,因而其边际成本会随着时间的推移而呈现上升趋势。假设固定资产折旧为 K_t,人力资源成本为 L_t,原材料成本为 M_t,那么,在技术不变的条件下,页岩气开发的边际生产成本 MPC 可以表示为

$$MPC_t = F(K_t, L_t, M_t, T),\ \frac{\partial MPC}{\partial K_t} > 0,\ \frac{\partial MPC}{\partial L_t} > 0,\ \frac{\partial MPC}{\partial M_t} > 0,\ t = 0, 1, 2, \cdots, n \tag{7.1}$$

式中,t 表示页岩气项目投入生产的初始年份;T 为页岩气的最长开采年限。

7.2.2 页岩气开发的边际使用者成本

页岩气开发的边际使用者成本是指,由于今天的页岩气开发活动对资源的使用给未来使用者由于无法再使用该资源而造成的预期损失,也就是自然资源的不可再生性所导致的代际负外部性成本。

资源的可耗竭性概念最早源于 Hotelling(1931)和 Solow(1974a)的研究。在可持续发展概念提出以后,资源耗竭被认为侵犯了代际之间的公平性,即作为"交易内部人"一代人的资源开采成本的增加被强加于作为"交易外部人"的未来若干代人身上,而这种成本的增加并不由产生成本的一代人加以偿付,损害了代际之间的公平性,从而不利于可持续的经济发展,因而也被称为"代际外部性"。

资源的代际外部性在很大程度上源于不确定性,包括经济环境、成本和价格的不确定,以及资源储量的不确定(Gilbert,1979;Arrow 和 Chang,1982;Devarajan 和 Fisher,1981;Pearce,1990)。因此,过度开发会造成资源的匮乏,一旦资源耗竭,会使整个经济发展陷入"巧妇难为无米之炊"的境地。

在解决代际外部性的相关研究中,Solow(1974b)、Solow 和 Wan(1976)、Hartwick

(1977)用CD生产函数构建了可耗竭资源的加总动态模型,提出将可耗竭资源的收益全部用于投资,使其价值得以存续的观点;Daly(1990)认为,应该将可耗竭资源的收入的一部分用于替代资源的开发,以转移资源价值,使其得以接续。

目前,关于资源耗竭的研究主要围绕着Hotelling法则展开①,包括税收、固定资产投入和累积开采对成本和资源价格的影响(Heal,1976;Cairns,2013);以及现期开采和延迟开采的代际成本变化等(Cummings,1969;Peterson和Fisher,1977;Cairns,2008)。最新的实证分析也聚焦于Hotelling法则的验证(Livernois,2009;Almansour和Inslcy,2013)。

近年来,中国学者也针对资源代际外部性进行了研究,例如,龙如银(2005)、郭骁和夏洪胜(2006)、张海莹(2012)等认为,中国资源税费与代际外部性的差距过大,建议提高税费作为补偿。然而,如果不能准确测度代际外部性或者资源的实际价值,则很难确定税费额度和资源再投资的回报率,因此上述解决方案的有效性有待考量。

Serafy(1981)最早基于使用者成本法(User Cost Approach,UCA)测量真实收入,进而估算资源的价值损失,即通过计算目前使用一单位的资源对未来使用者造成的机会成本来反映代际不公平。Common和Sanyal(1998)、Serafy(1999)运用使用者成本法估算了澳大利亚油气资源的耗竭。赖丹和吴雯雯(2013)用使用者成本法发现,中国稀土采矿业的价格存在偏离。李国平和吴迪(2004)、范超等(2011)用使用者成本法估算了不同折现率下中国煤炭资源和石油资源的资本价值折耗,结果表明,中国的资源开采的确存在未得到补偿的价值折耗。这些都为本章的研究提供了有价值的参考。

另一种用于计算可耗竭资源的真实成本的方法是净现值法(Net Price Approach,NPA)。与使用者成本法相比,净现值法是从资源开采所使用的资金的机会成本的角度进行计算的。Othman和Jafari(2012)用净现值法估算了马来西亚油气资源的损耗;Young和Motta(1995)将净现值法与使用者成本法结合估算了巴西的矿产资

① Hotelling是最早也是最具代表性的可耗竭资源经济学研究者,他提出的Hotelling法则的核心结论是,当边际开采成本、储量、开采量三者在时间上独立时,资源价格的上涨速度即为利率的上升速度。

源耗竭程度。

页岩气作为一种不可再生的战略性资源,其开采和使用所造成的代际成本也应该从实现的页岩气开发收入中得到补偿,即对页岩气资源耗竭进行补偿,这就是所谓的页岩气开发的资源成本。在中国页岩气开采企业的成本结构中,目前反映页岩气资源耗竭成本的税费主要是资源税和资源补偿费。

根据使用者成本法,页岩气开采造成的使用者成本可以表示为

$$UC_t = \frac{R_t}{(1 + r_t)^T} - TFI_t \tag{7.2}$$

式中,r_t为开采当期的资源贴现率;R_t为页岩气开采当期的名义收入;T 为页岩气的最长开采年限;TFI_t为当期开采企业所交的资源税和资源补偿费之和。其中,在 TFI_t 中,油气资源税是对在我国境内开采应税原油产品和天然气的单位和个人征收的一种税。2011 年 10 月 10 日,国务院正式发布《国务院关于修改〈中华人民共和国资源税暂行条例〉的决定》,在现有资源税从量定额计征的基础上增加从价定率的计征办法,调整原油、天然气等品目资源税税率。原油、天然气税率分别按照销售额的 5%~10% 征收。

由此,如果当期的页岩气产量为 Q,则边际使用者成本可以表示为

$$MUC_t = \frac{\partial UC_t}{\partial Q} \tag{7.3}$$

根据可持续发展理念,随着资源开采规模的扩大,其耗竭程度会不断增加,由此造成的边际使用者成本可能会随着时间的推移呈现不断上升的趋势。

7.2.3 页岩气开发的边际环境成本

页岩气开发的边际环境成本主要是指,用于补偿和消除由于页岩气开发活动而造成的生态环境破坏及资源耗竭后企业被迫转型等所产生的费用,可以用环境外部性(Environmental Negative Externalities, *ENE*)来度量。

环境外部性被 OECD 定义为“生产和消费过程中消费者效用和企业成本受到的环境影响，是存在于市场机制以外未得到补偿的部分”①，其直观的表现有，资源开采、加工等生产过程对环境造成的各类污染和生态破坏，以及在生产过程中对生命安全的威胁等。在资源和环境经济学中，对环境外部性的解决主要依靠产权的清晰界定和严格的政府规制等（Libecap，1989；Barzel，1997；Kolstad，2010；Esteban 和 Dinar，2013；Dinar 和 Nigatu，2013），以使外部性成本内部化。

页岩气开发的环境成本包括环境污染成本和安全生产成本，这两类成本的大小受很多因素的影响，如社会经济发展水平、科学技术进步程度、资源供求状态，以及资源储气层本身的物理特性等。页岩气开发可能因泄漏而产生大气污染，水平压裂技术会消耗大量水资源并产生水污染，钻井作业可能会破坏地质结构等，治理和修复这些污染和破坏的代价，以及在生产过程中实施的劳动保护支出就是页岩气开发的环境成本。

目前，对于页岩气开发的环境成本的估算还较为缺乏。然而，一些学者对我国煤炭、有色金属等资源开发的环境污染进行了估算，可以作为页岩气环境外部性核算的借鉴。例如，条件估值法（Contingent Valuation Method，CVM）多用于估算公共品的价值，茅于轼（2008）、周吉光和丁欣（2012）等用该方法估算了中国煤炭、有色金属及其他矿产资源开采对环境和生态带来的损害，发现中国的煤炭开采造成的环境污染费率（Ratio of Environmental Pollution，REP）约为 68.47 元/吨，黑色金属约为 51.12 元/吨，有色金属约为其产值的 1.8%。

ENE 的估算方法是，根据 CVM 估算出 *REP* 后，再估算页岩气开发的环境成本 *CE*（Cost of Environment），并从中减去企业实际支出的环境税费。其中，自然资源开采的环境成本 *CE* 的估算公式为

$$CE = REP * Q \tag{7.4}$$

式中，Q 为资源的产量。

目前，中国采取征收环境费等方式对企业的环境污染行为进行惩罚，因而，环境税费（Taxes and Fees of Environment，*TFE*）可以用企业支出的所有与环境污染和补偿有

① https://stats.oecd.org/glossary/detail.asp? ID = 824.

关的费用来代替,包括城市建设维护税和安全生产费。因此,与代际外部性类似,实际的 *ENE* 可以表示为环境成本与环境税费的差额:

$$ENE = CE - TFE \tag{7.5}$$

由于现阶段中国页岩气成本核算体系较为缺乏,成本核算范围不完整,导致页岩气开发企业只是将土地塌陷补偿计入环境成本,其他环境成本则转嫁给了社会和个人。如果没有严格的环境规制,页岩气开发企业很难有动力去主动进行生态环境治理,这势必会导致生态环境的破坏与污染越来越严重。因此,为了实现可持续发展,需要加强环境规制力度,提高页岩气开发企业对生态环境补偿与恢复的费用,倒逼企业进行环境保护与生态修复,这些内容将在第 11 章进行详细讨论。

7.3 页岩气开发的技术产出及收益分析

由于页岩气开发的期初投入巨大,投资回收期较长,因此,页岩气项目的收益需要在考虑评估期产出速率、价格等多种因素后,计算投资回收期,然后才能计算出页岩气开发的实际收益。

7.3.1 页岩气开发的技术产出水平分析

页岩气的开采量及其持续时间取决于资源赋存条件,页岩气富集且易于开发的区域被称为“甜点”。页岩气“甜点”区有很多评价标准,例如,页岩的总有机碳(TOC)、脆性和含气量等。在明确了页岩气“甜点”区之后,如何将这些富集的页岩气开发出来,就成为接下来的重大问题。页岩气储存于页岩中,相对于常规油气的储集层,页岩更加致密,孔隙度和渗透率都很低,这成为长久以来制约页岩气开发的难题。通过上百年的探索,美国采用两种关键技术率先解决了这个难题:水力压裂和水平井技术。

自此,页岩气开发才开始呈现出商业化前景。首先,在页岩气“甜点”区打直井到达目的层,然后根据预测的页岩气“甜点”层位的角度打一个相同角度的水平井,这样便加大了地面上井眼与地下页岩气储层的接触面积,能够将更大范围内的页岩气储层纳入控制范围,大幅提高采收率。

进一步来说,页岩气井的产量递减规律与常规天然气井也有所不同。页岩气井通常在投产后一个月之内出现日产气量峰值,随后便进入产量递减期,投产一年后的日产气量可能不到峰值时期的 10% 。尽管页岩气井的初始产量递减速率较快,但在一般情况下,产量递减速率会在投产 2 ~ 3 年后趋于平缓。此后,页岩气井会以较低的日产气量维持 30 ~ 50 年的生产周期。

页岩气井的生产周期可分三个阶段(图 7.3):第一阶段为主裂缝中的页岩气储量释放过程。期间,主裂隙中的游离天然气迅速通过压裂改造后形成的主裂缝进入井筒,产气量急剧上升,但产量递增持续时间一般不超过 1 个月。第二阶段为储层微裂缝中的页岩气释放过程。期间,页岩气井的日产气量递减较为迅速。第三阶段为储层孔隙内的甲烷逐渐解析与扩散的过程,呈现出缓慢、产气量较低但能维持较长时间的特点,通常能持续 30 ~ 50 年。

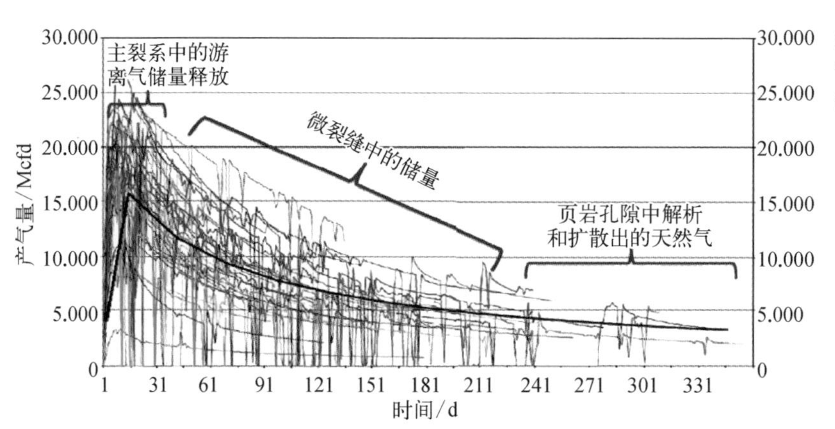

图 7.3 Haynesville 页岩气田产量日统计量(陈广仁等,2013)

图 7.4 为美国 Fayetteville 气田页岩气井的产气量预测。可以发现,在这个区块中,页岩气产量同样呈现出第一年快速下降然后逐步平稳递减的特征。

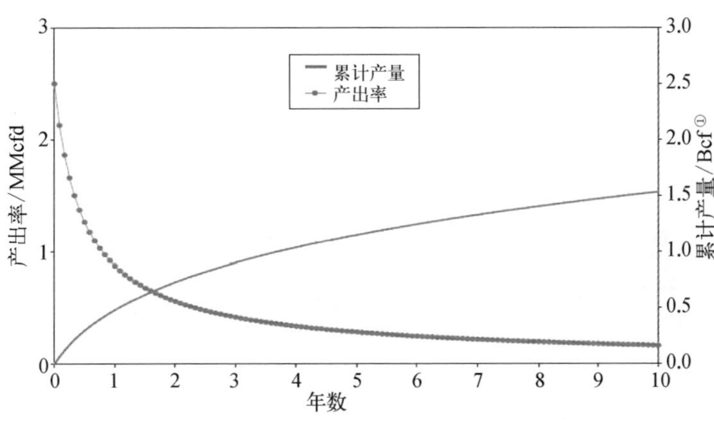

图7.4 Fayetteville 页岩气田产出率及累计产量预测(陈广仁等,2013)

7.3.2 页岩气产量预测

陈广仁等(2013)通过对美国 Barnett 和 Fayetteville 页岩气田的气井平均日产气量数据进行拟合分析,得出页岩气井的日产量公式为

$$\begin{cases} q = at + q_0, & 0 < t \leqslant t_m \\ q = \dfrac{q_m}{[1 + bD_i(t - t_m)]^{\frac{1}{b}}}, & t > t_m \end{cases} \tag{7.6}$$

式中,q_0为页岩气井投产时的初始产气量;a 为页岩气井投产后日产气量递增时期的递增率;q_m为页岩气井的日产气量峰值;t_m为页岩气井出现日产气量峰值的日期(即投产后第几天出现日产气量峰值);D_i为页岩气井日产气量开始递减时的初始递减率;b 为递减常数。

从图7.5 可以看出,页岩气的日产气量峰值一般在气井投产后的1 个月内出现,

① 10 亿立方英尺(Bcf) =0.283 2 ×10^8 立方米(m^3)。

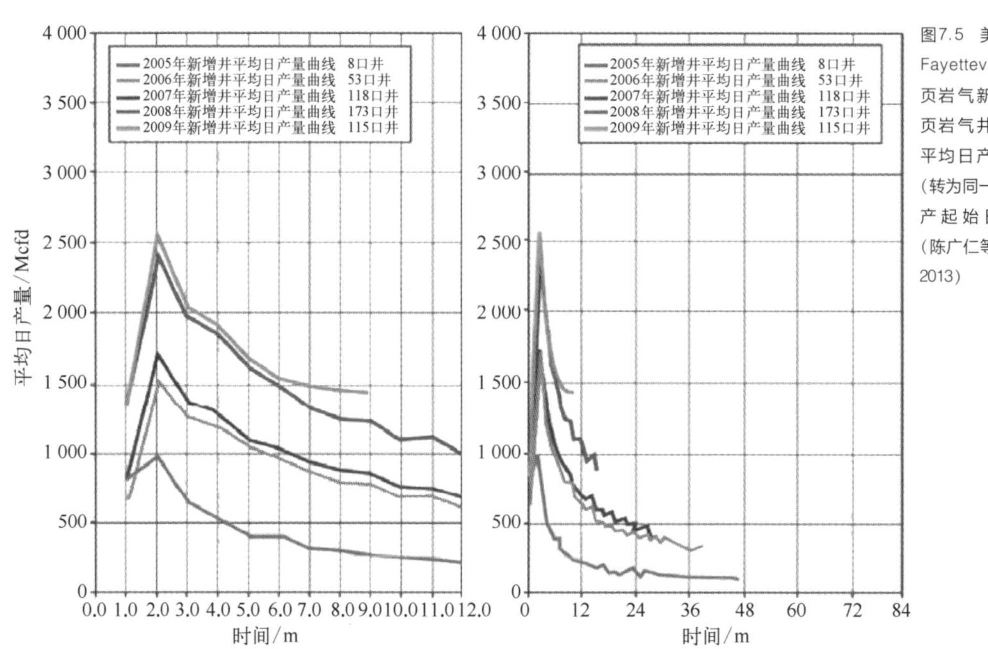

图7.5 美国 Fayetteville 页岩气新增页岩气井的平均日产量（转为同一投产起始日）（陈广仁等，2013）

然后便开始递减。在达到峰值前，页岩气日产量通常呈线性递增状态。在式（7.6）中，a、q_0 分别为递增曲线的斜率和截距。递增曲线的斜率与储层岩石特征、工作条件及可能的气体含量有关。在产量递减预测中，通过对产气量生产数据进行拟合，确定递减率 D_i、递减常数 b、初始产量 q_0。对于常规油气藏而言，递减常数取值范围为 $0 < b < 1$。但在实际应用过程中，页岩气藏的递减常数 b 通常超过 1，而其典型曲线形式上与双曲递减一致，因此可以称之为广义的双曲递减。陈广仁等（2013）得到美国 Barnett 页岩气田的 D_i 为 0.008 9，$b=1.593\ 3$；而 Fayetteville 页岩气田的 D_i 为 0.032 5，$b=0.637\ 7$。

根据上述产量预测，可以评估单口页岩气井的成本效益，即比较投资成本与页岩气产出收益之间的关系。陈广仁等（2013）用实例测算了某区块一口页岩气井的回收期。假设期初总投资为 8 000 万元，投产后初始产量为 $2.8\times10^4\ m^3/d$，投产后第 18 天出现日产气量峰值达 $6.5\times10^4\ m^3/d$；随后，日产量开始递减，产量递减率 D_i 为 $10.83\times10^{-4}/d$，递减常数 b 为 0.637 7。若假设当地天然气井口价为 1.2 元/立方米，而每标准立方米的政府补贴为0.4元，一年的生产日期按350日计算，其他条件不变，由此得出的投资回收年限结果参见表7.3。

表7.3 页岩气投资回收期预测（单位：年）

单井投资成本	日产量				
	10×10^4 m³	8×10^4 m³	6×10^4 m³	4×10^4 m³	2×10^4 m³
10 000万元	2.7	3.8	6.2	17.1	20
9 000万元	2.3	3.2	5.0	12.4	20
8 000万元	2.0	2.7	4.1	9.1	20
7 000万元	1.7	2.2	3.3	6.8	20
6 000万元	1.4	1.8	2.6	5.0	20
5 000万元	1.0	1.4	2.0	3.7	16.4
4 000万元	0.8	1.1	1.5	2.6	8.7

由表7.3可知，单井投资8 000万元人民币、日产量6×10^4 m³的页岩气项目，其投资回收期为4年。而一个稳定的页岩气井的开采年限至少在20年以上。由此可见，页岩气开发的长期投资收益还是较可观的。

国土资源部油气资源战略研究中心认为，由于中国页岩气储存条件差，开发周期长，工程作业费用比较高，导致开发总成本较高。因此，页岩气开发要实现效益，必须降低成本和提高产量。例如，四川某页岩气区块的水平钻井周期为80天，水平井单井成本为7 000万元，致使页岩气的开采成本达到3元/立方米。如果要想盈利，年产气量必须达到$5\,000\times10^4$ m³以上，平均成本才会降低到2元/立方米以下①。

除了巨大的固定成本外，较长的投资回收期也存在不确定性风险，政策的变化，国内外宏观环境的变化，页岩气与常规天然气、煤制天然气、煤层气、新能源等各类替代能源的竞争，天然气价格的变化等都会增加页岩气开发项目的风险。因此，政策的稳定性和环境变化的可控程度成为企业是否参与页岩气项目的重要影响因素，这也应该是设计扶持政策时需要重点考虑的要素。

① http://www.ccoalnews.com/101773/101786/262072.html.

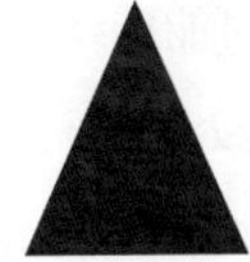

第8章

中国页岩气矿业权配置及其改革

中国页岩气资源潜力巨大,开采时间可能持续 200 年。然而,由于页岩气的勘查周期较长,一般需要 7 ~10 年,成本高、风险大,需要企业不仅具备勘查和开采技术,还要有强大的经济实力,以保证持续进行商业化运作以获得技术性产出,这些都要求页岩气矿业权配置的合法性和合理性,从而使企业可以用长期发展眼光来开发页岩气。目前,我国页岩气的探矿权和采矿权主要掌握在中石油、中石化、中海油和延长石油等四家大型国有企业手里。尽管从 2012 年开始,中国已经开展了两轮页岩气探矿权招标,但是中标企业仍然较少,特别是民营企业的参与意愿较弱。而美国页岩气革命的成功恰恰得益于私人企业的广泛参与和技术创新。

因此,在页岩气开发中,矿业权配置应该如何确保私人企业的产权安全和参与积极性,这是本章讨论的重点。本章首先分析中国油气资源的矿业权配置现状,然后以美国的矿业管理制度为例进行对比分析,最后提出中国油气资源矿业权配置的改革建议。

8.1 中国页岩气矿业权配置现状

本节首先讨论中国油气领域的矿业权配置现状,然后,将视角深入到页岩气,以及其他非常规天然气,以使我们后续的政策建议更具有一般性。

8.1.1 中国油气资源矿业权配置现状

中国矿产资源的管理是以 1986 年 10 月实施的《中华人民共和国矿产资源法》(1996 年修正、2009 年再次修正)为核心,通过五年规划和三个配套法规构成的制度框架开展的,包括 1994 年颁布的《中华人民共和国矿产资源法实施细则》、1998 年颁布的《探矿权采矿权转让管理办法》《矿产资源勘查区块登记管理办法》和《矿产资源开采登记管理办法》,1999 年颁布的《矿产资源规划管理暂行办法》,2002 年颁布的《矿产资源规划实施办法》,2003年颁布的《探矿权采矿权招标拍卖挂牌管理办法(试行)》,以及《国土资源"十三五"规划纲要》,等等。

根据《中华人民共和国矿产资源法》,探矿权是指,在依法取得的勘查许可证规定的范围内勘查矿产资源的权利。取得勘查许可证的单位或者个人被称为探矿权人。采矿权是指,在依法取得的采矿许可证规定的范围内,开采矿产资源和获得所开采的矿产品的权利。取得采矿许可证的单位或者个人被称为采矿权人。自然资源的探矿权与采矿权被统称为矿业权,都是一种用益物权。

权利内容不同,权利人的义务也不同。探矿权人的权利主要包括:在勘查作业区内及相邻区域架设供电、供水、通信管线;在勘查作业区内及相邻区域通行;根据工程需要临时使用土地;优先取得在勘查许可证允许的范围内勘查发现的新矿种的探矿权;优先取得勘查作业区内矿产资源的采矿权;在完成规定的最低勘查投入后,经依法批准可以将探矿权转让给他人;按国家规定销售勘查工作中回收的矿产品等。而采矿权人的权利则主要是在批准的矿区范围内建设采矿所需要的生产和生活设施;在采矿许可证规定的范围和期限内从事采矿活动;获得被许可开采的矿产品及共、伴生矿产品;在矿区范围内开展生产勘探;按国家规定销售矿产品和确定矿产品价格;按国家规定依法取得土地使用权和其他地上物权;按国家规定依法向社会公众公开发行股票和向社会公开融资等①。

探矿权的获得过程是,享有法定主体资格的单位或个人依法向国家管理机关提出申请,经审查批准后取得勘查许可证,在规定的区块范围和期限内,按批准的内容进行矿产资源勘查。国家将原本属于全民所有的矿产资源所有权以设置特许权的方式授予探矿权人使用。探矿权的主体为取得勘查许可证获得探矿权的单位或个人,其客体为批准的区块范围内特定的矿产资源。探矿权具有物权的性质,或称为他物权,具有排他性,即在批准的区块范围和期限内不允许设立第二个探矿权,也不允许任何其他单位和个人在该区块内勘查矿产资源。

探矿权在一定条件下可以转化为采矿权。《矿产资源勘查区块登记管理办法》第十九条规定,"探矿权人在勘查许可证有效期内进行勘查时,发现符合国家边探边采规

① 摘自《探矿权采矿权转让管理办法》。

定要求的复杂类型矿床的，可以申请开采，经登记管理机关批准，办理采矿登记手续”；第二十条规定，“探矿权人在勘查石油、天然气等流体矿产期间，需要试采的，应当向登记管理机关提交试采申请，经批准后可以试采 1 年；需要延长试采时间的，必须办理登记手续”；第二十四条规定，“在勘查许可证有效期内，勘查工作按规定完成的，探矿权人可按规定持勘查项目完成报告、资金投入情况报表和有关证明文件，向登记管理机关申请采矿权；登记管理机关在核定其实际勘查投入后，办理勘查许可证注销登记手续，符合采矿许可条件的，依法办理采矿许可手续”。

探矿权人和采矿权人依法对特定的物享有直接支配和排他的权利。《中华人民共和国矿产资源法》第十九条第二款规定，禁止任何单位和个人进入他人依法设立的国有矿山企业和其他矿山企业矿区范围内采矿。依照上述法律法规规定，在已依法设立探矿权、采矿权的区域内不应再设立矿业权，即不能形成矿权重叠，但法律另有规定的除外。2001 年 11 月 13 日，国务院办公厅转发《国土资源部关于进一步治理整顿矿产资源管理秩序意见的通知》第四条第四款规定：一个矿山原则上只能审批一个采矿权主体，不能违法重叠和交叉设置探矿权和采矿权。但在既存的油气等非固体矿产资源的探矿权区域内，可以按规定设立固体矿产资源的探矿权、采矿权，这是因为勘查或开采矿种的不同能有效避免矿业权冲突，具有存在的合理性。

根据《矿产资源勘查区块登记管理办法》，勘查石油、天然气矿产的，经国务院指定的机关审查同意后，由国务院地质矿产主管部门登记，颁发勘查许可证。勘查许可证有效期最长为 3 年；但是，石油、天然气勘查许可证有效期最长为 7 年。石油、天然气滚动勘探开发的采矿许可证有效期最长为 15 年。此外，国家实行探矿权有偿取得的制度。探矿权使用费以勘查年度计算，逐年缴纳。其标准是，第一个勘查年度至第三个勘查年度，每平方公里每年缴纳 100 元；从第四个勘查年度起，每平方公里每年增加 100 元，但是最高不得超过每平方公里每年 500 元。可以说，与出售油气资源的收益相比，我国探矿权的取得成本是非常低廉的。

在中国油气探矿权和采矿权实行以上许可证授予制度的情况下，国家批准中石油、中石化、中海油三大国家石油公司及一家地方国企——延长石油分别享有陆上和海上石油勘查、开采的专营权。据统计，在全国油气探矿权登记面积中，三大石油公司合计占96.2%，延长石油占2.4%；在采矿权登记面积中，三大石油公司合计占98.9%，延长石油占0.6%。可以说,在油气勘探与开采领域,三大石油公司处于绝对垄断地位。由于油气领域探矿权、采矿权的发放缺乏竞争性,四大企业无偿或低偿取得许可证,加之长期以来资源税费偏低,导致跑马圈地、占而不勘的现象相当普遍,使得我国油气资源矿业权配置的效率和效益都不高,也成为推进我国非常规油气资源开发的最大障碍。

8.1.2 页岩气矿业权配置现状

在《全国矿产资源规划(2016—2020)》中,页岩气作为24种重要资源之一被列入战略性矿产目录,该目录具体包括三大类矿产:能源矿产石油、天然气、页岩气、煤炭、煤层气、铀;金属矿产铁、铬、铜、铝、金、镍、钨、锡、钼、锑、钴、锂、稀土、锆;以及非金属矿产磷、钾盐、晶质石墨、萤石。这说明,页岩气在矿产资源中所处的重要地位已经被认可。

作为一种战略性资源,页岩气矿业权的配置与传统油气资源不同,采取的是通过公开招标授予企业探矿权和采矿权的方式。截至目前,国土资源部就页岩气区块的矿业权配置进行了两次招标。按照国土资源部《页岩气探矿权招标项目招标文件》的规定,每次在国家公布矿业权招标之后,招标得分第一名的中标候选企业为项目中标企业。如果该中标候选企业自动放弃,或中标企业未按要求提交勘查承诺书、未提交履约担保以及按有关法律规定取消中标资格的,招标人将按照中标候选企业名单排序依次确定其他中标候选企业为中标企业。当得分前三名的中标候选企业均放弃中标或被取消中标资格时,招标人将对该项目重新组织招标。

根据《2012年国土资源部页岩气探矿权招标公告》,目前,页岩气区块的探矿权主要集中在贵州、重庆、湖南、安徽、江西、浙江和河南等省份,有效期为3年,对投标人的条件要求主要有以下三点。

第一,在中华人民共和国境内注册的内资企业或中方控股的中外合资企业,注册资本金应在人民币3亿元以上,具有良好的财务状况和健全的财务会计制度,能够独立承担民事责任;

第二,投标人应具有石油天然气或气体矿产勘查资质,或已与具有石油天然气或气体矿产勘查资质的企事业单位建立合作关系;

第三,投标人应为独立法人,不得以联合体投标。

单从注册资本金的要求来看,3 亿元注册资本金的门槛较高,一般的民营企业很难达到这一要求,这就将大多数中小型民营企业排除在外。因此,第二轮页岩气招标最终产生了 19 个区块的 16 家中标候选企业(具体名单参见表 3.2),其中,中央企业 6 家、地方企业 8 家、民营企业只有 2 家。值得注意的是,在这一轮招标过程中,并没有四家大型国有油气企业的身影,而且从地理分布来看,在上述 19 个区块中,也鲜有与目前四大油气企业已有项目相互重叠的区块。这说明,第二次招标明显避开了可能发生矿权重叠的区块。

实际上,根据《关于加强页岩气资源勘查开采和监督管理有关工作的通知》的规定,原有区块的油气企业拥有页岩气的优先开采权,"石油、天然气(含煤层气)矿业权人可在其矿业权范围内勘查、开采页岩气,但须依法办理矿业权变更手续或增列勘查、开采矿种,并提交页岩气勘查实施方案或开发利用方案"。由于中国目前 70% 以上的页岩气矿业权区与四家油气企业的油气矿业权区相重叠,直接导致了其他企业通过招标拿到的页岩气区块均在上述四家油企的圈划范围之外,而这些剩余的区块被认为是"低产低质"的。

在已经完成的招标和未来的招标中,很多页岩气区块都存在较多的不确定性和潜在风险。原因在于,即使竞标成功,中标企业也仅仅是获得了探矿权,并不意味着一定会有盈利,而且在后续的勘探、试采过程中,仍然需要在技术手段、施工等方面投入大量资金,以在规定时间内完成任务并符合政府的要求。根据《矿产资源勘查区块登记管理办法》的规定,探矿权人应当自领取勘查许可证之日起,按照下列规定完成最低勘查投入:第一个勘查年度,每平方公里 2 000 元;第二个勘查年度,每平方公里 5 000 元;从第三个勘查年度起,每个勘查年度每平方公里 10 000 元。探矿权人当年度的勘查投入高于最低勘查投入标准的,高出的部分可以计入下一个勘查年度的勘查投入。而且,上述竞标企业并非是长期研究页岩气或者具有独立知识、技术产权的企业,成本能否收回、何时收回都存在巨大的不确定性,这也直接导致了民营企业参与招标的热情不高。

2014 年 11 月,国土资源部宣布,对首批中标的两家企业——中石化和河南煤层气公司进行处罚,原因在于,中石化只完成了其承诺的全部勘查投入的 73%,而河南煤层气公司只投入了承诺的 51%,两家企业分别缴纳了违约金 800 万元和 600 万元。此外,按照页岩气探矿权出让合同的约定,中石化被核减了"南川区块"面积 593.44 km^2;河南煤层气被核减了"秀山区块"面积 994.15 km^2。由此可以看出,即使是中标企业,其后期投入仍然缺乏动力。这说明,目前中国页岩气区块的探矿权和采矿权配置仍然存在很大问题。

8.1.3 煤层气矿业权配置现状

煤层气在非常规天然气中具有综合成本优势,但其发展却并不顺畅。2015 年,全国煤层气产量仅 44×10^8 m^3,距"十二五"能源规划中提出的 200×10^8 m^3 的目标相去甚远。究其原因,煤层气赋存于煤层的上覆和下伏地层中,在现行的矿权登记模式下,煤层气矿权与油气、煤炭矿权往往存在矛盾与冲突。由于矿产资源的区块登记和开采登记采取的是申请时间优先和平面排他原则,而煤层气资源的勘查起步较晚,石油、天然气和煤炭资源勘查和开采登记的面积已经占据中国陆上沉积盆地的大部分有利区域,使得煤层气勘查开采登记受到矿权排他性的限制,大规模开采和利用受到制约。

2013 年 3 月,国家能源局发布《煤层气产业政策》,鼓励各类所有制企业参与煤层气开发,其中包括民营和外资企业,明确要在 5 ~10 年时间内新建 3 ~ 5 个产业化基地,并将研究完善煤层气开发利用扶持政策,优先安排煤层气开发利用项目及建设用地,提高财政补贴标准,加大税费优惠力度,进一步调动企业积极性。

目前,煤炭资源矿业权的配置权属于地方政府,而煤层气开采权属于"国家一级管理",即由国土资源部管辖,这种制度设计导致煤层气的开发和利用频频受到掣肘。例如,同一开采区域内,煤层气开采权在央企手中,但采煤权却在地方企业手中。由于地方采煤企业没有采气权,但为了保障煤炭开采的安全,也要抽采出瓦斯,从而导致这些煤层气都被白白排放造成了浪费。因而,地方煤企与专业煤层气开发企业之间的利益之争始终伴随着煤层气的开发进程。

目前,煤层气开发企业与煤炭企业一般是以协商方式解决矿权重叠问题:在没有采矿的区块可以先采气,一旦建设了煤矿,则煤和气一起开采,早期的煤层气开采的地质数据也要交给煤矿。以煤层气资源大省山西为例,据统计,目前中石油、中石化、中联煤等央企在山西境内的煤层气登记面积达到 2.8×10^4 km^2,约占全省含煤面积的 60%以上,占全省煤层气矿权面积的 99.68%;而煤炭企业中只有晋煤集团拥有 0.32%的矿权,经过连续几年的开发,目前基本上已无井可打,生产规模难以继续扩大。非煤企业跑马圈地、占而不采,煤炭企业想采却没有矿权,可持续发展受到严重制约,也阻滞了中国煤层气大规模开发利用的进程。

山西省煤炭产量占全国四分之一,煤层气探明储量和产量均占全国九成以上。为推进采煤、采气一体化,矿权与气权一体化,多年来,煤层气管理体制改革成为山西代表团在全国“两会”上,甚至作为“一号建议”提交给全国人大。作为中国唯一一个国家资源型经济转型综合配套改革试验区的山西,希望国家能够率先在山西试点煤层气管理体制改革,实现“气随煤走、两权合一、整体开发。”2016 年 4 月 6 日,国土资源部公布《关于委托山西省国土资源厅在山西省行政区域内实施部分煤层气勘查开采审批登记的决定》,今后两年,山西省行政区域内部分煤层气勘查开采审批事项,由过去的国土资源部直接受理与审批,调整为由山西省国土资源厅按照国土资源部委托权限实施受理与审批。

山西省经济和信息化委员会对外宣称,将在煤层气勘探、抽采、储运等环节建立起完善的产业配套体系,力争到 2020 年,煤层气装备制造业实现收入 300 亿元人民币。山西煤矿必须先抽取利用瓦斯后,才能开展煤炭开采工作,全省煤矿实施瓦斯抽采全覆盖工程,到 2017 年,将构建具有山西特色的煤矿瓦斯防治与利用体系,全面提升煤矿安全保障能力。山西省统计局数据显示,2015 年,煤层气采掘业增加值增长了 8.2%,已经成为经济增长的新亮点。

在现行法律框架内,国土资源部选择山西这一代表性区域委托下放部分煤层气勘查开采审批权限,重点突破,这将带动全局,为下一步页岩气等其他资源矿业权的审批权限调整提供实践基础和改革样本。

8.2 美国页岩气矿业权配置制度分析

美国页岩气开发的成功经验既有开采技术创新的贡献,也有市场充分竞争的贡献,更是矿业权市场化配置的结果。尽管中美两国产权制度上存在很大差异,但深入分析和研究美国矿业权的配置制度,借鉴其经验进行微观制度设计仍是非常必要的。

8.2.1 美国矿业管理机构的设置

美国矿产资源的所有权人并不是单一的。美国法律规定,地下矿产资源(含油气资源)的所有权归土地的所有权人,分别由联邦、州、印第安部落和私人所有。此外,美国海岸线 3 ~10 mi 以内的矿产资源属于州政府所有,海岸线 10 mi 以外延伸到 200 mi 以上的海上大陆架、森林、公园、野生动物保护区的矿产资源属于联邦政府所有。鉴于这种相对多元化的所有制结构,其采矿权的管理机构也较多。

美国与矿业权管理直接相关的行政机构主要有十个,分别是环境保护署(Environmental Protection Agency, EPA)、劳工部矿山安全与卫生管理署(Mineral safety and Health Administration, MSHA, Department of Labor)、核能管理委员会(Nuclear Regulatory Commission, NRC)、农业部森林局(Forest Service, Department of Agriculture)、内政部印第安事务局(Bureau of Indian Affair, BIA, Department of Interior)、内政部露天开垦与执行办公室(Office of Surface Mining Reclamation and Enforcement, OSM, Department of Interior)、内政部公园局(Park Service, Department of Interior)、内政部地质调查所(Geological Survey, Department of Interior)、内政部土地管理局(Bureau of Land Management, BLM)、内政部矿产管理局(Minerals Management Service, Department of Interior)。其中,内政部矿业管理局是 1982 年从内政部地质调查所分离出来的机构。

在上述十个行政机构中,与页岩气前期勘探开采直接相关的机构有五个,其中,内政部矿产管理局负责外海矿产资源的出租、开发、监督、评估、审核、分配,并负责征收所有矿山企业的权利金;内政部土地管理局负责公共矿产资源的出租和管理,检查产量的核准及钻井安全；农业部森林局负责联邦所属森林土地上的采矿申请的审批，并参与土地管理局和矿产管理局对土地的租约管理；内政部印第安事务局负责印第安人土地上的矿产租约的颁布和管理，对印第安人土地上的矿产资源实行代管，矿业申请人对该土地上的矿产资源的开采要申请许可，国家收取权利金，再将权利金返还于印第安人；内政部公园局负责国家公园管理系统内的采矿申请，并参与土地管理局和矿产管理局在国家公园内的租约管理。

在上述五个机构中，内政部下属的矿产管理局和土地管理局是美国公共区域内矿产资源的主要监管机构，其中，矿业权利金为矿业权人开采和耗竭不可再生的矿产资源而支付的费用，即矿区开始生产后，承租者一般按照矿产品销售收入（或销售量、利润）的一定比例支付给出租者的部分。土地管理局权利金征收收入的 67% 归国库，23.3% 作为专项基金（用于水资源保护、土地保护等），11.2% 拨给各州，2.8% 拨给印第安部落。可以看出，美国对于权利金的管理相对细致，专项基金的比例很高，且公开透明[①]。而美国私有土地上矿产资源的开发权是属于私人的，这保证了页岩气及其他矿产资源的勘探权、开采权可以自主经营或通过市场交易自由转让。

纵向来看，美国联邦政府主要负责制定总体矿产战略、确立竞争规则和维护资源的可持续开发，为本国采矿业提供经济、技术和制度上的框架，并负责联邦所有土地内矿产资源的勘查、开发；州政府负责该州区域内矿产资源的勘查和开发。因此，页岩气资源在美国分为私有和国有两部分，除了私有部分可以自由交易外，联邦政府或者州政府所拥有资源的勘探权和采矿权也是通过公开招标租售程序向所有私人企业开放的。私人企业通过参与招标来获得矿产资源勘探权与开采权，这与中国页岩气矿权配置方式是类似的。

8.2.2 美国油气资源矿业权配置方式

美国页岩气革命成功的关键经验在于以下三点：一是法律体系完备，二是产权清

---

① Mineral Revenues, 2000[Z]. U.S. Department of the Interior Minerals Management Service.

晰，三是大、中、小型企业的专业化分工调动了各路公司参与页岩气开发的积极性。

1. 法律体系对油气资源所有权的确认清晰

世界各国矿产资源所有权体系大体分为三类：土地所有制体系、特许权体系和要求权体系。土地所有制体系是指土地所有权人拥有地下矿产资源所有权；特许权体系是指矿产资源属于国家所有，对矿产资源的勘探开发需要国家授权；要求权体系是指公共土地下的矿产资源为无主财产，一旦法律主体发现了矿产资源，并向国家主张要求权，则矿产资源归属于该法律主体。美国属于典型的土地所有制体系，而中国属于特许权体系。

根据美国法律，页岩气所有权确认的法律原则有以下两个（杜群和万丽丽，2016）。

（1）杜哈姆原则

杜哈姆（Duhum）原则是一个多世纪以来美国法律形成的确定油气资源所有权的原则，解决页岩气从属于油气类矿产资源，而不适用一般矿产资源的所有权原则的问题，即排除适用确认一般矿产资源所有权的天空原则（Ad Coelum Maxim）。

天空原则是美国矿产资源所有权确认的核心原则，即土地所有权人拥有土地之上的天空、地表及土地之下的底土直至地心的所有权，除非对所有权进行分割，否则所有权人享有土地之上及地表之下的一切权利，包括土地所有权和矿产资源所有权。然而，土地所有权人在行使土地和矿产资源所有权时，不能对相邻土地所有权人权利的行使构成侵害。天空原则的理论依据是，矿产资源位于地表土层之下，属于土地物质形态的组成部分，因此土地所有权人拥有地下矿产资源的所有权。

根据美国能源信息委员会的定义，页岩气与常规天然气在本质上属于一类，页岩气只是需要用特殊技术开采的天然气。而使用水力压裂技术开采页岩气，不能说明对天然气本性的改变，也不能表明对杜哈姆原则的废除。因此，页岩气不属于矿产资源范围。世界上大多数国家将石油天然气纳入土地所有制体系的矿产资源，而美国的杜哈姆原则将石油天然气（包括页岩气）等流动性矿产资源排除在矿产资源范围之外。

（2）获取原则

获取原则（The Rule of Capture）是确定非固态性矿产资源所有权归属的法律原则。石油、天然气以及页岩气作为非固体矿产资源，按照获取原则确定其所有权的归属。在解决了排除适用天空原则以后，页岩气所有权具体适用什么原则的问题，即适用确认石油天然气类矿产资源所有权的获取原则。

获取原则认为，由于石油天然气的流动特性可能超出土地所有权的界限，因此，其所有权原理应该与其他固态矿产资源有所区别，应参照适用野生动物所有权的获取原则，即原土地所有人原则上拥有位于其土地之下的石油天然气资源，但在其实际控制石油天然气之前，不能排除邻地所有权人获取原土地所有权人土地之下石油天然气的权利；如果邻地所有权人在自己的土地上钻井，开采出属于原土地所有权人土地之下的石油天然气，则开采出来的石油天然气所有权发生转移，归属邻地所有权人。因此，拥有土地所有权不必然拥有土地之下石油天然气的所有权。

获取原则还必须服从于公共政策规定的义务和管理限制。早期的获取原则驱使相邻土地所有权人与石油天然气开采商签订合同，竞相开采邻地格局下的石油天然气，继而导致过度开采和浪费。为了减缓过度开采，石油天然气管理部门对获取原则作出相应的限制，即相邻土地所有权人仅有权使用合理的手段和方式捕获流动的天然气，同时不得损害公用水源。

综上所述，天空原则维护地表土地所有权与地下矿产资源的统一，对土地所有权人的权利给予最大限度的保护。而石油天然气等矿产资源由于其流动特性不适于天空原则（即杜哈姆原则），转而适用获取原则。

2. 油气资源使用权的确认清晰——强制联营原则

相对于天空原则，获取原则刺激了开采资源的投机性。然而，投机性开采和非集体性的开采行为往往造成资源开采过度和浪费。而且，政府意识到，单从技术上已经不足以制止掠夺式开发，必须通过改变产权制度来保护石油天然气资源的有序开采和利用。在此背景下，制约企业或个人以捕获方式取得包括页岩气在内的油气矿产资源所有权的强制联营原则（The Rule of Forced Pooling）应运而生。强制联营的初始动机主要是为了防止油气资源的浪费和增加开采效率，但在其发展过程中，对环境负外部性进行管制的职能逐步被纳入进来。

强制联营原则是由联邦以及各州政府的成文法确定的。1925 年，石油天然气公司致信柯立芝总统，建议制定统一立法促进石油天然气开发。1930 年，美国国会颁布过渡性的强制联营协议的临时法案。1931 年 3 月，国会通过关于强制联营的永久性法律《矿产资源合同法》。

强制联营原则的具体内容是，在石油天然气的共有储层上开发油气资源时，当同意开采的油气资源所有权人达到一定比例后，开采者可向相关部门申请颁发强制联营令，强制要求拟开采储层上的全部石油天然气所有权人将油气资源纳入开采范围，并对所有权人进行补偿。强制联营原则是对获取原则的补充和限制，即按照获取原则，享有石油天然气所有权的主体，仍然享有开采物的所有权，但其开采方式和经营方式则从个人随意开采转变为共同合作开发，以防止掠夺性开采，保障石油天然气的开采效率。1935 年，国会又通过《石油天然气保护法》，督促各州加快强制联营立法，阻止石油天然气生产过程中的浪费行为。自 20 世纪 40 年代开始，美国各州相继制定有关强制联营的法律。联邦和各州政府对强制联营原则的监管机构、申请程序以及相关权利主体的利益保护等提供了详尽的法律规定。

在确定强制联营原则是否适用于页岩气的问题上，美国各州态度基本一致——需要进行具体分析和评价。页岩气埋藏于致密层中，具有非游离性和低渗透性特征，必须使用水平钻井和水力压裂两种技术才能开采。使用水平钻井的优势是可以减少开采页岩气的成本，并降低对环境的负面影响，例如，可减少钻井数，降低对岩层的破坏。水平钻井还可以避免对地上公用设施、建筑物以及生态敏感区的干扰，对垂直钻井无法开采到的页岩气进行开采。但水平钻井的井场距离往往较大，在存在多个土地所有权人的情况下，页岩气的非游离特性无疑增强了强制联营的必要性——因为如果没有强制联营许可，就不能在未参加自愿联营的土地所有人的地下钻井开采页岩气，也就无法形成规模化和稳定化的生产。然而，另一方面，在进行页岩气地下开采时，开采商对于水力压裂和井孔位置的控制能力有限，往往容易导致相邻土地所有权人的岩层断裂而造成侵权。以上原因导致各州对强制联营原则是否适用于页岩气的规定不尽相同。纽约州、俄亥俄州、俄克拉何马州、堪萨斯州、加利福尼亚州、路易斯安那州、密歇根州和得克萨斯州将强制联营立法延伸于页岩气开采。

3. 页岩气资源使用权的市场化配置

美国对非常规油气领域的进入实行“无歧视”原则。在“以州为主、联邦调控”的页岩气监管框架下，美国对跨州能源经营活动的监管权分属联邦和州政府两级管理。当两者法规出现冲突时，以联邦法规优先；当联邦标准低于州标准时，则同时实施两套规定。这种灵活的管理机制使页岩气开发少了很多束缚。

美国矿权管理形成了竞争性招标、有偿转让和勘探成果商品化等特征，其中，私有土地所有者通过转让或租赁的方式转移页岩气开采权，联邦或州政府所属的页岩气资源通过招投标的方式租让勘探和开采权。因而，美国矿权管理实现了由排他性到竞争的转变，形成了法律体系约束下的市场化和资产化特点。矿权的开放也使得中小企业能够充分参与到油气市场的竞争中，并实现技术的不断革新。

美国的页岩气开发主要有三个参与主体：一是私人土地和矿产拥有者，二是中小型专业公司，三是大公司和投资者。产权清晰和市场化运作模式使美国页岩气开发中各参与主体可以高效率的分工协作。土地私有化制度保证了矿业权可以自主经营或通过市场交易自由出让。在市场化的油气开发体制下，政府对投资者的准入并没有资质、规模、能力等方面的限制，通过竞争便可获得页岩气开发权。除了一些大型油气公司拥有一部分的页岩气矿区是自主勘探、开采以外，很多矿井的前期勘探都是由专业的中小型石油公司完成的，确定成功打到油气之后，再卖给有长期开采能力的大型油气公司，其流程参见图 8.1。这使得美国的页岩气产业链中专业化分工明确，大量中小型独立石油公司用地毯式的打井方式，以较少的投入和专业的技术，降低了由于打井失败造成整个开采项目失败的风险。同时，这种“术业有专攻”的合作方式，也使得很多专业勘探打井公司在该领域拥有丰富的经验和领先的技术，这在很大程度上降低了页岩气开发初期的打井成本。

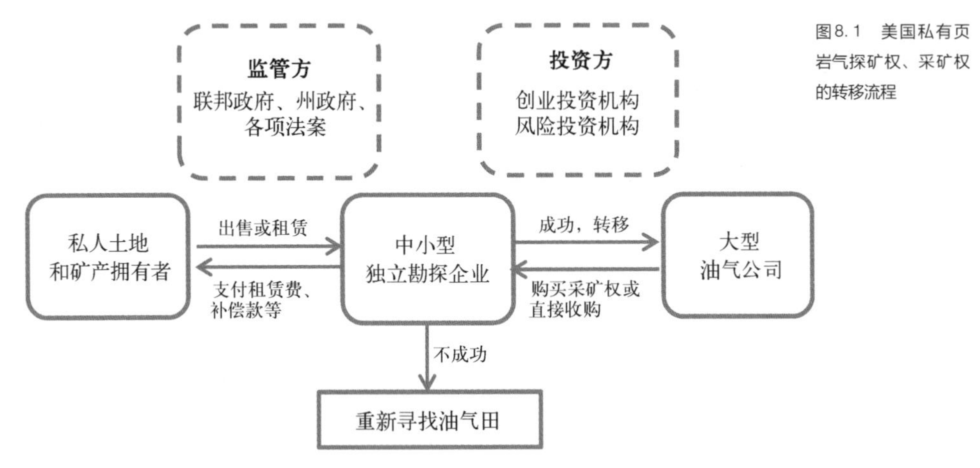

图8.1　美国私有页岩气探矿权、采矿权的转移流程

同时,由于页岩气的产量具有快速衰减的特点,即期初产量通常较高,在很快达到峰值后迅速衰减,并以较低产量维持较长时间,因此作为投资方,可以在较短时间内获得收入,然后通过不断投资新项目而持续盈利。这吸引了投资商的青睐,可以说,美国很多风险投资和创业投资支撑了页岩气独立勘探企业的持续、快速发展。这种专业分工协作的方式,在很大程度上提高了美国页岩气开发的效率,降低了页岩气开发的成本。

因此,美国页岩油气产业的巨大成功是多方合力作用的结果,其产业发展模式可以总结为:"市场运营推动分工合作,分工合作推动技术进步,技术进步推动产量增长,产量增长推动能源结构优化。"美国政府通过资助基础科研项目和制定税收优惠政策,发挥了积极的产业发展引领作用;中小石油公司通过推动页岩气技术突破和商业化,以及页岩气资源资产化,发挥了产业发展的主力军作用;国际天然气价格下跌使得大量页岩气资产向跨国能源巨 头转移,从而促进了页岩气发展的规模化;科研机构和技术服务公司也参与了页岩气技术研发,推动了技术服务的专业化(孙鹏,2013)。

我国尚处于页岩气开发的初级阶段,应该借鉴美国经验,高度关注产业组织主体之间的分工合作,最大限度地发挥政府、企业和科研机构之间的合力作用,促进我国页岩气开发实现突破。

8.3　中国油气资源矿业权配置改革研究

中国油气资源属于全民所有,政府通过登记等方式授权国有企业进行资源开采,因而,在油气领域形成了中石油等央企垄断上游资源的局面。随着中国市场化改革的不断推进,相应的矿业权配置制度也在不断改革。然而,尽管中国油气资源矿业权配置的行政手续有所减少,但进入门槛仍然较高;法律对矿业权的规定仍不清晰;矿权、气权、地权的交叉问题,以及中央政策与地方政策的目标冲突等,仍是困扰非常规油气开发的主要问题。本节,我们将对这些问题进行梳理,并提出有效解决方案。

8.3.1 中国矿业权配置的问题分析

目前,中国油气资源矿业权的配置仍然存在法律界定不清晰,矿权、气权、地权重叠,进入门槛高企,矿业权管理混乱等问题,导致越界开采、无证开采、争夺矿产资源等严重后果,也在很大程度上对非常规油气资源的开发形成了阻碍。

1. 矿业权界定不清晰

矿产资源的产权并非单一权利,而是一组有着丰富内容的权利束(Ciriacy-Wantrup 和 Bishop,1975;Schlager 和 Ostrom,1992;Scott,2008;Barnes,2009;Cole 和 Ostrom,2010),对该权利束进行合理界定是构建一个有效率的矿产资源产权制度的基础。世界银行 2009 年的报告《矿藏产权清册》(Mineral Rights Cadastre)总结发现,各国对矿产资源产权的界定一般基于两个核心原则:一是矿产资源属于国家所有;二是探矿权和采矿权可以以许可证或租契等形式出让给公司或个人(Girones 等,2009)。世界上几乎所有的发展中国家都明确规定矿产资源属于国家所有①。

矿产资源的产权应该界定为,在矿产资源这一特定“物”上所产生的权利总称,包括了所有权和矿业权,其中,所有权体现的是一个国家的主权,而矿业权是矿产资源所有权的派生权利或衍生权利,包括探矿权和采矿权,且可以转让(熊艳,2000;夏佐铎和姚书振,2002;钱玉好和李伟,2004;李裕伟,2004;赵凡,2008;吴根,2009;汪小英和成金华,2011)。权利界定的基本要义就是确定权利主体,合法权利的初始界定会对经济制度的运行效率产生重要影响(Coase,1960)。Barnes(2009)指出,经济体中所有人都是理性、自利并追求利润最大化的假定是有争议的,矿产资源非国有的产权安排并不能保证资源的有效利用。李胜兰和曹志兴(2000)也认为,矿产资源所有权的多元化不仅不会提高矿产资源的利用效率,反而会进一步加快矿产资源的浪费和耗竭速度。

中国对矿产资源权利的划分曾包括所有权、勘查权、发现权、转让权、开采权、处置权、经营权、收益权等,实际上属于并列式的划分方法,不能完全反映出矿产资源产权中所有权和矿业权的内在逻辑关系,也难以适应矿产资源管理中对矿产资源产权界定

---

① http://geology.com/articles/mineral-rights.html.

清晰、完整的基本要求(陈希廉,1992;徐嵩龄,1999)。因此,在新修订的《矿产资源法》《矿产资源法实施细则》《探矿权采矿权转让管理办法》《矿产资源勘查区块登记管理办法》和《矿产资源开采登记管理办法》中,只保留了所有权和矿业权,并进行了清晰界定。

2. 地权、矿权、气权重叠导致非常规油气开发受阻

在中国,土地属于全民和集体所有,土地之下的所有矿产资源都属于全民所有。当矿业权的行使必须以干扰、占用集体所有土地为必要条件时,往往导致矿业权人通过政府干预对邻地集体土地所有权人利益的侵犯或利益保护不充分的局面。此外,正如第8.1.3节所分析的,排他性的矿业权可能导致与其重叠的矿产资源的矿业权不能同时行使。

随着中国矿产资源勘查开发的逐步深入,以及油气资源的重要地位和国内的短缺状况,同一区域重叠设置油气与非油气多个矿业权已不可避免。这导致我国矿业权重叠问题十分突出。根据2010年全国矿业权核查小组的统计,矿业权交叉重叠总数达到10 070个,占问题矿业权总数的9.31%。中国有近77%的页岩气资源赋存于现有的常规油气区块中,矿业权重叠问题已经成为推进页岩气开发的主要障碍。然而,由于矿业权重叠问题涉及矿产资源法律体系修订、油气体制改革等顶层制度设计,改革阻力相当大。

3. 矿业权不安全导致短期行为

矿业权的取得和行使需要有法律的严格界定、执行和保障,否则,将导致产权不安全,致使产权人产生短期行为,不利于矿产资源的有序和可持续开采。

我国民事基本法对采矿权的性质作了原则性归类,将其定位于民事权利,并规定在《民法通则》第五章民事权利的第一节财产所有权和与财产所有权有关的财产权中,即第八十一条第二款规定:国家所有的矿藏,可以依法由全民所有制单位和集体所有制单位开采,也可以依法由公民采挖。国家保护合法的采矿权。《矿产资源法实施细则》第六条第一款第二项规定:矿业权人依法对其矿业权享有占有、使用、收益和处分权。因而,矿业权是一种物权的理念已经被逐渐接受。然而,由于历史的原因,矿业权的取得、转让、实现、发生纠纷的处理等都受到行政权力的制约和干预,所以它又不同于其他物权。

长期以来，我国对矿业权的法律关系过分强调行政管理而忽视民事调整。矿业权作为受公法严格规制的私权，不仅要从公法的管理角度落实其相应的法定义务，更重要的是从私权角度，确立矿业权人应有的法律地位，对矿业权提供完备的物权保护。不重视矿产资源的财产属性而只重视其资源属性，对其法律关系的调整也就相应地重行政管理而轻民事调整，使得民事义务和行政义务混同。目前我国矿业中存在的许多问题，就是与采矿权人得不到物权保护、不被明确授予物权人的地位有关。例如，地方政府非法干预矿业生产、侵犯矿业权人的合法权益；同一矿区并存两个以上矿业权；他人越界开采、偷采行为等行为时有发生。

以山西煤炭产业调整为例①。2009 年，山西启动该省历史上规模最大的资源整合，矿井数由 2 598 处压缩到 1 053 处，办矿企业由 2 000 多家减少到 100 多家，年产 30×10^4 t 以下的小煤矿全部被淘汰关闭。分布于全省的千余座中小型地方煤矿面临着关停并转、整合重组的命运，省内的国有大型煤炭企业和其他合格煤炭企业，将采取并购、协议转让、联合重组、控股参股等多种方式，集中连片地对它们进行重组整合。2004—2006 年，山西省期望用资源有偿使用、明晰煤矿产权，引导煤矿主进行长期投资，以达成促进煤矿设备更新、生产效率和安全性提高等目的。然而，最后的效果并不理想。山西中小煤矿的资源回采率不到大矿的 1/3，百万吨死亡率是大矿的 10 倍以上，因此，山西省逐渐形成了走“大矿模式”的思路。尽管从保护矿产资源、生态环境的角度来看，山西政府对煤炭行业进行整合有其合理性，然而，在整合方式和评估价格上却存在较大问题。不少民营煤矿收到的整合通知十分明确，被谁整合已经定好，没多少选择余地，且评估价格远低于煤老板们的心理预期。这种不尊重采矿权的行为势必给现有企业造成产权不安全的心理定势，从而导致企业从着眼于长期经营转为短期利润最大化，致使资源被过度开采。

国内外学者的研究表明，产权配置不安全、存在国有化风险将导致不可再生资源被开采过度，因为更高的所有权没收风险减少了资源开采的边际回报，从而增加了当前的开采水平（Long，1975；Corato，2010）。Konrad 等（1994）也认为，只要在一个经济体中，除了资源开采之外，还存在着其他相对安全的投资方式，资源产权的不安全性就

① 山西强势整合煤矿，补偿款无讨价还价余地. 人民日报［N］，2009－11－02.

会导致资源过度开采。Melese 和 Michel(1991)发现,将来可能的不利税收改革也会导致企业加速开采资源。随着资源价格的上升,国有化风险加大,政府没收跨国企业投资的可能性增加。当石油价格更高,且政治制度更脆弱时,政府更有可能进行国有化。曾志伟(2015)提出一个简单的不可再生资源数理模型,假定随着资源价格上升,国有化风险增加,以考察资源价格与国有化风险的交互作用对资源开采行为的影响。研究发现,随着国有化风险的上升,资源开采量不再像以往研究所指出的那样,或单调上升,或单调下降,而是先上升后下降,资源开采量与国有化风险之间呈倒 U 型关系。

采矿权的持有期限和企业的规模也会影响其安全性,进而影响企业的开采行为。根据世界银行 2009 年的研究报告,世界主要矿业大国矿产资源采矿权的有效期一般为 25 ~ 50 年,且可以多次更新并延续。而我国的采矿权有效期最长为 30 年,最短则不到 10 年。同时,小型矿山的采矿权弱于大型矿山,导致其采矿权难以得到应有的保护。Clausen 等(2011)通过考察发展中国家的小型采矿企业发现,这些企业均不同程度地带来一些环境和社会问题,其根源就在于小型企业的采矿权得不到有效保护,从而造成矿业权主体的"短视"行为,即在采矿许可证有效期内以最低成本尽快开采完矿区内的资源,以获取最大利益。

4. 矿业权配置的市场化程度低

市场是配置资源的主体,而政府是维护市场正常运转和公平性的主体。市场配置资源主要通过价格引导、供求关系与竞争方式进行。只要市场不出现重大偏差,政府就无须干预。但对于自然资源来说,其配置又涉及公权与私权的行使是否有度的问题。自然资源配置是一个行使私权力的过程。在我国和世界上大多数国家,自然资源属于国家所有,国家是公权力的代表,于是政府介入了资源配置。然而政府对自然资源的配置操作是在市场以外进行的,这直接导致自然资源配置的市场化程度不高,主要有以下三个原因。

第一,矿业权配置的法律法规和配套政策不完善,不能适应经济社会形势发展和法律建设的需要,可操作性较差。

第二,中国要素市场的市场化程度偏低,自然资源矿业权市场更是如此。目前,各省市在矿业权市场交易平台、交易规则、信息发布、交易流程、市场准入制度、交易费用等核心要件上的相关规定不健全、不一致,从而导致市场发育程度差异较大。因而,遍布全国的矿业权交易市场显示出分散、隔离、低水平、行政控制强、地方保护色彩浓厚等弊端，实际上已成为地方政府出卖矿业权的工具，而不是一个真正自由交易的市场。这意味着中国尚没有形成全国统一的省级矿业权有形交易市场。

第三，政府主导的矿业权"招拍挂"不属于资源市场化配置的范畴。政府主导的拍卖不同于市场拍卖。政府拍卖是垄断性的，是行政行为的一种补充，虽然在买方一侧存在竞争，但在卖方一侧并无竞争。因此，政府拍卖市场只是一个为行政管理服务的市场。对于某些需要竞争性出让的矿业权项目，"招拍挂"是一种行政许可手段，而非市场配置行为。

下面，我们将分三节对页岩气矿业权配置的法律体系、交易市场与政府管理进行详细阐述，为这些领域的改革提供意见和建议。

8.3.2 建立清晰、完整的页岩气矿业权法律体系

清晰、完整、有效的页岩气资源矿业权法律体系应做到矿业权界定清晰、期限足够长、相邻产权得到保护等。如果产权界定不清晰、权利主体的各项权利得不到充分的保护，那么由矿产资源带来的收益就会有相当一部分落入"公共领域"，一方面会造成当前收益分配不合理，另一方面会为资源所有者和矿业权主体提供了寻租的空间（李国平和周晨，2012）。

1. 页岩气资源所有权的界定

关于矿业权属的规定，中国《宪法》《物权法》和《矿产资源法》都强调，国家是矿产资源的唯一所有权主体。由于页岩气是一种新型能源，目前我国法律对其权属问题尚未作出明确规定。然而，根据矿产资源的物理特性，页岩气属于天然气范畴，因而，页岩气资源的国家所有原则基本不会改变。2011 年和 2012 年进行的两轮页岩气探矿权招标均已明确国家为页岩气资源的所有人；2014 年，国家发改委颁布的《天然气基础设施建设与运营管理办法》也明确规定，天然气包括常规天然气、煤层气、页岩气和煤制气等。

由于产权主体为国家，中国矿产资源所有权的实现主要依赖使用权和经营权的行

使。这使得页岩气开发过程既涉及国家能源战略、效率发展以及环境保护的公法管制,又涉及能源开发利用的民商事经营及相邻利益关系的私法保护,法律如何协调这些互有矛盾的经济发展和社会需求,是政府面临的主要难题。

2. 邻地所有权人保护

中国《物权法》《民法通则》和《矿产资源法》都没有对矿产资源(包括油气矿产资源)开采中邻地所有权人利益保护作出直接规定。尽管中国与美国分属不同的法律体系,但是,在确定页岩气权属关系及其开发利用管制问题上,中国立法同样应该关注页岩气的物理属性,尽早建立油气矿产资源开采的相邻矿权保护制度。

在这方面,可借鉴美国的强制联营制度,并通过修订《矿产资源法》明确下来。例如,当农村集体土地流转为矿业用地时,将土地流转纳入市场化范畴,按照强制联营的程序,由集体土地所有权人与矿产资源开采企业进行谈判,签订矿业相邻关系合同,完善对集体土地所有权人利益的保护(杜群和万丽丽,2016)。

3. 矿业权重叠问题的解决

目前,我国解决矿业权重叠问题的模式主要有五种:一方退出模式、协议互不干扰模式、联合勘探开发模式、产业一体化模式、“探-转-还”模式。

2014 年“两会”期间,四川省政府曾提交了《关于在四川设立国家页岩气综合开发改革试验区的建议》,提出建立包括国家有关部委、四川省政府和资源所在地政府等在内的领导小组,设立页岩气综合开发改革试验区。其大致思路是,四川省政府可依法统一规划、统筹开发、有效管理,将四川境内所有页岩气区块的矿业权管理采取由国家授权四川省政府统一管理的方式,实行新的矿权设置,真正将页岩气作为独立矿种进行管理和开发①。这不失为一种依托现行体制的较好的解决办法,但仍没有从根源上解决问题。

此外,国际资源大国的成功经验也为我们提供了解决之道。以煤层气为例,在美国联邦政府层面,由于部分州政府未出台专门的鼓励煤层气开发的成文法,一旦在煤层气产权上存在争议,则遵循联邦政府《能源政策法》的相关规定:煤层气开采要以保护煤炭开采、不浪费煤层气资源为原则,采用联合开发的方式方法,该地区的土地所有

① http://www.chinairn.com/news/20140929/091954246.shtml.

者及矿业权所有者可选择销售或租借煤层气所有权、参与经营开发、放弃经营并享有分红这三种权利；煤层气进行钻进时，煤矿主可提出申请，享有反对权利，同时明确内政部拒绝煤层气井钻井的要求和条件（方敏等，2014）。

澳大利亚法律规定，土地所有权和矿业权分开：土地归所有人所有，矿产资源归政府所有。在联邦政府层面，允许矿业权重叠设置。依据澳大利亚联邦《石油法》《矿产资源法案》及《石油和天然气生产和安全法案》的规定，采矿权申请人在递交煤炭或石油天然气采矿权申请的同时，要向重叠矿业权人和政府双方面递交采矿权申请。重叠矿业权人可以同意、拒绝、协商合作开发，如果重叠矿业权人拒绝了申请，由政府作出最终决定。对于煤炭与煤层气的矿业权重叠，其中一方的作业不得干扰重叠矿区另一方的作业。假如在重叠区内双方同时申请采矿权，则需要协调合作制定合理开发计划，上报政府批准，该计划还必须包含双方管理安全问题及优化煤炭和煤层气生产方案，并要求煤炭、煤层气企业建立沟通合作机制，煤炭企业在开采前必须提前告知煤层气企业。煤炭和煤层气的地质资料双方共享。

借鉴国外关于矿业权重叠设置的法律规定，结合中国的实际情况，当探矿权与采矿权重叠时，其解决之道应遵循以下原则。第一，采矿权优先。在采矿权区域，任何矿种勘探行为必须经过采矿权人同意，采矿权人对勘探申请拥有否决权。第二，新矿业权的申请必须尊重已有矿业权人的权益。对于新设重叠区域矿业权的申请，申请书必须出具已有矿业权人的同意书及当地国土资源主管部门的认可证书。第三，支持多种矿种综合勘查，鼓励增设相应矿业权。在固体勘查时，可增设现有矿业权以外的其余固体矿种矿业权。在油气（含煤层气、页岩气）勘查时，可增设现有矿业权以外的其余油气（含煤层气、页岩气）矿种矿业权。

8.3.3 矿业权市场化配置改革

1. 中国矿产资源领域改革历程

矿业权作为一种产权，一直是矿产资源管理的核心。中国在 1986 年出台的《矿产资源法》是在计划经济背景下起草的。当时，“国”字号一统天下，国有地质勘探单位按照国家的要求找矿,找到矿后无偿上交给国家,国家按计划分配给国有矿山企业进行开采。因此,《矿产资源法》规定,取得矿业权的唯一方式就是申请-审批,而且,"采矿权不得买卖、出租,也不能用作抵押"。到了20世纪80年代中后期,随着市场经济的发展,特别是非国有经济壮大起来并进入矿业领域,同时国家在地质勘探和矿业上的投资逐渐减少,进入矿业领域的私有企业越来越多,矿业权的重要性开始凸显出来,产权市场需求也旺盛起来。

1996年,全国人大对《矿产资源法》进行了修订,确立了探矿权、采矿权有偿取得和依法转让的法律制度,这是矿业权开始市场化的一个重要标志。1998年,《矿产资源法》的三个配套实施办法出台。在其中一个办法中,明确了探矿权除了审批以外,还可以通过投标方式有偿取得。2000年6月,浙江省国土资源厅和财政厅联合颁布了《对建筑用石拍卖和拍卖所得的管理办法》,这是针对矿业权市场的第一个政府文件。2002年10月,在青海举办了一期规范探矿权、采矿权市场的培训班。当时,各相关部门都出席了,还进行了矿业权拍卖的现场观摩。2003年1月,在广西南宁举办的一个研讨会上,国土资源部领导提出,凡是能够采用"招拍挂"方式出让矿业权的,一律不得采用行政审批的方式受理。2003年6月11日,国土资源部颁布了《探矿权、采矿权招标拍卖挂牌管理办法(试行)》,这是一个正式的部门规章,意图完善矿业权有偿取得的制度,规范"招拍挂"行为。

2011年底,页岩气被批准成为独立矿种,进行独立管理。这是具有里程碑意义的改革,因为以往页岩气隶属于油气资源,几乎被中石油、中海油等国有企业垄断。独立管理后,页岩气资源突破了国有垄断企业的控制,让一般企业尤其是民营资本也有资质进入页岩气开发领域;另一方面,页岩气矿业权的管理机制也从原先从属于油气管理变成了由国土资源部独立进行的一级管理,从而适用于《矿产资源法》《矿产资源勘查区块登记管理办法》等法律法规的一般规定。2014年以来,中国政府加大简政放权力度,进一步释放市场活力,矿产资源管理制度也发生了相应变化,例如,"取消与矿产资源相关的行政审批及非行政审批项目23项,包括矿业权投放计划审批、矿业权设置方案审批或备案核准、地质资料延期汇交审批、整装勘查区设置审批、调整矿产勘查风险分类审批、矿业权价款评估备案核准等"。

经过多年的改革,中国已经初步建立了以矿产资源有偿开采和矿业权有偿取得为标志的矿产资源有偿使用的制度体系。在矿业权交易制度方面，建立了探矿权采矿权出让、转让、抵押等制度，明确了申请在先、协议、招标、拍卖、挂牌的矿业权出让方式，按风险程度实行分类出让；规定了出售、作价出资、合作等转让方式。在矿业权管理方面，实行了矿业权出让转让审批登记、矿业权设置方案、统一配号等管理制度。在财税方面，建立了矿业权价款、资源税、矿产资源补偿费、矿业权使用费、矿区使用费等税费体系。在交易平台建设方面，部分省市建立了矿业权交易有形市场，促进了矿业权的规范交易。在服务和其他方面，建立了矿业权评估、储量评审备案、资格资质管理、矿业权信息发布等制度。

然而，中国油气资源矿业权配置制度改革仍不彻底，政府与市场的划分尚不明确；至今没有形成统一的全国矿业权市场；矿业权配置的行政程序虽有简化，但进入门槛仍然较高。国土资源部依据各项技术、资金指标全面评估投标企业的实力和水平，判断其是否具有商业化开采的潜力。而且，中标企业拿到的往往是一揽子工程，需同时承担勘探、试采、商业化运营等一系列任务，时间周期长、技术要求高、资金成本巨大。这也是很多民营企业投标竞争失败的主要原因。

2. 促进矿业权市场化配置应遵循的原则和要点

学者们经过长期研究，对于政府应该以何种深度、何种方式介入自然资源矿业权配置，形成了一些比较成熟的原则和要点。

首先，政府对矿业权的市场化配置应遵循三个原则：第一，在自然资源国家所有的前提下，所有权是国家的自物权，是不可配置的，是国家矿产资源立法和执法的依据。而使用权是他物权中的用益物权，因此，市场化配置仅对用益物权进行。第二，自然资源矿业权由政府手中转移到企业手中，通常有无偿公共使用、契约、招标拍卖和特许权四种方式。广布资源通常采取第一种方式，后三种方式适用于稀缺资源。但无论采取后三种方式中的哪一种，国家在动用公权力授予企业或个人用益物权时，重点应是保障国家经济活动的正常运行，其收费应是政策性、补偿性和管理性的，而不是逐利性的。第三，若自然资源的用益物权已经被授予到企业手中，就进入了资源的市场化配置阶段。但应注意的是，用益物权的权能是不完全的，在市场配置时需要遵守某些法律规定，如权利的有效期、受让者资质等。

其次，自然资源矿业权市场是一种要素市场，其健康、规范、有效的运转可使各种矿产资源实现最优配置。为促进矿业权市场的发展,应把握以下要点。

第一,明晰矿业权的产权属性是矿业权市场化配置的前提和基础。矿业权是一种私权力,属于企业或个人。中国矿产资源法律法规的主要内容是对属于私权的矿业权的申请、审批、权利、义务等进行规定。然而,现有一些法律法规中,频繁地使用矿产资源国家所有的名义,混淆私权与公权的性质,严重损害了矿业权人的利益。因此,必须清晰界定两者的关系,避免越界。

第二,资源配置的主体是市场而不是政府,矿业权也不出其外。但在公权力(所有权)衍生出私权力(用益物权,即矿业权)的过程中,政府是主导操作的一方。这是市场外的转换,本质上是一种行政许可过程,伴随着合同、招标、租约等附加方式。大多数国家的做法是采用特许权制度,将矿产所有权衍生为矿业权。特许权制度是一种排他性的行政许可制度,在其他领域很少使用,但在矿业中具有广泛的适用性。

第三,矿产资源所有者的权益通常以"权利金"表示,在租约、合同中明确规定,并在资源被开发、形成产品时支付。在开采阶段之前的一切矿产资源勘查活动,都不存在对所有者权益进行支付的问题。因此,所有者权益的支付与否不构成授予或不授予采矿生产阶段之前矿业权的条件。在完成由所有权向矿业权的转移后,矿业权成为企业的资产,矿业权配置也完全进入市场。由于国家所有权已约定固化在权利金中,此时的矿业权就完全具有企业资产的性质,在每宗矿业权资产中,不包含国家所有者权益的部分。

第四,矿业权资产在市场中实现与其他资源(资本、其他类型资产、技术、劳动力等)类似的配置时,应考虑到用益物权的权能的不完全性,遵守有关法律制度的约束,如资产受让者资质、资产有效期、资源规划等。市场化的矿业权资产配置,如矿业权交易、上市、并购、重组等,政府不能直接干预,更不能参与操作,而应提供规则和信息,改善市场环境。总之,政府的角色是服务者和监管者,而不是参与者。

3. 促进页岩气矿业权市场化配置的建议

第一,加快修订《矿产资源法》及其配套制度,明确矿业权市场化配置的具体内容,进一步提升矿业权市场化配置的法律地位;完善矿业权出让、转让制度,建立健全矿业权市场化配置的配套制度,并与土地、煤炭、森林、草原、水利、环保、安全监管等相关法律法规充分衔接,不断提高市场交易的可操作性和有效性。同时,切实转变矿业权行政管理职能,加快建立和完善适应市场化配置的行政管理工作体系,逐步强化政府在矿业权市场中制定市场规则、监管市场交易和提供市场服务的职能,切实把权利和责任放下去,减少直接干预。

第二,参照国有资产管理方式,探索矿产资源作为国有资产进行资产管理的体制机制。完善矿业权市场准入制度,包括勘查和开采准入条件;勘查开采资质管理制度,加强市场主体的资质管理。

第三,由于页岩气开发是资本密集型和技术密集型的,企业的专业化分工明显,因此,可以参照美国经验,将探矿权和采矿权进行有效分离,在招标中分别授予不同资质的企业,这一方面可以降低页岩气开发的进入门槛,另一方面也可增加市场竞争程度,使具有丰富经验和专业资质的勘探企业更容易获得权利,以较小的成本提高勘探的成功率。而具有长期开采能力的油气公司,可以直接购买已经确认可以成功出气的气井,既减少了前期勘探的成本和时间,也缩短了页岩气项目的投资回收期。当然,多种主体进入市场,既带来充分的竞争,也给政府监管带来挑战,因此,建立“以市场方式进入和退出”的矿业权流转体系,不仅有利于保证投资的连续性,而且也可以为探索常规油气矿权流转积累经验。

第四,建立“一证多主矿种”统一设置制度,推行矿权与气权合一。山西省一直在探索煤层气审批监管体制改革,试图解决煤炭、煤层气矿区重叠问题,并选择了五个条件较好的区块实施煤层气、天然气、页岩气、石油的综合勘查,开展潜力评价,取得了一定成效。

第五,深化矿产资源有偿使用制度改革,建立矿产资源国家权利金制度;推进矿产资源税费制度改革,完善矿产资源税费测算依据和征收方式,建立税费动态调整机制,充分发挥税费的调控作用。

第六,建立健全全国矿业权交易机构与平台,积极推进省级矿业权有形市场的建立和运行,推进矿业权有形市场的标准化建设。在有形市场的单位性质、人员编制、经费支撑等方面提出规范性要求,明确矿业权交易费用收取标准,完善有形市场的统一管理办法。在互联网+时代,还要积极探索矿业权网络交易方式,作为有形市场的补充交易形式。完善全国统一的矿业权交易规则,实施矿业权人勘查开采信息公示制度,加大矿业权出让转让信息公开力度。按照“产权明晰、规则完善、调控有力、运行规范”的要求，加快形成统一、开放、竞争、有序的矿业市场体系。

8.3.4 中央政策与地方政府的分层管理

中国中央政府和地方各级政府均是矿产资源勘探和开采活动的管理和监督主体，但因矿产资源遍布全国各地，其所有权只能由地方政府代理和管辖，国有企业更是直接参与矿产资源的勘探和开采，这些主体的行为特征和目标皆不相同，其行为会产生相互影响，尤其是中央与地方政府的分权和过度干预问题，往往是造成寻租、监管过度或者监管不足的主要原因（LI 和 YU，2015），因此，在实践中，始终存在着中央政府和地方政府的收益分配问题以及所有权虚置问题（刘灿和吴垠，2008）。由此，容易造成资源矿业权配置的扭曲。因此，中央和地方的分层管理将是国土资源部门进一步改革的方向。

此外，目前，中国政府管理矿业权市场的职能还不够规范，尤其是地方政府的角色呈现多元化，既代表国家行使矿产资源所有权，又是市场规则的制定者，也是市场交易的监管者和服务者，导致地方政府重审批、轻市场调控和监管；重政府部门建设、轻市场准入和中介管理。同时，地方政府的多重角色也使得其很难对自身进行监管，很难对自身的问题进行处理，这是监管工作不到位的主因，也不利于形成统一、开放、竞争、有序的矿业权市场，从而影响了市场化配置矿产资源的效率和效果。同时，由于政府的公益性基础地质调查滞后，对国有地质勘探单位的改革缺乏有效的推进政策，地质勘探单位不能充分发挥市场主体的作用，影响了矿业权市场化配置的推进。

上述这些问题都表明，矿业权市场化配置改革的难点与阻力都在地方政府，因此，严格界定地方政府的权限、范围，明确其管理职能与监管责任，是提高矿产资源管理效率的重要途径。根据陈丽萍（2009）的研究，尽管矿产资源所有权管理和行政管理两位一体，但在具体职能划分上，应对矿产资源所有权资产管理的事权和行政管理的事权适当分离，并采取不同的事权划分体系。矿产资源所有权管理应参照民事主体进行资产管理的方式，以实物量和价值量管理为核心。对中央和地方政府存在利益冲突、地方履行时中央很难监督或监督起来成本很高的事权，应上收中央。必要的情况下，应组建派出机构实行一级管理。其依据是矿产资源为国家所有，由国务院代表国家行使所有权；其必要性在于，中央和地方政府是两个独立的主体，在经济利益上存在冲突。而矿产资源所有权管理属于中央利益与地方利益明显冲突的权力，具体地，资源税、资源补偿费的决策权应集中于国家矿产管理部门；矿业权配置方式由中央统一规定；所有与矿产资源所有权收益相关的税费的征收、罚款、因矿产资源所有权权益受到损害获得的民事赔偿等，都由国家矿产资源管理部门直接统一征收（或直接进入国家财政），而非现在的由不同层次的矿产资源管理部门征收。此外，矿产资源的宏观调控权力要上收，例如，矿产资源规划事权、矿业权设置计划权，以及矿产资源领域的对外合作、矿产资源战略储备等事权，都是影响国家大局、且地方无能力行使的权力，不能层层分解；否则，必然削弱中央宏观调控能力，难以实现国家所有权管理和矿产资源管理的目标。

第9章

页岩气产业链的纵向规制研究

页岩气作为一种非常规天然气，属于国家长期战略性资源，加之其具有自然垄断环节和准公共品属性，政府规制是相当有必要的。页岩气产业链具有网络型产业的特征，上游的政府规制主要体现为开采环节的进入规制、环境规制；中游输气环节存在自然垄断，要进行价格规制、进入规制、投资规制等；下游销售环节要进行价格规制（于立宏，2007）。这三个环节的规制机构又分别属于国土资源部和国家发改委，存在政府规划目标、部门管理职能等方面的协调要求，以及随着市场变化进行动态调整的需要。

美国的政府规制经验可以为中国提供榜样与借鉴。然而，我国页岩气产业链纵向规制却不能完全照搬美国模式，原因在于，一是土地所有权和资源所有权属不同；二是政府机构和监管框架不同；三是中国天然气生产、运输、销售还没有实现垂直分离，纵向一体化程度较高；四是页岩气地质条件差异较大，开采难度和生态环境破坏程度不同。因此，基于中国国情，研究适用于中国情境的产业链纵向规制模式就显得尤其重要。

本章首先总结美国天然气产业的规制实践，为我国提供经验借鉴；其次从中国页岩气上游开采竞争的角度讨论政府政策和政府规制的影响；再次，对中国天然气和页岩气中游输气环节的建设、规制以及第三方准入机制改革提出政策建议。关于下游环节的价格形成机制及其影响因素将在第 10 章进行讨论。

9.1 美国天然气规制政策与模式

一般性规制是指，政府依据一定的规则对构成特定社会的个人和构成特定经济的经济主体的活动进行限制的行为。具体到经济领域，规制是指，在以市场机制为基础的经济体制条件下，以矫正和改善市场机制内在问题为目的、政府干预和干涉经济主体活动的行为（植草益，1992）。考虑到能源产业的战略性地位，政府可采用法律法规、行政管理、规制、税收等形式进行综合治理（史普博，1999）。

对于天然气产业链上游、中游和下游三个环节的规制，主要涉及进入规制和价格规制。进入规制是一种事前规制，主要有两种工具：一是直接进入规制，即限定某一产业内的企业数量;二是间接规制,即国有化。在国有企业中,国有股权份额变化会直接改变企业的目标和行为,同时间接帮助政府实现减少成本、控制风险等目的(Bovis,2013)。而价格规制是一种事后规制,即受规制企业的产品或服务的价格水平和价格结构由政府制定。

天然气产业链各环节的价格形成机制与其纵向结构的关系密切,涉及上游开采环节、中游管道运输环节和下游地方配气环节。从世界范围看,多数国家天然气产业的发展经历了从严格规制到放松规制的演变,具体分为两个阶段:在初期,由于基础设施建设所需投资巨大,尤其在管道输送设施方面,为了加速管网设施的建设和保证投资能够得到合理回报,各国政府通常赋予天然气企业垄断专营特权,部分国家甚至采用国家垄断方式。在这种情形下,企业运营通常是纵向一体化的,即集天然气开采、运输、销售和配送业务于一体,向终端用户提供捆绑式服务,政府则对整条产业链实行严格规制。因此,天然气产业的基础设施发展很快,管道运输和配送网络迅速铺开。在中期,随着管网等基础设施的建成,垄断导致的低效率逐渐受到质疑,多数国家以引入竞争机制为重点,一方面对纵向一体化企业进行分拆,或要求其向终端用户提供非捆绑式服务,另一方面放开管网系统,使更多的市场主体参与天然气的管输和销售业务,形成竞争格局。同时还会赋予终端用户更多的选择权,允许大用户直接从供应商处购买产品。目前,很多国家对天然气产业放松了规制。此时,天然气价格不再受政府控制,而是以市场供求为基础,政府规制的重点在于第三方对于管输网络的接入和管输费用的制定。

下面以美国为例,对天然气产业的规制历程进行深入分析。

9.1.1 天然气产业链的纵向结构

从天然气产业链纵向结构角度看,上游生产环节一般为竞争性的,多家公司在不同地理位置上开采天然气,并进行必要的加工,以符合管道运输所要求的质量标准,接入输气管道,以出厂价格出售给管道公司。在中游,管道公司将从上游厂商处购入的天然气通过长输高压管道送至下游市场区的城市门站或工厂门站,以门站价格将天然气出售给地方配气公司和工业大用户。此时,管道公司提供的是捆绑式服务,门站价格包括上游购气成本和管道运输服务成本。在下游,地方配气公司将从城市门站购入的天然气通过其配气管网系统输送至最终用户,并以终端用户价格出售,终端价格包括城市门站购气成本和城市配送服务成本。图 9.1 给出了天然气产业链的价格传递过程。

图 9.1 天然气产业链的价格纵向结构

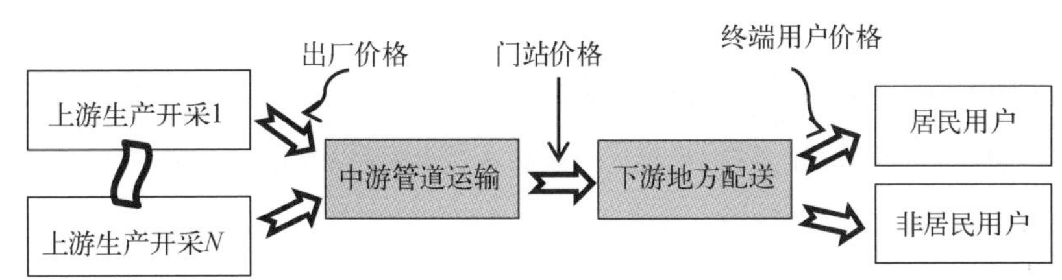

在 20 世纪 80 年代中期以前,美国天然气产业链的典型结构如图 9.1 所示。天然气生产商按照联邦能源管理委员会(FERC)确定的井口价格将产区的天然气出售给州际管道公司,管道公司将其购买的天然气和自产的天然气运输到城市门站,并按照 FERC 确定的门站批发价格出售给地方配气公司和大用户。地方配气公司将其购入的天然气通过其配送网输送至最终用户,以地方公共事务委员会(PUC)确定的价格结算(王国樑等,2007)。在这一过程中,井口价格、门站价格受到联邦政府规制,而终端价格受到州政府规制。20 世纪 80 年代中期,美国和欧盟国家开始进行天然气产业规制改革,引入竞争机制,纵向拆分垄断企业,将管输与销售业务进行分离,第三方可以基于无歧视原则接入管网和储存系统,从而赋予了终端用户以更多的选择权(胡希,2007)。

天然气产业链各环节的价格之所以受到政府规制,原因在于,天然气必须通过长距离输送管道和地方配气网络才能实现从生产到消费的转移,而管道运输和配送管网具有很强的规模经济性、资产专用性和较高的沉没成本,一般被认为是具有自然垄断性质的。自然垄断是指,对于某种产品或服务,如果由单独一家企业生产或服务的成本比由两家以上企业实施的成本低,就认为该产品或服务存在自然垄断性。在这种产业中,价格市场化不但不能提高效率,反而因竞争过度而提高社会成本、降低效率。因此,自然垄断部门通常被政府授予独家特许经营权,或者采取政府独家经营方式,限制新企业进入，但同时，在价格、投资等方面也受到政府严格规制；否则，企业将凭借其垄断地位制定垄断价格而导致社会福利损失。

9.1.2 天然气价格规制的演化过程①

美国天然气的价格形成机制经历了由全面严格管制到逐步放松管制的过程。

20世纪30年代以前，美国天然气市场混乱，管道建设不足，地方公共设备公司的垄断导致价格过高。1938年，美国国会通过的《天然气法》赋予联邦动力委员会(FPC)控制州际运输和州际商业销售的权力，但不适用于上游生产。天然气企业投资建设州际管道需要得到FPC的批准。同时，FPC的主要职能是通过限制进入管道终端使用市场来实现降低与管道有关的风险。1954年，最高法院赋予FPC管制天然气进口价格的权力。

然而，1938—1961年，美国对天然气终端市场的最高限价规制导致供给不足，原本是想最大限度地增加消费者剩余，结果却引发了巨大的供需缺口。到了20世纪60年代晚期，美国中西部和东北部开始出现天然气短缺，1973—1974年的石油价格暴涨更加剧了供需失衡。1969—1978年，美国天然气进行了两次提价，希望不断增加天然气供给，但由于提价幅度较低，并没有起到应有的效果，反而造成了州际与州内市场天然气价格的双轨制。1978年，美国出台《天然气政策法》，要求对新天然气(指1977年以后发现的气井生产的天然气)的价格逐步放开，目的是到1985年使新气价格完全市场化，以鼓励勘探开采。同时，继续控制旧气的价格，让其只能随着通货膨胀率进行调整，以保护终端用户。此外，价格规制延伸至州内市场。政府对天然气市场的规制机构从FPC转移给FERC。因此，自1978年起，美国实现了分阶段的放松管制，由于市场是竞争的，尽管一开始价格有所上升，但是因为新公司不断进入，又进一步拉低了天然气价格，并提高了供气效率。

因此，1978年的《天然气政策法》导致美国天然气规制的放松。1986年，FERC颁

---

① 维斯库斯，等．反垄断与管制经济学(第四版)．陈甬军，等译．中国人民大学出版社，2010.

布第451号令，把15种旧气归为一类，并使最高限价高于自由市场上的价格，这意味着旧气价格实际上也放开了。1989年7月，美国出台《天然气井口解除管制法》。至此，天然气价格完全放开。

9.1.3 天然气价格规制模式及其效应

早期，FPC使用的价格规制模型来自收益率模型，目的是让天然气生产企业收回开采成本并获得合理的收益率。最初许可的收益率为12%，1974年上升为15%。由于收益率规制要求一事一议，这造成规制机构负担加重。因而，1960年，FPC将美国划分为23个地理区域，并要求每个区域内价格一致，其制定的依据是以1956—1958年的价格为基准。此后的十四年内，FPC一直致力于确定23个地理区域的价格，但迟迟未能完成，于是在1974年6月推出全国统一的费率制定方案，即所有1973年1月1日以后建成的气井，执行0.42美元/千立方英尺的销售价格。

从1976年11月到1978年天然气政策法案出台前，美国实际上存在5层定价体系，包括新气和旧气、州际和州内，其价格范围从0.295（1973年1月1日以前建成的气井生产的天然气）到1.42美元/千立方英尺（1975年1月1日以后建成的气井生产的天然气）。由于州际市场上天然气日益短缺，所以价格层次增多了。1978年法案确定了28个不同的价格种类，1977年1月1日以后的气井价格达到2.50美元/千立方英尺。

美国天然气价格规制的特点是，不管是新气还是旧气，都被设定在市场出清水平之下，即所谓的最高限价，这直接导致以下价格规制效应。

第一，州际与州内市场之间价格存在差异。由于美国州内天然气市场不受规制，因而价格接近市场均衡价格。与之相比，州际市场天然气价格过低，从1969年到1975年，州际天然气价格因石油价格暴涨上升了158%，但州内天然气价格却涨了650%。

第二，供应州际市场的天然气转向州内市场。由于州际市场设置了最高限价，生产商把天然气转向价格更高的州内市场，具体办法是“向可以中断的”用户提供的天然气比合同规定要少。

第三,配置无效率。最高限价导致州际市场天然气供应不足,消费者被迫转向价格更高、效率更低的能源,如石油和电力,这导致社会福利损失。

第四,过多的钻井费用和生产无效率。在新气、旧气存在价格差异的情况下,生产商愿意投入更多的资金用于钻探新气井,结果导致新气井过多,产能过剩。

第五,勘探激励的减弱。生产商通过勘探找到新气井,但最高限价使其收益较低,因而,勘探投资和活动减少了。然而,由于价格规制对深井气设定了更高的价格上限,导致生产商对勘探高成本天然气具有更高的激励,尤其是在深井气的价格规制取消后,1978—1982 年形成了深井气勘探高峰,这也是美国页岩气革命的发源。

第六,非价格竞争导致"照付不议"条款。管道公司必须要与生产商建立长期合同关系才能保证气源并赢利,而价格规制导致的短缺更加大了其签订长期合同的动力。管道公司之间相互竞争以得到生产商的天然气,但由于其价格受到政府规制,所以,管道公司只能利用非价格竞争手段,例如,在合同中设置"照付不议"条款,即管道公司保证每年以某一具体价格至少购买某一数量的天然气(一般表示为管道传输能力的百分比),相当于每年向生产商支付一个固定数额的款项。但如果天然气价格没有持续上升,管道公司则可能面临亏损。

因此,放松规制成为 20 世纪 80 年代的主旋律。Streitwieser 和 Sickles(1992)的研究表明,1977—1985 年,继续对价格进行规制使天然气生产商的收益减少了 1 063 亿美元,消费者支出减少了 987 亿美元,净社会福利是负的。这说明,放松规制有利于改善资源配置效率,提高社会福利。

9.1.4 天然气管道环节进入规制的演化过程

早期,美国的油气生产、运输和配送等职能之间没有明确的划分,自 1872 年第一条管线建成后直至 1938 年才出现独立的管道公司。自此,天然气生产、输气、配送各环节形成了纵向分离的产业组织格局。而且,FPC 要求管道公司拥有它所传输的天然气的所有权,因而,管道公司的传输服务与天然气交易商的功能捆绑起来。此外,规制机构还控制了该领域的进入。在州际管道公司进行建设之前,FPC 要求管道公司先要通过认证。作为认证过程的一部分,管道公司必须证明它拥有向下游消费者提供一般为 15 ~ 20 年供给的储备量,这使得管道公司必须与生产商签订长期合同,生产商的一部分储备也要专门与管道公司交易。这实际上导致了天然气产业链上的各个环节都无法独立,生产商与特定管道商连接,管道商又与特定地方分销系统连接,一个市场上过剩的天然气很难流向其他短缺市场,从而严重制约了整个天然气市场的发展。

由于"照付不议"合同的广泛应用以及天然气价格的意外下跌,美国管道公司面临以高价格购买最少数量天然气的局面。于是,1985 年,FERC 颁布第 436 号令,第一次规定了第三方进入天然气管道的权利,但仅仅是鼓励而不是强制天然气管道公司提供准入服务,允许用户直接与生产商协商价格并与管道公司签订独立合同,这被称为合同运输(Contract Carriage)。此后两年,合同运输占到所有州际管道天然气运输的 75%。

1992 年,FERC 颁布的第 636 号令要求,天然气管道公司将管输业务与销售业务分离,非歧视性地向第三方公平开放,而天然气管道公司新成立的天然气销售子公司不能享受任何管输方面的优惠。由此,管道公司可以进入所有它们想到达的市场,从而形成了良好的管输网络。管道公司之间只要通过的路线相近,就必须相互连接起来,以便它们能够为范围更为广泛的生产商和消费者服务,而买方与卖方直接进行交易也产生了更加有效的合同安排,从而形成了一个更加具有竞争性和有效的天然气市场。

2005 年,美国颁布《能源政策法》,废除了对公用事业公司上下游一体化经营的严格限制,城市配气公司可以同时从事天然气勘探开发、批发、管输和储存等业务,只是在产业链的不同环节仍须由独立的子公司运营。

目前,美国天然气管道运营管理的市场化程度较高,全国拥有 100 多家从事天然气管输的公司,其中,上下游一体化的大型石油公司则由其下属子公司独立经营天然气管道业务。联邦和州政府设有独立的、并具有法定职能的监管机构,对油气管网建设、运营、准入、安全、环保、运输价格和服务等诸方面实行全面的政府审批和监管。所有从事天然气管道运输的公司,均须获得许可资格,管道建设须向政府提出申请。同时,政府也注意保护管道经营者的财务生存能力,使之能够获得合理的回报。管输费上限仍由政府规制,管道公司可以根据市场需求的变动要求调节管输费。可以发现,美国的天然气管道仍然处于政府监管之下,但市场化程度较高,政府在打破管道垄断方面做了很多努力,且效果显著。

9.2 中国上游开采市场的竞争: 补贴与非对称规制的作用

在中国油气开采领域,绝大部分资源和生产由中石油、中石化、中海油三大央企巨头把持,尤其是陆上油气绝大部分由中石油垄断,其对具有较高开采成本的非常规天然气开发的积极性不高;而民营企业却因高企的进入壁垒而无法参与页岩气开发。根据美国的经验,私人企业的大规模参与可以为页岩气市场带来竞争与效率,促进技术的快速进步。

在第 3.3 节,我们已经对中国页岩气上游市场的竞争格局进行了分析,建议对上游开采市场实行开放准入,引入更多的竞争主体,尤其是民营企业。本节主要探讨政府补贴和非对称规制对引入多元竞争主体的作用,以及不同的补贴和规制情境下国有企业和民营企业的产量、利润及社会福利情况。

9.2.1 上游开采市场多元主体竞争模型

学界对中国天然气产业上游竞争和规制的研究成果较少。檀学燕(2008)最早提出单边开放天然气市场模型,即在上游开采环节引入竞争机制,而在中游输配环节暂不开放,但并未深入研究单边开放天然气市场的具体机制及其稳定性。常琪(2008)指出,对于具有弱自然垄断特性的天然气生产环节,应该借鉴特许投标竞争模型允许民营资本进入,逐步实现价格规制的放松。汪锋和刘辛(2014)基于天然气定价法由“成本加成法”向“市场净回值”法的转变,探讨了寡头天然气开采商在不同价格形成机制下的最优决策和相应的市场结构。杨俊等(2015)进一步发展了檀学燕(2008)的模型,结果发现,与现行天然气市场相比,单边开放天然气市场的机制可以促进天然气市场的稳定供给,降低天然气价格,增加行业收益。而在政府补贴方面,仅有高明野等(2015)通过系统动力学模型研究了政府补贴页岩气投资的机理。结果表明,事先补贴优于事后补贴、从价补贴优于从率补贴、技术投资补贴优于规模投资补贴。

当然,关于国外天然气市场改革的研究也可为中国提供借鉴。Holz 等(2008)运用 GASMOD 一般均衡模型,将欧洲天然气市场的供给划分为连续的两阶段来考虑,结果表明,下游竞争有利于社会福利的提高。Yang 等(2016)提出的欧洲天然气市场上三寡头古诺竞争模型证明,通过寻求一个合适的市场份额,俄罗斯在同时决策模型中能与在领导者 - 追随者模型中获得同样多的利润。

本节的研究视角与现有文献不同。在中国的页岩气开发过程中,国企和民企在竞得相应区块后同期进行勘探开采,相当于进行产量竞争。在前期区块条件不清楚、无法确定能否实行商业化开采的条件下,民企作为非常规天然气开采市场的后进入者,无法在已知在位国企产量的前提下,再决定自身的产量。因此,我们认为,在页岩气上游开采市场,国企与民企进行的是静态古诺竞争,同时决定各自的产量。

9.2.2 基本古诺竞争模型

为简化分析,假设在开采市场上存在两家企业,分别为厂商 1 和厂商 2。厂商 1 为国企,厂商 2 为民企。国企拥有雄厚的资本及丰富的开采经验,其边际开采成本低于民企,且两者均存在规模经济性。市场价格由该两家企业的总产量决定。其他假设如下。

(1) 逆需求函数为线性: $P = a - bQ$, $Q = q_1 + q_2$。

(2) 总成本函数为 $TC_i = a_i q_i^2 + uq_i + c_i$, $i = 1, 2$, a_i 为成本系数, $0 < a_1 < a_2$, c_i 为固定成本, u 为系数。

本节不考虑中游管网企业对上游开采市场的影响,同时,上游开采厂商也不存在合谋行为,追求各自利润的最大化。此时,开采厂商的利润为

$$\pi_i = Pq_i - TC_i \tag{9.1}$$

式中，P 为价格；q_i 为厂商产量；TC_i 为厂商的总成本。

在古诺竞争下，厂商 1 和厂商 2 最大化其利润，通过一阶条件：$\frac{\partial \pi_i}{\partial q_i} = 0$ 可得，两家厂商的最优反应函数为

$$q_1 = \frac{(a-u)-bq_2}{2(a_1+b)} \qquad q_2 = \frac{(a-u)-bq_1}{2(a_2+b)} \tag{9.2}$$

通过联立求解，可得古诺均衡解为

$$q_1^1 = \frac{(a-u)(2a_2+b)}{4[a_1a_2+a_1b+a_2b]+3b^2} \qquad q_2^1 = \frac{(a-u)(2a_1+b)}{4[a_1a_2+a_1b+a_2b]+3b^2} \tag{9.3}$$

由于 $a_2 > a_1$，因此有 $q_1^1 > q_2^1$，国企的均衡产量高于民企。

接下来，本节将重点探讨政府补贴及非对称规制对于两家厂商均衡产量的影响，以对上述基本古诺模型进行扩展。

9.2.3 产量补贴和非对称规制下的古诺竞争模型

与常规天然气相比，非常规天然气的开发在我国尚处于起步阶段，开采技术难度高、投资大，生产运行成本也较高，参与企业面临较大的风险。因此，各国政府都对上游开采企业实行补贴，以有效降低开采企业的成本，提高其参与积极性，从而促进页岩气产量的增加。2013 年 10 月，国家能源局出台页岩气产业政策，其中的第三十一条规定：按页岩气开发利用量，对页岩气生产企业直接进行补贴，即产量补贴。2016—2018 年，中央财政的补贴标准下降为 0.3 元/立方米。因此，接下来，我们将着重分析存在政府产量补贴的情况下上游开采市场的均衡情况。

此外，为了培育竞争性的市场结构，政府规制机构有时会采用非对称规制（Asymmetrical Regulation）等方式来扶持相对弱小的企业或新进入者，以形成对等竞争的产业组织格局。比如，在同时存在国有企业和民营企业的市场中，要求国有企业

承担更多的社会责任，而对民营企业则没有要求，因此民营企业可获得更加合理的回报。再如，对弱势企业制定较低的价格，或实施更宽松的政策，等等。因此，在自然垄断产业，非对称规制得到广泛的应用。

Schmalensee（1984）首次使用了“非对称规制”概念，主要研究美国联邦通信委员会（FCC）在电信市场上对 AT&T 实施的比竞争对手更为严厉的规制。其后，学者们对非对称规制的政策含义（Harring，1984）、非对称规制的影响（Knieps，1998；Armstrong 和 Sappington，2006；Valletti，2006；Cricelli 等，2007），以及非对称价格规制（De Bijl 和 Peitz，2002；Peitz，2005；Baake 和 Mitusch，2009）、成本和产量规制等进行了研究。刘新梅等（2008）研究了非对称价格管制对企业的 R&D 投入产生的影响。

与本节研究主题关系最密切的是，Amir 和 Nannerup（2006）构建了治污成本函数，验证了非对称规制的可行性；Cédric 和 Laurent（2009）建立了一个限定输油量和市场份额的非对称规制模型，认为非对称规制导致在位厂商和进入者之间的收入转移；彭恒文和石磊（2009）构建了非对称规制下民企进入决策的博弈模型，其中，在位厂商（国企）不仅关注自身的利润，还因为受到非对称规制，在一定程度上必须关注消费者剩余。因此，这两方面同时决定了其行为（目标函数）。而相对弱小的进入者（民企）主要是基于利润最大化来决定是否进入。

本节参考彭恒文和石磊（2009）的逻辑框架，考察非对称规制对国企和民企产量的影响，进一步，我们还同时考虑产量补贴、投资补贴的交互作用。

1. 考虑产量补贴的古诺竞争模型

在这里，我们考虑政府对页岩气开采的产量补贴对企业产量决策的影响。假设，政府对页岩气产量的单位补贴为 t，则厂商的成本函数变为 $TC_i = a_i q_i^2 + uq_i - tq_i + c_i$，$i = 1, 2$。那么，古诺均衡解则改变为

$$q_1^2 = \frac{(a - u + t)(2a_2 + b)}{4[a_1 a_2 + a_1 b + a_2 b] + 3b^2} \qquad q_2^2 = \frac{(a - u + t)(2a_1 + b)}{4[a_1 a_2 + a_1 b + a_2 b] + 3b^2} \tag{9.4}$$

可以看出，在实行产量补贴后，厂商 1 和厂商 2 的均衡产量均比未补贴时提高。但是，国企、民企的竞争格局没有改变，国企的均衡产量仍高于民企。

2. 同时考虑产量补贴和非对称规制的古诺竞争模型

本节将非对称规制定义为，规制者要求国企除了关注自身经济利益外，还要承担更多的社会责任，即需要关注消费者剩余。假设 $w>0$ 表示国企承担的社会责任系数，即消费者剩余在国企目标函数中的比重。

由于逆需求函数为 $P=a-bQ$，$Q=q_1+q_2$，则消费者剩余为：$\frac{b}{2}(q_1+q_2)^2$。于是，国企新的利润函数变为

$$\pi_1=[a-bQ]q_1-(a_1q_1^2+uq_i-tq_1+c_1)+w\frac{b}{2}(q_1+q_2)^2 \tag{9.5}$$

根据一阶条件，国企的最优反应函数相应为 $q_1=\frac{(a+t-u)+b(w-1)q_2}{2(b+a_1)-bw}$。那么，古诺均衡产量为

$$q_1^3=\frac{(a+t-u)[2(b+a_2)+b(w-1)]}{4[a_1b+a_2b+a_1a_2]+3b^2-bw(b+2a_2)} \tag{9.6}$$

$$q_2^3=\frac{(a+t-u)[2a_1-b(w-1)]}{4[a_1b+a_2b+a_1a_2]+3b^2-bw(b+2a_2)} \tag{9.7}$$

由于 $q_1^2-q_1^3<\frac{-abw-t[2a_2+bw]}{4[a_1b+a_2b+a_1a_2]+3b^2-bw(b+2a_2)}<0$，$q_2^2-q_2^3=-2a_1t+(a+t)bw$。因此，当国企存在非利润目标时，其产量增加，而民企的产量变化不确定。而且，随着国企对消费者剩余的重视程度越高，其达到均衡时的产量也越高，即

$$\frac{\partial q_1}{\partial w}=(a+t)\frac{b[4(a_1b+a_2b+a_1a_2)+3b^2-bw(b+2a_2)]+[2(b+a_2)+b(w-1)]b^2}{[4(a_1b+a_2b+a_1a_2)+3b^2-bw(b+2a_2)]^2}>0 \tag{9.8}$$

这意味着，在产量补贴和非对称规制同时起作用的情况下，在位国企的产量也没有减少，与之相对应，民营企业的产量反而可能是下降的。

9.2.4 投入补贴和非对称规制下的古诺竞争模型

在2013年出台的页岩气产业政策中,同时提到对开采企业减免矿产资源补偿费、矿权使用费,并将研究出台资源税、增值税、所得税等税收激励政策等内容。例如,为了在开采市场引入竞争,政府可对民企给予额外的费用减免和税收优惠政策,即投入补贴。在这种情况下,国企与民企的产量决策又会受到何种影响?产量补贴与投入补贴的影响会有差异吗?

假设,政府对企业开采页岩气的总投入进行补贴,补贴因子为δ,则厂商i的成本函数为$TC_i = (1-\delta)(a_i q_i^2 + uq_i - tq_i + c_i)$,此时,企业的最优反应函数为

$$q_i = \frac{(a-u) - bq_j + (1-\delta)}{2[(1-\delta)a_i + b]} \tag{9.9}$$

下面,我们分别讨论仅有投入补贴,既有投入补贴又有非对称规制,以及产量补贴、投入补贴和非对称规制同时存在这三种情况。

1. 仅有投入补贴的古诺竞争模型

为了比较产量补贴和投入补贴两种补贴方式的差异,考虑政府对进入开采领域的企业均进行投入补贴的情况。此时,均衡的古诺产量为

$$q_1^4 = \frac{[a-u(1-\delta)][2a_2(1-\delta)+b]}{4(1-\delta)[a_1 a_2(1-\delta)+a_1 b+a_2 b]+3b^2} \tag{9.10}$$

$$q_2^4 = \frac{[a-u(1-\delta)][2a_1(1-\delta)+b]}{4(1-\delta)[a_1 a_2(1-\delta)+a_1 b+a_2 b]+3b^2} \tag{9.11}$$

可以看出,仅实行投入补贴与仅实行产量补贴的效果是一致的,由于国企的边际成本系数低于民企,因此均衡时国企的产量将高于民企。

2. 同时考虑投入补贴和非对称规制的古诺竞争模型

首先,在存在投入补贴的情况下,政府若实行非对称规制,即厂商1考虑消费者剩余,而厂商2不考虑,则此时均衡解为

$$q_1^5 = \frac{[a-u(1-\delta)][2(1-\delta)a_2+b+bw]}{2[2(b+a_1)-bw][b+(1-\delta)a_2]+b^2(w-1)} \tag{9.12}$$

$$q_2^5 = \frac{[a - u(1-\delta)](2a_1 - bw + b)}{2[2(b+a_1) - bw][b + (1-\delta)a_2] + b^2(w-1)} \quad (9.13)$$

然后,再考虑存在非对称规制的情况。与没有非对称规制的情况相比,厂商1及厂商2的产量变化不确定。式(9.12)与式(9.13)相减可得:$q_1^5 - q_2^5 = \frac{2[a - u(1-\delta)][(1-\delta)a_2 - a_1 + bw]}{2[2(b+a_1) - bw][b + (1-\delta)a_2] + b^2(w-1)}$,若$(1-\delta)a_2 + bw > a_1$,则$q_1^5 - q_2^5 > 0$。由于$a_1 < a_2$,则当代表需求价格弹性系数的$b$及非利润权重$w$很大时,厂商1的产量会超过厂商2的产量。

3. 同时考虑产量补贴、投入补贴和非对称规制的古诺竞争模型

进一步,若厂商同时享受产量补贴、投入补贴,而政府对国企存在非对称规制,则古诺均衡解为

$$q_1^6 = \frac{2(a+t)[(1-\delta)a_2 + b] + b[a + (1-\delta)t](w-1)}{2[2(b+a_1) - bw][b + (1-\delta)a_2] + b^2(w-1)} \quad (9.14)$$

$$q_2^6 = \frac{2[a + (1-\delta)t](b+a_1) - bw[a - (1-\delta)t] - b(a+t)}{2[2(b+a_1) - bw][b + (1-\delta)a_2] + b^2(w-1)} \quad (9.15)$$

9.2.5 算例仿真及分析

为了更加形象地比较不同主体在产量补贴、投入补贴和非对称规制情况下的均衡结果,本节将根据上面的模型进行模拟仿真。具体参数如下。在成本函数中,假设:$a_1 = 0.1$, $a_2 = 0.5$, $u = -1$, $c_i = 0$。在需求函数中,假设:$a = 3$, $b = 1$。产量补贴$t = 0.1$,投入补贴$\delta = 0.1$。非利润权重$w = 0.5$。

1. 仅考虑产量补贴或投入补贴的情况

根据前文的结果,当两个厂商同时享有产量补贴及投入补贴时,则边际成本低的厂商产量更大。借鉴宏观经济学中乘数效应的定义,为了比较两种不同的补贴方式对均衡产量影响的大小,在这里定义产量补贴乘数和投入补贴乘数。本书将补贴前后产

量的变化量与补贴的比值定义为补贴乘数,用 k_l 表示:

$$k_l = \frac{\Delta Q_i}{\tau_i} \tag{9.16}$$

式中,ΔQ_i 表示补贴前后厂商 i 产量的变化量;τ_i 表示第 i 种补贴力度的大小;$l = 1$ 表示产量补贴,$l = 2$ 表示投入补贴。

由以上模型可以计算得出产量补贴乘数为 $k_1 = \frac{2(a_2 + b)}{4(a_1 a_2 + a_1 b + a_2 b) + 3b^2}$,而投入补贴乘数为 $k_2 = \frac{(a-u)[2a_2(1-\delta)+b]}{4\delta(1-\delta)[a_1 a_2(1-\delta)+a_1 b + a_2 b] + 3b^2\delta} - \frac{(a-u)(2a_2+b)}{4\delta(a_1 a_2 + a_1 b + a_2 b) + 3\delta b^2}$。

将上述各参数值代入 k_1、k_2,则产量补贴乘数 $k_1 = 0.392$,投入补贴 乘数$k_2 = 0.221$。因此,当 $\delta < 0.1$ 时,投入补贴乘数小于产量补贴乘数;当 $\delta > 0.1$ 时,投入补贴乘数大于产量补贴乘数。产量补贴系数与 δ 无关。随着投入补贴比例 δ 的增加,投入补贴乘数递增。如图 9.2 所示,可以看出,随着投入补贴比例 δ 的不断上升,投入补贴系数 k_2 呈现上升趋势。但是当 $\delta > 0.15$ 后,k_2 上升的速度变慢。当 δ 接近于 1 时,k_2 接 近 于6.1。经过计算可知,当 $\delta = 0.104$ 时,k_1 与 k_2 相等,即当投入补贴比例为 10.4% 时,投入补贴乘数与产量补贴乘数一致;当投入补贴比例超过 10.4% 时,则投入

图9.2 非对称规制下产量补贴乘数及投入补贴乘数的关系

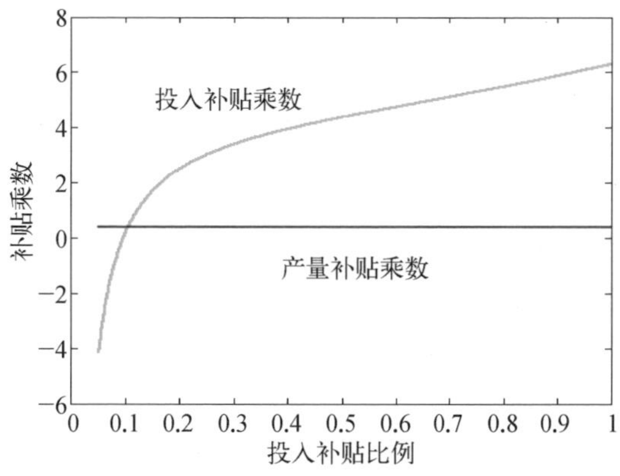

补贴乘数将高于产量补贴乘数。

2. 考虑非对称规制下产量补贴或投入补贴的影响

第一步,考虑非对称规制下产量补贴的影响。当 $w=0.5$ 时,$q_1^3=\frac{2+t}{2}$,$q_2^3=\frac{7(2+t)}{50}$,由此可见,在非对称规制情况下,随着页岩气单位产量补贴的增加,国企和民企的均衡产量均得到提高,但国企产量显著高于民企产量,参见图 9.3。

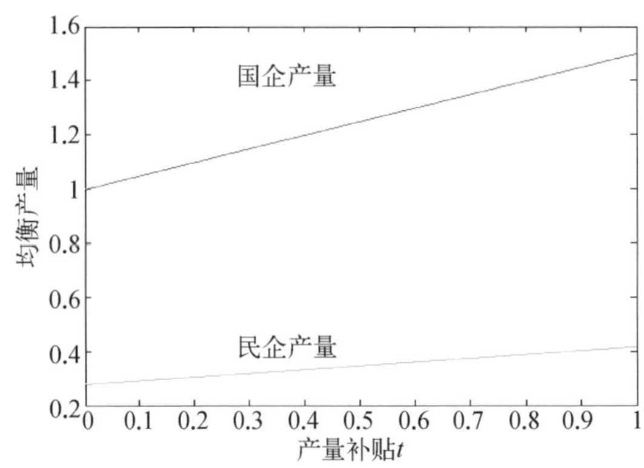

图9.3 非对称规制下产量补贴对均衡产量的影响

第二步,考虑产量补贴下非对称规制权重 w 的影响。当存在政府非对称规制时,产量补贴 $t=0.1$,则 $q_1^3=\frac{2.1(2-w)}{5.6-1.2w}$,$q_2^3=\frac{2.1(1.2+w)}{5.6-1.2w}$。假设非对称规制权重 w 的变动范围为[0, 1],计算结果如图 9.4 所示,其中,蓝色曲线代表国企产量,绿色曲线代表民企产量。随着非对称规制权重 w 的增大,国企的均衡产量不断减少,民企的均衡产量不断增加。经过计算,当 $w=0.4$ 时,国企和民企的均衡产量相同;而当 $w>0.4$ 时,民企的产量逐渐超过国企。

第三步,考虑投入补贴的影响。如果没有非对称规制,则两家厂商的产量分别是 $q_1^4=\frac{(2-\delta)^2}{4(1-\delta)(0.65-0.05\delta)+3}$,$q_2^4=\frac{(2-\delta)(1.2-0.2\delta)}{4(1-\delta)(0.65-0.05\delta)+3}$。若只考虑投入补贴系数 δ 的影响,即当 $w=0.5$ 时,则 $q_1^5=\frac{(2+\delta)(2.5-\delta)}{4.6-1.7\delta}$,$q_2^5=\frac{3-1.5\delta}{4.6-1.7\delta}$。

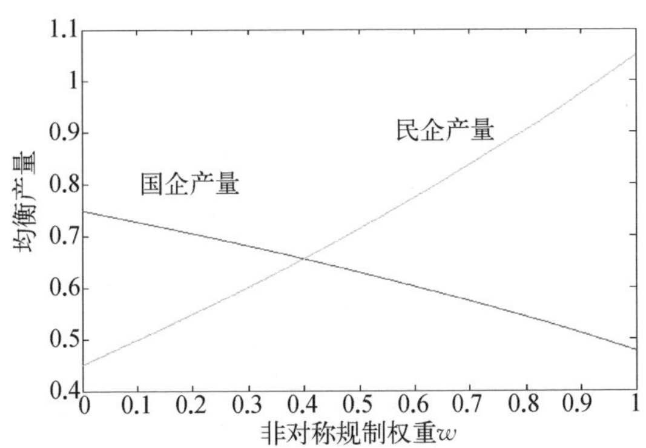

图9.4　产量补贴下非对称规制的影响

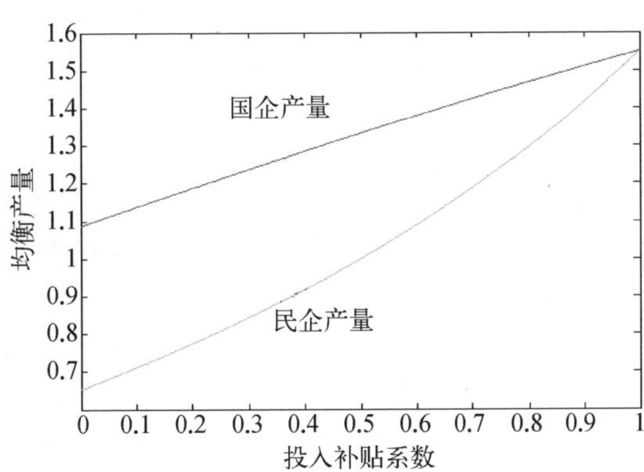

图9.5　投入补贴对均衡产量的影响

δ的变动范围为[0, 1],计算结果如图9.5所示。

可以看出,投入补贴并没有改变国企和民企的产量竞争格局。由于同时对国企和民企的成本进行相同比例的补贴,因此,成本领先的国企仍然有动力增加产量。随着投入补贴系数的增大,民企和国企的产量差距越来越小,最终当投入补贴系数为1时,国企和民企的产量趋于一致。

第四步,考虑投入补贴下非对称规制权重w的影响。当投入补贴比例$\delta = 0.1$时,$q_1^5 = \dfrac{1.9(2.5 - \delta)}{5.38 - 1.9\delta}$, $q_2^5 = \dfrac{1.9(2 + \delta)}{5.38 - 1.9\delta}$,计算结果如图9.6所示。当$w = 0.26$时,两条曲线相交。可以看出,当非对称规制力度较小时,由于投入补贴对国企的补贴力度较产量补贴大,国企为了利润最大化,仍会选择增加产量。但是,随着非对称规制权重

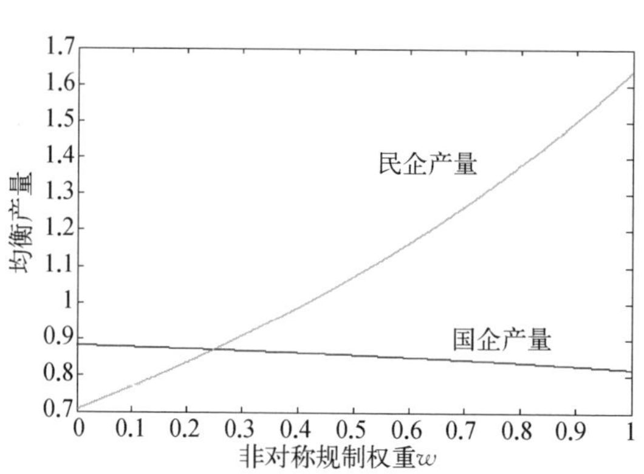

图9.6 投入补贴下非对称规制权重 w 对均衡产量的影响

的日益增加,考虑到消费者剩余的约束,国企会适当减少产量,而民企产量会日益增加。

综上所述,首先在没有考虑政府非对称规制的情况下,比较了产量补贴乘数和投入补贴乘数的影响。我们发现,产量补贴乘数与单位产量补贴无关,而投入补贴乘数随着投入补贴比例的增加而增加。当投入补贴比例大于10.4%时,投入补贴乘数将大于产量补贴乘数。由于产量补贴仅对产量起作用,而投入补贴则对总成本起作用,因此,投入补贴的乘数效应在 $\delta > 10.4\%$ 后逐渐大于产量补贴乘数。

其次,我们在政府非对称规制下比较了不同补贴方式对国企和民企均衡产量的影响。可以看出,给定非对称规制,投入补贴和产量补贴并不能改变国企和民企的竞争格局,国企的产量仍将高于民企的产量。但是,不管是产量补贴还是投入补贴,当非对称规制达到一定强度时,国企的产量将逐渐减少,由于市场容量有限,民企产量将逐渐增加。这意味着通过非对称规制,政府扶持了民企的发展。

在页岩气上游开采市场上,国企由于掌握先进的技术,并具有人才、资金优势,往往占有优势地位,但它们对页岩气开发的积极性并不高。为了形成页岩气开采领域多元主体的竞争格局,鼓励民企进入和发展壮大是十分重要的。2014 年以来,国际能源价格持续下滑、低位徘徊,再加上中国页岩气开采难度大,各类企业对页岩气开发的兴趣持续下降。政府一方面试图在下一轮招标时吸引更多的民营企业参与,另一方面又不断压缩补贴,反而造成了准备投标页岩气开发的企业犹豫不决。

目前,中国页岩气开发领域的补贴政策只有产量补贴,这无法改变民企的弱势地位。为了鼓励更多民企进入并增加产量,政府有必要采取投入补贴和非对称规制：尤其是在开发初期,投入补贴的效果无疑会更好;而采取非对称规制,则可以形成国企与民营对等的竞争格局。因此,国家相关部门应该尽快研究制定减免页岩气开采企业成本的补贴政策;要求大型国有油气企业承担更多的公益性勘探、技术研发等社会责任,并向全社会公开;保持补贴政策的力度,或采取延长补贴年限等政策,以进一步推动各类企业开采页岩气资源的积极性。

9.3 页岩气管网改革与规制研究

在页岩气产业链中,中游管网建设的规模及其政府规制的导向性是影响页岩气开发与利用的瓶颈。美国的经验表明,独立第三方管网企业的准入、高度密集的管网建设都对其页岩气革命的成功起到了基础性作用。因此,本节将对中国天然气管网建设、油气体制改革和进入规制等进行深入探讨,为政府相关部门提出解决方案。

9.3.1 中国天然气管网建设现状及目标

中国天然气开采主要集中于西部、西南地区及领海区域,而天然气消费则集中于沿海及中部人口密集、经济发达的地区。因此,没有输气管网等基础设施的大发展,就不可能有天然气消费水平的提高。自 2004 年以来,中国天然气管网建设一直处在高水平发展阶段,初步形成了"西气东输、海气登陆、就近供应"的供气格局,且建成或在建的天然气进口通道达到五个。然而,与发达国家相比,中国管道建设的步伐仍无法满足日益增长的需求,管网建设仍需加快。

1. 天然气输气管道建设现状及规划目标

天然气输气管道分为干线长输管道和城镇燃气管道,前者连接各省市门站,后者连接下游工业用户和居民用户。截至 2015 年底,中国干线管道总里程达到 6.4×10^4 km,一次输气能力约为 $2\,800\times10^8\ m^3/a$,天然气主干管网已覆盖除西藏外的全部省份;城镇管网总里程达到 43×10^4 km,用气人口约 3.3 亿人;初步形成了以五大跨区域天然气主干管道系统——西北(新疆)、华北(鄂尔多斯)、西南(川渝)、东北和海上向东中部地区输气为核心的“西气东输、川气东送、海气登陆、就近供应”的管网格局(图9.7)。此外,中国建成 LNG 接收站 12 座,LNG 接收能力达到 $4\,380\times10^4$ t/a,储罐罐容 $500\times10^4\ m^3$;建成地下储气库 18 座,工作气量 $55\times10^8\ m^3$;建成压缩天然气/液化天然气(CNG/LNG)加气站 6 500 座,船用 LNG 加注站 13 座①。

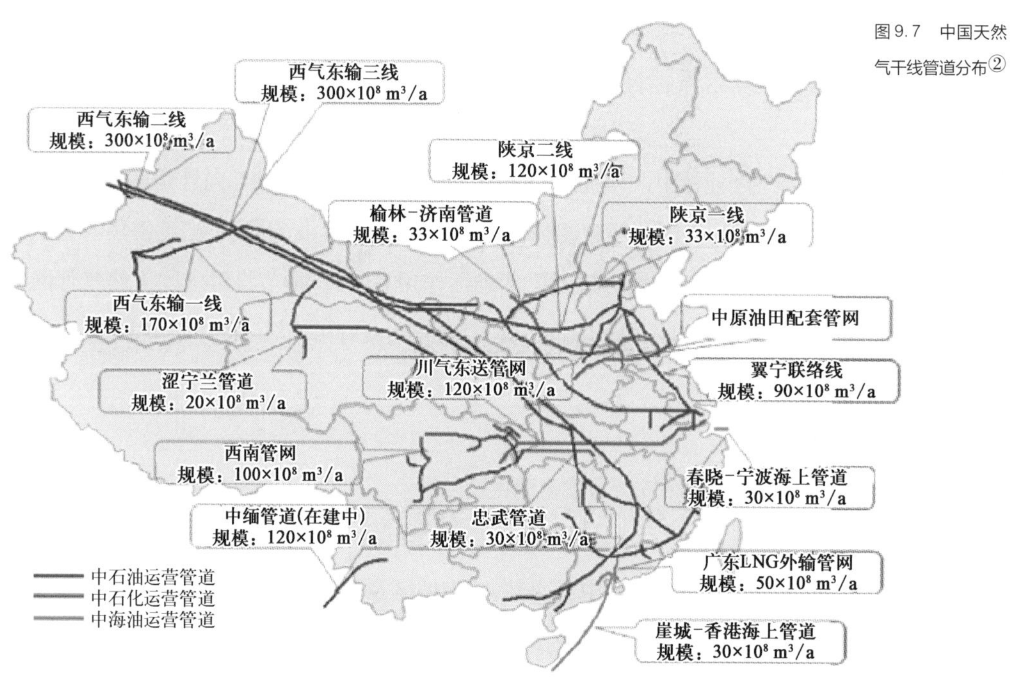

图9.7 中国天然气干线管道分布②

随着城市化水平的提升和城市燃气管道覆盖范围的扩大,居民、商业用气量快速增加。《全国城镇燃气发展“十二五”规划》显示,“十一五”期末,我国城镇燃气管网总

① 《天然气发展“十三五”规划》。
② 《中国天然气发展报告(2016)》。

长度由“十五”期末的 17.7 × 10^4 km 提高至 35.5 × 10^4 km；“十二五”期间，我国新建城镇燃气管道约 25 × 10^4 km，到“十二五”期末，城镇燃气管网总长度将达到 60 × 10^4 km。然而，截至 2015 年底，城市天然气管道总长度为 49.8 × 10^4 km，没有完成“十二五”规划目标。2016 年，城市燃气消费量为 827 × 10^8 m^3，增长 9.1%，占比上升至 40.3%。由图 9.8 可知，自 2005 年到 2014 年，中国城市燃气管道建设虽然在稳步增长，但增长率却逐年下降。

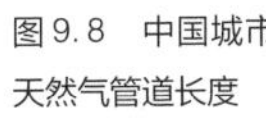
图 9.8　中国城市天然气管道长度

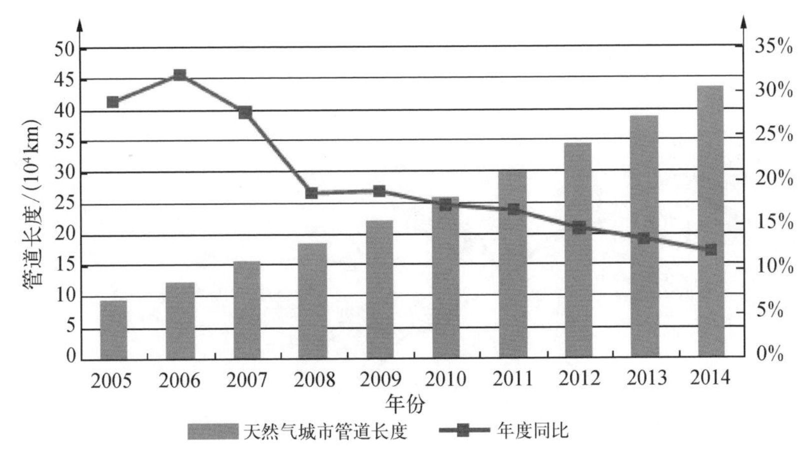

截至 2015 年 10 月 1 日，中国包括在建和计划中的天然气管道主线路为 3 005 条，包括 9 条海外管道，55 条省际管道，288 条市际管道，2 132 条市内管道，以及 409 条气田集气管道。除西藏外，中国各省市自治区均有至少 1 条主管道，每年可供应至少 100 × 10^8 m^3的天然气①。

根据《天然气发展“十三五”规划》，未来五年将新建天然气主干及配套管道 4 × 10^4 km，到 2020 年，总输气里程达到 10.4 × 10^4 km，干线输气能力超过 4 000 × 10^8 m^3/年；地下储气库累计形成工作气量 148 × 10^8 m^3。从区域上，加快向京津冀地区供气的管道建设，增强华北区域供气和调峰能力，完善沿长江经济带天然气管网布局，提高国家主干管道向长江中游城市群供气的能力。根据市场需求增长安排干线管道增输工

① http://www.chinagasmap.com/theprojects/naturalgaspipelines.html.

程，提高干线管道输送能力。

2. “西气东输”管道

2000 年，中国开始动工兴建“西气东输一线和二线”工程，累计投资超过 2 900 亿元。这一项目不仅是过去 17 年中投资最大的能源工程，而且是投资最大的基础建设工程，是国内、也是全世界距离最长的管道工程。图 9.9 给出了西气东输工程的线路走向。

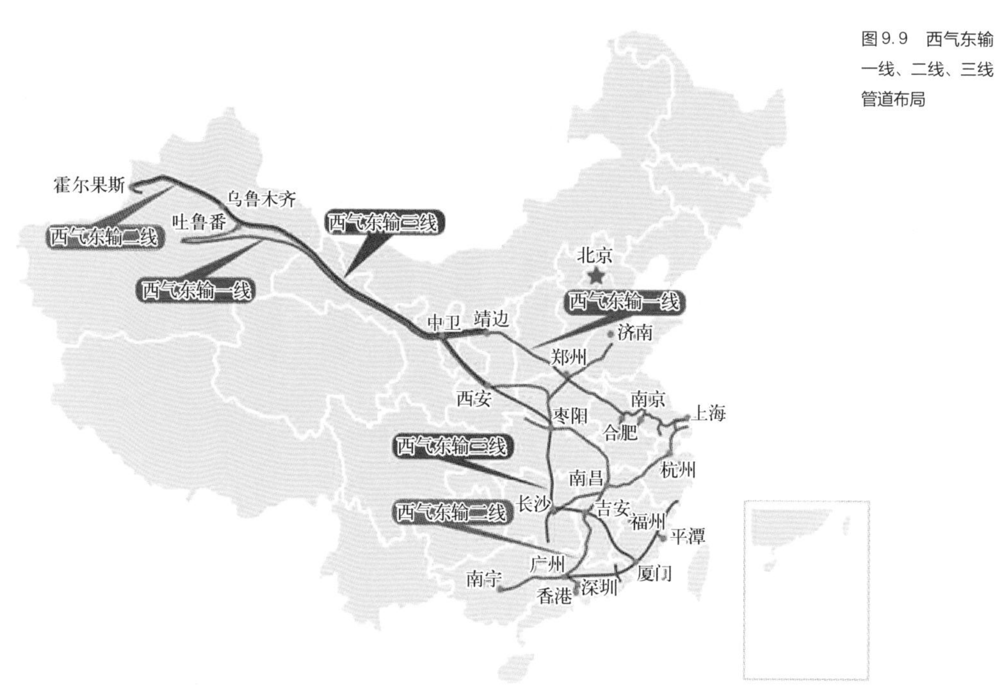

图 9.9 西气东输一线、二线、三线管道布局

西气东输一线自新疆塔里木轮南油气田始，向东经过库尔勒、吐鲁番、鄯善、哈密、柳园、酒泉、张掖、武威、兰州、定西、宝鸡、西安、洛阳、信阳、合肥、南京、常州等地区。东西横贯新疆、甘肃、宁夏、陕西、山西、河南、安徽、江苏、上海等 9 个省区，全长 4 200 km。

西气东输二线工程于 2008 年 2 月 22 日开工，是我国第一条引进境外天然气的大型管道工程，包括 1 条干线和 8 条支干线。西起新疆霍尔果斯口岸，南至广州，途经新疆、甘肃、宁夏、陕西、河南、湖北、江西、湖南、广东、广西等 14 个省区市，干线全长 4 895 km，加上若干条支线，管道总长度超过 9 102 km。西气东输二线总投资约 1 422 亿元，设计年输气能力 300×10^8 m^3，可稳定供气 30 年以上。

2012 年 10 月 16 日，西气东输三线天然气管道工程开工，总投资 1 250 亿元，线路途经新疆、甘肃、宁夏、陕西、河南、湖北、湖南、江西、福建、广东等 10 个省（区），总长度约为 7 378 km，设计年输气量 300×10^8 m^3。主要气源来自中亚国家，国内塔里木盆地增产气和新疆煤制气为补充气源。

西气东输四线也已经于 2014 年开工建设，总投资为 346.2 亿元，起于新疆伊宁，止于宁夏中卫，途径新疆、甘肃、宁夏 3 省（自治区），管道全长 2 454 km。同时，西气东输五线、六线也在推进或计划中。

西气东输管道构成了中国天然气骨干管网的重要组成部分，进一步提高了新疆及中亚天然气资源向中东部市场的输送能力，缓解了中国天然气供需紧张的矛盾，对于中国能源结构的改善具有战略性意义。

3. 进口天然气管道

2015 年，中国天然气进口量为 624×10^8 m^3，增长 4.7%，其中，管道气和 LNG 进口量分别占 56.7% 和 43.3%。中国天然气进口通道共有五个，一是中亚经西气东输二线、三线、四线、五线进入，共分 A－D 四线；二和三分别是中俄东、西两线天然气管道；四是中缅天然气管道；五是海上进口通道中 LNG 接收站配套管网（图 9.10）。

中亚天然气管道分 A、B、C、D 四条线（图 9.11）。2009 年 12 月 14 日，A 线正式通气投产。2010 年 10 月，B 线提前 2 个月实现通气。2014 年 5 月，C 线投产运行。A、B、C 三条管线使全线年输气能力提升至 550×10^8 m^3，可满足国内 25% 的天然气需求。2014 年 9 月 13 日，D 线举行开工仪式。

中国-中亚天然气管道 A/B 线，设计年输量 300×10^8 m^3，通过西气东输二线向国内转供。该线起于阿姆河右岸的土库曼斯坦和乌兹别克斯坦边境，经乌兹别克斯坦中部和哈萨克斯坦南部，从阿拉山口进入中国，与“西气东输二线”相连。管道全长约 1×10^4 km，其中，土库曼斯坦境内长 188 km，乌兹别克斯坦境内长 530 km，哈萨克斯坦境内长 1 300 km，其余约 8 000 km 位于中国境内。管道分 AB 双线敷设，单线长 1 833 km，是世界上最长的天然气管道。

中国-中亚天然气管道 C 线是在已建成投运的 A/B 线基础上规划建设的又一条

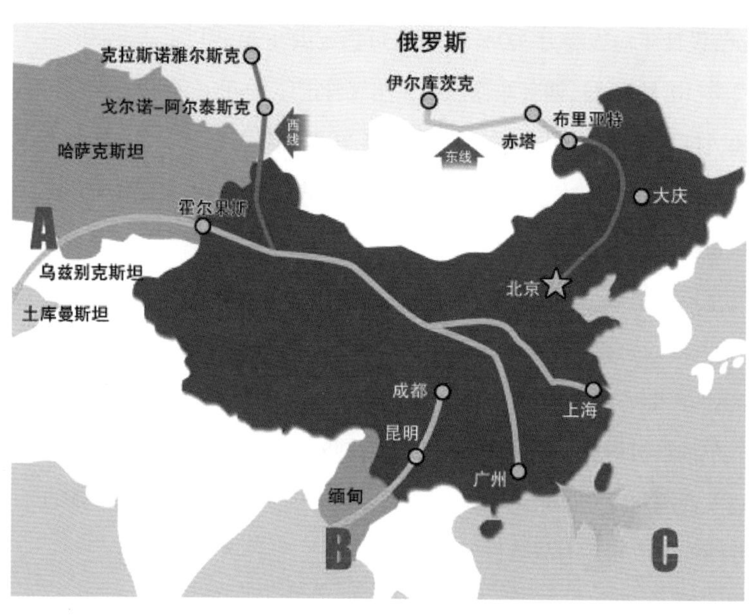

图 9.10 中国五大天然气进口通道

能源大动脉。C 线与 A/B 线并行敷设,线路总长度 1 830 km,设计年输气能力 $250 \times 10^8\ m^3$。线路起于土库曼斯坦和乌兹别克斯坦边境格达依姆,经乌兹别克斯坦、哈萨克斯坦,在新疆霍尔果斯口岸入境,2014 年 5 月底具备了通气投产条件。相关配套设施全面建成后,将提升中亚天然气管道全线输送能力至每年 $550 \times 10^8\ m^3$,届时可满足国内 23% 的天然气消费需求。

中国-中亚天然气管道 D 线设计年输送能力将达到 $450 \times 10^8\ m^3$,管径、输送压力和输送能力较前三线均有大幅度提升。D 线起于土库曼斯坦和乌兹别克斯坦边境,途经乌兹别克斯坦、塔吉克斯坦、吉尔吉斯斯坦三国,最终从南疆的乌恰县进入我国,与西气东输五线相接。管道全长 1 000 km,由中石油与沿线各国合作建设,其中,塔吉克斯坦境内段长约 410 km,是过境各国中最长的。西气东输五线工程起于新疆乌恰县,终点计划输往江、浙一带,计划于 2016 年建成通气。

2014 年 5 月 21 日,俄罗斯天然气工业公司与中石油签署对华供气合同。2018 年起,俄罗斯将开始通过中俄东线天然气管道向中国供气,输气量逐年增加,最终达到 $380 \times 10^8\ m^3/a$。管道总长 3 968 km,途经黑龙江、吉林、内蒙古、辽宁、河北、天津、山东、

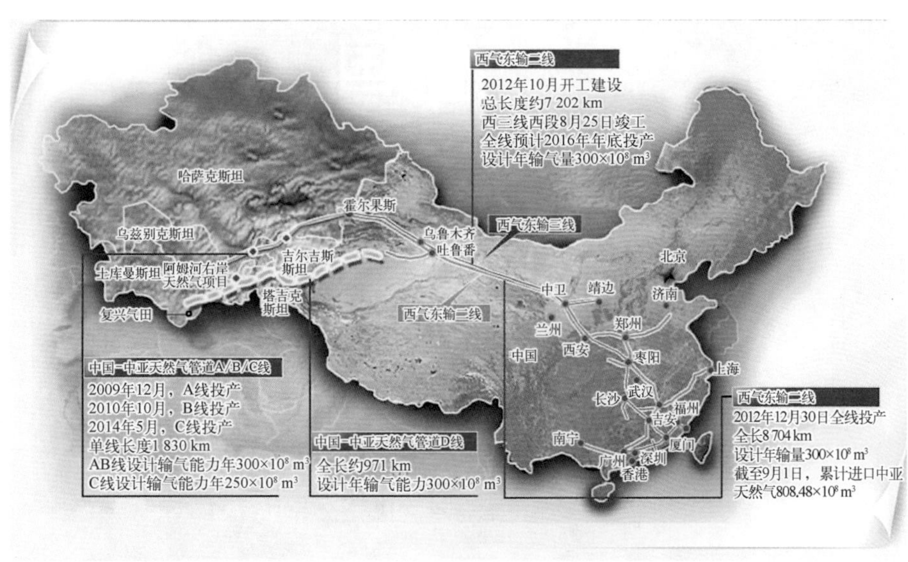

图9.11 中亚天然气管道A/B/C/D线

江苏、上海9个省份(图9.10)。2014年11月9日,中俄签署了铺设“西线”天然气管道的框架性协议,俄罗斯每年将通过西线管道向中国提供多至$300\times10^8\ m^3$的天然气。到2020年,俄罗斯出口到中国的天然气将达到我国天然气消费总量的五分之一。届时,中国将成为俄罗斯天然气的最大消费国。但由于中国经济增速放缓,以及大宗商品价格的回落,合作双方在价格方面出现了分歧。该项目已经无限期搁置。

被视为中国第四大战略能源通道的中缅油气管道项目最早在2004年提出规划,总投资约25.4亿美元,设计能力为每年向中国输送$2\,200\times10^4$ t原油、$120\times10^8\ m^3$天然气。天然气主要来自缅甸近海油气田,原油主要来自中东和非洲。然而,由于缅甸国内形势复杂,直到2010年该天然气管道才开始建设,并于2013年7月建成投产。该线起自缅甸西海岸皎漂,从云南瑞丽进入中国,终点为广西贵港。管道干线全长2 520 km,缅甸段793 km,中国段1 727 km(图9.12)。

在“十三五”期间,中国将在西北战略通道重点建设西气东输三线(中段)、四线、五线,以及中亚D线;东北战略通道重点建设中俄东线天然气管道;西南战略通道重点建设中缅天然气管道向云南、贵州、广西、四川等地供气的支线。海上进口通道重点加

图9.12　中缅天然气管道示意

快 LNG 接收站配套管网建设。五大战略要道可谓齐头并进，中国天然气进口量必将持续增长。

4. 管道建设仍落后于需求增长

尽管中国天然气管网建设取得了飞速发展，但仍远远不能满足天然气消费需求的急速增长。与发达国家相比，中国管道建设的步伐仍需加快。根据 IEA 的统计，截至 2009 年底，德国天然气输送高压管道总长为 11.7×10^4 km，而其国土面积仅为中国的 4%，天然气消费量也比中国少很多(2010 年为 970×10^8 m^3)。作为天然气消费大国的美国，每年的消费量近 $7\,000\times10^8$ m^3，其管道总长更是达到约 50×10^4 km，其中的 70% 为州际管道。

因此，为了满足天然气需求的持续增长，中国必须加快发展天然气运输网络建设，不仅要建设从进口国到消费中心之间的运输管线，还要建设各个地区之间的运输网络以及加密地区内的管网设施。此外，我国还应加快建设页岩气、煤层气的长途运输基础设施，以将未来生产的页岩气和煤层气输送至东部天然气消费中心。随着页岩气勘探和开发更加趋向于市场化，新的生产区可能不断涌现，这就需要新建与需求中心连接的管网设施。

9.3.2 中国天然气输气管网运营模式

在中国天然气产业链中，以输气管网为核心的运营模式呈现以下三个特点。

1. 管道建设与经营主体多元化

中国输气管道建设的主体是三大油气公司，它们依托资源、资金、技术、人才等方面的优势，在天然气管道建设和运营管理方面处于主导地位。其中，中石油拥有5家专业化公司[包括管道公司、西气东输管道(销售)公司、西部管道公司、西南管道公司、北京天然气公司]和一家区域化管道公司(西南油气田公司)，天然气管道总长度约为5×10^4 km，约占全国的78%。中石化的天然气管道业务由天然气分公司负责，在建和运营管网超过4 600 km，逐渐形成"两线"(川气东送管道、榆济输气管道)、"一站"(山东LNG接收站)、"三库"(中原、江汉、金坛储气库)的布局。中海油的天然气管道由中海石油气电集团统一经营和管理，管网布局主要集中在海南、广东、福建、浙江这4个东部沿海省份，总里程达到3 145 km(具体参见图9.7)。

与此同时，各地政府及地方国有企业也纷纷通过独资或合资方式组建地方管道公司，控制地方分支管道建设。据不完全统计，全国已有25个省(市)组建了32个省市级管道公司。这些公司主要分为三类：第一类由地方国有投资公司或能源企业占据主导地位，作为省(市)内唯一的区域管道建设和天然气总买卖方向上游企业购买天然气资源，向下游城市管网和用户销售天然气，例如，北京、上海、广东、浙江等省市的天然气管道公司。第二类是当地国有投资公司或能源公司组建的天然气管道企业，不能做到省(市)内天然气资源的总买总卖，也不一定是省(市)内唯一的天然气管道公司，在管道建设中面临资源和下游市场控制力度不足的制约，例如，湖北、湖南、安徽、河北等省的天然气公司。第三类由大型油气公司控股或占主导地位的天然气输送与销售公司，是上游企业向下游市场延伸的环节，例如，中石油南疆、中石化江西、中海油福建等天然气公司。

整体来看，中国天然气干线管网被"三桶油"垄断，而区域和城市管网建设和经营主体较为多元化，大多数省（市）并没有形成“全省（市）一张网”的格局，在一个省市内可能有多个省（市）级管道建设主体，例如，湖南、江西、山东等省分别与中石油、中石化合资组建了省级管道公司（李伟和张园园，2015）。

2. 管网地理分布存在重叠

在输气管道的地理分布上，三大油气公司从主干管道上分出支线，在各省门站城市与其他油气公司进行竞争，因此在地理上存在重叠，这可能导致重复建设问题。IEA定义这种竞争方式为“管道间竞争”（Pipeline-to-pipeline competition）。例如，中石油的忠武线与中石化的川气东送线在走向和分输站布局上相似度都很大。随着中石油西南常规天然气产量的下降，原本从西南气田向东输气的忠武线在2006年进行了反输改造，引入西气东输一线的部分气流，沿着忠武线自东向西反向补充沿途分输城市。而与此同时，中石化的川气东送管道又自西向东将普光气田的天然气输送到东部城市群。如果中石油和中石化能够互换管输权，两个气源就可以避免舍近求远地输气，从而优化了管网资源的配置。

3. 纵向一体化的经营模式

在输气管网的经营上，三大油气公司均采取纵向一体化模式，涵盖从上游、中游甚至下游的各个环节（图9.13）。三大油气公司各自拥有上游和中游资源——气田和主

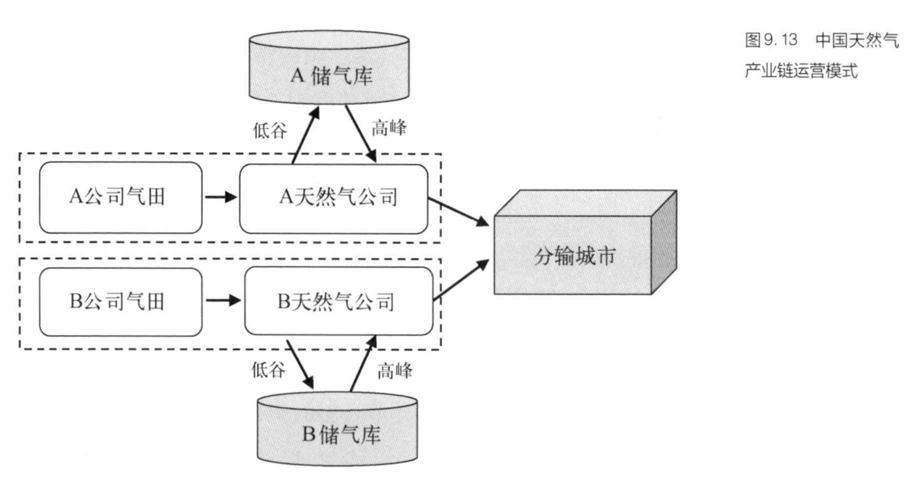

图9.13 中国天然气产业链运营模式

干长输管道、输气设施，并在一些区域进行分销业务，即从垄断的气田开采天然气，通过各自所有并经营的输气管道输往门站城市。另外，由于天然气消费具有季节性波动，油气公司一般在消费低谷时期储存部分天然气到靠近气源或靠近消费城市的储气库，等到消费高峰时，再从储气库提气，供应消费城市。通常，城市公用事业公司（省级天然气公司）、化工及电力大用户与三大油气公司就一年的用气量签订购气合同。在这一过程中，输气费用（包含储气费用）由政府规制机构按成本定价核准公布。

从以上分析中可以看出，现有国有油气公司纵向一体化的垄断经营模式导致行业进入壁垒高企，其他社会资本难以进入油气勘探开采和管道运营市场；几大油气公司在工程建设、运营服务、工程技术服务、装备制造和基地服务等方面具有专业的人才队伍和强大的技术能力，“体内配置”在一定程度上压缩了其他企业参与油气业务的市场空间。这导致中国输气管道的网络化程度依然很低，成为天然气消费提升的瓶颈。同时，也导致中国天然气干线管道的联络线较少，几大公司管道之间的联通程度不高。

此外，由于油气生产销售主体有限，而几大石油公司生产要素的配置和流动在其内部可基本实现，国内油气交易市场发育不足，缺乏价格发现功能和市场化价格形成机制。尽管成品油和天然气价格形成机制在不断改革，但仍以政府调控和定价为主，市场化程度不高，不能及时传导市场信息，难以在生产与消费、替代能源、上下游产业链的比值关系方面充分发挥调节引导的机制性作用。

最后，中国油气行业长期依靠行政管理，立法滞后。不仅缺乏基础性的《能源法》，一些重要的单行法如《石油和天然气法》也始终提不上日程，已有的法律法规也亟须修订。此外，发改委能源局、国土资源部等行政机构在管理职能上存在一定程度的交叉、分散和不到位的问题；油气行业监管力量薄弱，管理方式、技术手段无法适应油气行业改革与发展的需要①。

总而言之，中国现有油气管理体制最大的问题就在于垄断以及对垄断的监管不到位。因此，油气体制改革的核心就是打破垄断，让市场机制发挥基础性的资源配置作用，并随之构建专业化的监管体系。

---

① 李润生等. 油气体制改革要奔着4大问题去. 中国能源报[N]，2015－11－20.

9.3.3 中国油气体制改革的方向

近年来,中国政府鼓励和引导民间资本进入油气领域,从事页岩气、煤层气、煤制油、煤制气等非常规油气资源开发以及油气产品终端销售业务,上下游市场主体逐步走向多元化。然而,作为油气领域的重要环节,油气管网设施建设、运营管理仍主要集中于三家大型央企之手,主干油气管网处于高度垄断状态,部分省市也出现了天然气管网由地方企业垄断经营的现象。因此,管网设施构成了油气市场开放的瓶颈,相关市场主体对于公平开放的需求日益凸显。

2012 年 6 月 18 日,国家能源局《关于鼓励和引导民间资本进一步扩大能源领域投资的实施意见》明确指出,支持民间资本与国有石油企业合作,投资建设跨境、跨区的石油和天然气干线管道项目;以多种形式建设石油和天然气支线管道、煤层气、煤制气和页岩气管道、区域性输配管网、液化天然气(LNG)生产装置、天然气储存转运设施等,从事相关仓储和转运服务。2014 年 2 月 13 日,国家能源局又发布了《油气管网设施公平开放监管办法》,旨在促进油气管网设施公平开放,提高管网设施利用效率,保障油气安全稳定供应,规范油气管网设施开放相关市场行为,在目前油气行业纵向一体化的体制下,解决上、下游多元化市场主体的开放需求问题。这些文件在很大程度上释放了油气体制改革开启的信号。因此,借鉴典型国家油气体制演进的经验、按照顶层设计和总体改革的要求、重构我国石油天然气体制已经势在必行。

根据上节的分析,中国油气行业改革的目标应该是建立完善的现代油气市场体系。这一体系至少应由以下四个方面构成。

第一,完善的政策法规体系,主要应包括《能源法》等基础性法规;《石油和天然气法》《油气管道法》《油气分销法》《石油和天然气进出口管理法》《油气监管法》等单行法;大量的行业行政性法规、条例和重要的产业政策,以及覆盖全行业的技术、安全、质量、环境和能耗等相关标准。

第二,多元化的市场主体,包括若干个超大型上下游分离的油气公司及管道运输公司;一批规模化、专业化的技术服务公司、工程建设公司和装备制造公司;为数众多的中小石油公司、储运公司、技术服务公司、建设公司、制造公司和分销零售商;若干个油气交易市场,形成以国有大型油气公司为主导、多种经济成分共同组成的市场结构,企业不分大小,享有平等权利,承担同样义务,相互补充、协调发展、有序竞争。

油气运输环节存在很强的规模经济性,因而,全国油气管网的宏观布局必须统一规划、统一调配、统一协调、统一管理,避免重复建设。在这一意义上,油气管网建设和运营体制改革是油气行业深化改革的重点领域和关键环节。未来天然气管网设施的监管重点主要体现在以下三个方面:一是输送与销售业务分离,管网公司将不再经营销售业务;二是管网等基础设施实行严格的第三方公开准入,其管输、储存、液化等能力在满足自身需要后按照公平、公开的原则无差别地向第三方提供服务;三是服务价格受到严格监管。以长输管道为例,管网公司所收取的管输费与本企业直接成本无关,只取决于社会平均管输成本,但可能与管道管径直接挂钩,管径越大则单位管输费越低。因此,管道规划中最优管径的选择将更为重要。为了提高效益,管网公司必须在项目规划、可行性研究、建设、运营各个环节把提高管输效率、降低运营成本放在首位,才能在未来的市场竞争中立于不败之地。

第三,基于市场的价格形成机制。这要求油气产品、技术服务和生产要素价格由市场供需形成与调节,政府不直接干预;建立油气交易市场和平台,充分发挥其价格发现功能和形成机制,建立我国自己的原油、成品油和天然气(LNG)等价格窗口;具有公共服务性质的价格由政府制定和监管。

第四,专业化的行业监管,包括制定行业监管法规条例,建立与油气资源国家一级管理体制相适应的、相对独立的专业监管机构;统一监管标准与规范,理顺中央与地方对行业监管的责任关系、不同部门对行业监管的责任关系;加强专业监管队伍建设,把监管重点放到涉及公众利益、国家利益的关键环节上,促进实现油气资源的最大发现、最优开发、最佳利用、最好企业效益和社会效益。

世界主要国家的油气体制可以大体分为"政府主导"和"市场主导"两种模式①。"政府主导"模式的基本特点是:政府通过其控股的国家石油公司垄断油气产业勘探、开采等生产经营权和对外合作权,市场机制在油气领域的作用非常有限。采用这一模式的主要是发展中国家或转型国家中的油气生产和出口国,石油收入是这些国家收入的最重要来源。比如,中东石油生产国,其石油生产和出口收入占政府收入的比重高

① 朱彤. 围绕三大关系,重构油气体制. 经济观察报[N],2015-03-03.

达 80%~90%。因此,通过强化国家对油气资源的控制来实现国家(而非公司)石油资源收入的最大化。相比之下,美、日、西欧等重要油气进口国则采用"市场主导"模式,其能源政策最关心的问题是油气效率与进口安全。因此,无论是国内油气的勘探、生产、消费还是进口环节,市场机制都起着"决定性作用"。政府除了承担必要的社会监管职能外,主要在与能源安全直接相关的事务上发挥重要作用,并尽可能减少对效率的干扰。比如,自第一次石油危机后,美国就采取严禁国内生产的油气出口的政策,还有很多国家规定了企业要承担石油储备的义务,等等。

从中国油气体制的改革历程看,中央油气企业的"行政垄断"一直未被打破,其基本特点是:国家石油公司借助行政法规与政策获得了石油天然气勘探和开发、成品油批发,以及石油天然气及其制品的国际贸易的垄断权,市场机制仅在下游市场发挥非常有限的作用。这种类似"政府主导"的油气体制既不符合我国作为"世界第二大石油消费国和净进口国"的根本特点,实践效果也差强人意。可以发现,无论是过去的成品油价格改革,还是现在力图推进的油气管网公平开放,以及石油央企推行的"混合所有制"改革,都没有对国家石油公司的行政性垄断地位有明显触动。相比之下,党的十八届三中全会提出的"让市场起决定作用"的方针更加符合我国能源领域的基本国情。

9.3.4 管网环节的进入规制

在理论上,对于自然垄断环节的政府规制涉及价格、进入、投资、规划等多个方面,其中,进入规制与价格规制是最重要的。本章主要考察进入规制,第 10 章将专门考察价格规制。

1. 页岩气开发的最大瓶颈在于管网准入

页岩气的勘探开发具有不确定因素多、地质与技术风险难以预计等特点。我国页岩气开发尚处于起步阶段,由于缺乏开发经验,往往难以确定初始投资规模和预期效益。为了提高页岩气的开发效益、降低投资风险,除了需要充分研究开发区块的地质条件、开发技术的可行性外,合理选择产出气的外输和利用方式也至关重要。

在现代城市建设中,管道燃气已经逐渐成为居民生活的必需品,也是中国改善能源结构的重要举措。天然气管道建设具有准公共品特性,必须纳入政府管制范畴。天然气管道的建设在很大程度上依赖于政府对管道网络的规划和设计,并影响天然气的运输效率和上游的资源开发。另外,管道建设和运营维护同样会影响页岩气终端用户的价格。对于页岩气生产商而言,要将开采出的页岩气远程运输到下游市场,主要有两种选择:一是通过压缩液化之后灌装运输,二是并入已有的天然气干线管网统一运输。对于需要长期大量使用页岩气的需求方而言,灌装运输具有不连续、高成本、高风险的特点,因此,管网运输便成为更优的选择。而对于远离天然气干线管网设施、初期产量较小的区块,可以使用罐车运输的方式将页岩气从气田运送到消费地;对于产气量较大的区块,则需要修建输气支线,连接到干线管网,通过管道方式将页岩气输送到消费地。在全球,管道运输是现有技术条件下页岩气运输最为经济和安全的方式。

在世界管道总长中,天然气管道约占一半。在早期,天然气管网被赋予垄断地位的原因是其具有很强的规模经济性。但其实只要监管得力,自然垄断对于社会来说并不是危害,反而可以实现更好的经济效益。然而,中国管网的所有者过于集中,自然垄断与行政垄断被混淆在一起,导致效率低下和体制僵化。中石油、中石化、中海油既控制天然气资源又控制全国的管网,而且掌握着下游众多燃气企业和电力企业的股权,从而形成了纵向一体化的垄断结构(赵俊,2012)。尽管这种纵向一体化的国有企业对于保障国家能源安全和参与国际能源竞争具有重要意义,但不可否认的是,这种垄断结构对于吸引民营资本投资、构建多元竞争市场、提高能源行业效率均会产生极为不利的影响。因此,打破管网垄断是油气体制改革的重中之重。

进一步,在管道运输是现有条件下页岩气运输的最佳方式的背景下,国有油气企业控制的主干管网也就扼住了页岩气产业发展的咽喉(孙哲,2015),造成页岩气产业供求机制运行不畅,成为瓶颈。研究发现,天然气管网长度与天然气消费之间存在单向因果关系。即天然气管网长度越长,天然气消费越高(何立华等,2013)。因此,尽管管网垄断具有自然垄断的表征,但实质上很可能是行政垄断的结果(孙哲,2015)。油气体制改革的核心是管网体制改革。

2014 年 2 月,国家能源局发布《油气管网设施公平开放监管办法(试行)》,要求在有剩余能力的情况下，油气管网设施运营企业应向第三方市场主体平等开放管网设施，按签订合同的先后次序向新增用户公平、无歧视地提供输送、储存 、气化、液化和压缩等服务。作为油气体制改革的重要对象，中石油的改革进程备受关注。2015 年 12 月，据路透社报道，中石油准备出售部分国内优质天然气管道资产，包括从中国西部内陆至东部和南部沿海地区的三大主要管道，总长度约 20 500 km，每年总输送能力为 $800\times10^{8}\ m^{3}$，相当于中国天然气总消费量的 45%，总价值约为 3 000 亿元人民币(470 亿美元)。此举亦被视为中国政府打破垄断，提高效率和引入民间投资的序曲。

2017 年 5 月 21 日，中共中央、国务院印发了《关于深化石油天然气体制改革的若干意见》，明确了深化石油天然气体制改革的指导思想、基本原则、总体思路和主要任务。其中包括改革油气管网运营机制，提升集约输送和公平服务能力；分步推进国有大型油气企业干线管道独立，实现管输和销售分开；完善油气管网公平接入机制，油气干线管道、省内和省际管网均向第三方市场主体公平开放，等等。这说明，我国油气体制改革又向前推进了一步。

2. 管网环节改革的核心是开放第三方准入

由于纵向一体化对市场竞争存在种种不良影响，IEA 在研究 OECD 国家管网经营的基础上，确定了两种可以替代垄断市场结构的市场模式："管道到管道竞争"模式和"强制第三方准入至管网"模式。目前许多 OECD 国家，尤其是重要的天然气生产国，如美国与英国，都转变成为以市场为基础、允许第三方准入的天然气发展体系①。

从发达国家的经验看，打破管网垄断，实行第三方准入后，企业效率将得到较大提高。IEA 将"第三方准入(Third Party Access，TPA)"定义为，第三方(包括生产商、消费者、运输商或贸易商)利用管道公司的运输能力和相关服务付费输送自己天然气的权利②。Fridolfsson 和 Tanger(2009)基于实证研究发现，北欧电力市场在引入第三方准入后，发电企业的生产效率大大提高。Friebel 等(2010)也证实，第三方准入运轨提高了欧洲多数国家铁路的运能。Hallack 和 Vazquez(2012)指出，尽管欧盟、美国和澳大利亚的天然气行业各自采用了不同的市场组织形式，但其共同特性都是基于管网向

① 第三方准入或可替代天然气市场垄断模式. 中国能源报[N],2012－09－19.

② http://www. egas. cn.

第三方平等、公平的准入。这一观点也得到其他研究的认同(Newberry,2002;Vazquez 和 Hallack,2015)。

国际能源机构将天然气市场的发展分为垄断、管道竞争、批发竞争和零售竞争等四个阶段,不同阶段有不同的定价方式,而不同阶段的最大区别是管网的完善程度(吴炳乾和张爱国,2011)。目前,美国已拥有较为完善的天然气管网系统,天然气管网总长度已达 60×10^4 km。从发展阶段来看,美国天然气市场在经历了垄断、管道竞争、批发竞争后,目前进入了零售竞争阶段。实际上,美国在完全放开井口价格和城市配送价格之前,天然气州际管道已经形成了具有第三方性质的、互认的、相互联通的管网体系,联邦政府在此基础上对州际管输费用实行价格管制,用户可以直接同供气方签订购气合同,至此美国天然气市场的"两头"才有了充分的竞争性(周仲兵等,2010)。美国页岩气革命取得成功的重要原因之一就是遍布本土49 个州 48×10^4 km 的管道铺设以及优惠的税收政策(潘鸿和毛健,2014)。

在多数情况下,带有自然垄断性质的基础设施如管道、LNG 接收站、储气站等仅是一个纵向一体化油气公司众多业务中的一个分支。通过自己生产或进口,纵向一体化公司拥有自有商品的所有权,有时还拥有触及最终零售客户的分销所有权。在未对准入和透明度进行监管的情况下,该公司可以自由协商关于其基础设施的准入权,这就确保其拥有与其他天然气供应商竞争的优势。如果没有相应的监管,强大的纵向一体化公司就有动机滥用市场优势地位,妨碍第三方参与市场。这种市场垄断,尤其是利用管道基础设施进行的垄断,阻碍了有效的天然气市场的形成和发展。目前,中国油气行业纵向一体化的垄断结构可能使得民营资本生产的页岩气无法顺利进入管网销售,因此,管网准入问题成为民营资本进入页岩气领域的最大障碍。梁亚辉(2015)认为,目前中国的管网建设并不发达,现有的管网运输能力很难满足"三桶油"自身的需求,在运力有限的情况下向第三方开放几乎是不可能的。因此,应循序渐进开放第三方准入,其基本过程是从协商准入逐步演变到监管准入。

根据以上研究,中国油气产业改革的突破口很可能会出现在连接上下游的管输领域。在不重复投资建设竞争性管道的前提下,引入第三方准入制度,将天然气管道"公器"化有望成为最优选择(Marston,2001;Pennington,2002)。范合君和戚聿东(2011)、吴建雄等(2013)认为,分拆式改革应该与运营模式改革相结合,缺乏运营模式基础,无论基于业务环节的纵向拆分还是基于地域的横向拆分，都达不到实现有效竞争的目的。天然气的一体化经营模式使用户无法知道运输企业购气成本和输气成本，只能成为价格的被动接受者。因此，为了防止管网所有者阻碍第三方使用管网而变相提高管输费，政府必须监管管网价格。从这一意义上，第三方准入制度的基础是打破行政垄断、国企改革和政府分领域监管。

3. 第三方准入制度的内涵与实施条件

"第三方准入制度"也可称为"非歧视服务制度"，其核心要义在于所有用户以公开的程序和条件使用天然气基础设施，平等获得运输和存储服务，基础设施运营企业不得拒绝为特定用户提供服务或者设置不合理条件，不得利用对基础设施的控制权为关联企业谋取竞争优势或者排斥其他经营者。由此可以打破大企业纵向一体化的格局，使更多的市场主体公平地开展竞争，激发市场的活力，促进天然气行业的快速发展。

第三方准入制度的前提条件是，在发达的天然气市场中有多个上游供应商，或者多个下游使用者。2003 年，IEA 第一次针对中国天然气产业发布的报告——《开发中国的天然气市场——能源政策的挑战》指出，只有在天然气市场充分发展并达到高度成熟之后，才能引入"第三方准入"这样的机制以增加竞争和提高效率。而当时的中国引入"第三方准入制度"的条件还不成熟。

与 2003 年相比，当今中国的天然气市场格局已经发生了显著变化，引入"第三方准入制度"的条件越来越成熟。从气源来看，国内陆上有川渝、陕甘宁、青海、塔里木四大产区，海上有南海、东海等气田，以及中亚天然气和不同来源国的船运 LNG 进口，俄罗斯、缅甸方向的天然气进口也在增加。从供气主体上看，除传统的三大油企外，煤制气企业、页岩气企业和民资的天然气进口商都是潜在的重要供应商。而在下游，大工业用户的需求强劲，很多省市，如北京、广东、江苏、浙江等都已经实现多气源供气。

同时，不仅是客观条件具备，主观的企业诉求也已经浮现。2010 年，广东就出现燃气发电企业希望借道大鹏管道采购低价天然气被拒绝的案例。下游燃气企业受制于纵向一体化企业对气源的支配，不能自主选择更廉价的气源，市场竞争力也将随之减弱。

此外，引入第三方准入机制，对于理顺天然气价格体制也有重要意义。IEA 认为，实行管道第三方准入不仅对国内天然气生产及大客户竞争水平的提高起到一定的激励作用,同时也是进行批发价、终端价格改革的必要条件。

9.4 第三方准入下的输气管网定价模型

由上面的分析可知,油气行业的上游与中游分离是改革的重要举措。在独立的中游管输环节实现第三方准入,建立专门的管道运输公司,可以降低上游生产商纵向一体化的程度,打破管网垄断,提高管网建设规模和效率,促进非常规天然气的开发进程。

在市场机制的前提下,本节根据在页岩气管道输送环节是否存在第三方管输公司,将页岩气产业链分成不实行第三方准入的产业链和引入第三方准入的产业链,分别考察两种不同情形下的企业定价策略。

9.4.1 不实行第三方准入制度的斯塔克伯格竞争模型

在不实行第三方准入制度的产业链中,生产商在上游勘探开采,然后将页岩气以批发价格出售给管道公司;管道公司购入页岩气后,用长输高压管道,将页岩气输送至下游门站,以门站价格出售给配气商或大工业用户;配气商最终将页岩气通过配气管网送至终端用户。

根据页岩气产业链的特点,在没有第三方准入制度且政府没有对页岩气价格实施监管的情况下,生产商对管道公司具有主导作用,而管道公司由于其自然垄断地位,对下游的配气商有主导作用。为了便于分析,我们选取页岩气产业链上、中、下游三家存在供求关系的企业(生产商、管道公司、配气商)建立斯塔克伯格竞争模型。

给定假设条件如下:

(1) 产业链中各企业追求利润最大化,依据上游企业的行动作出自己的决策。

（2）上游企业先行，下游企业依据上游企业的行动作出应对策略；企业之间进行斯塔克伯格博弈。

（3）最终需求具有一定的价格弹性。

（4）厂商的利润为 π_i，边际成本为 b_i，固定成本为 C_i。$i=p$ 为生产商，其产品价格为 P；$i=t$ 为管道商，其销售价格为 T；$i=d$ 为配气商，其产品价格为 p。设 $d=D-kp$ 为终端用户在终端价格为 p 的情况下的需求函数，其中，D 为市场容量，k 为价格敏感系数。

下面采用逆向归纳法推导斯塔克伯格博弈的均衡结果。

在第三阶段，配气商根据管道公司给定的价格 T，为实现利润最大化进行定价，其利润函数为

$$\pi_d = (p - b_d - T)d - C_d = (p - b_d - T)(D - kp) - C_d \tag{9.17}$$

令 $\dfrac{\partial \pi_d}{\partial p}=0$，则得到配气商的最优配气价格为

$$p_1^* = \frac{D + kT + kb_d}{2k} \tag{9.18}$$

在第二阶段，管道公司给定下游配气商的价格 p_1^* 和生产商的价格 P（管道公司购买页岩气的成本），选取价格进行自身利润最大化决策。即

$$\pi_t = (T - b_t - P)d - C_t = (T - b_t - P)(D - kp) - C_t \tag{9.19}$$

$$p = p_1^* = \frac{D + kT + kb_d}{2k} \tag{9.20}$$

令 $\dfrac{\partial \pi_t}{\partial T}=0$，可得到管道公司最优销售价格为

$$T_1^* = \frac{D + kP - kb_d + kb_t}{2k} \tag{9.21}$$

在第一阶段，生产商给定管道公司和配气商的价格 p_1^*、T_1^*，决定自己的最优定价 P。即

$$\pi_p = (P - b_p)d - C_p = (P - b_p)(D - kp) - C_p \tag{9.22}$$

$$p = p_1^* = \frac{D + kT + kb_d}{2k} \tag{9.23}$$

$$T = \frac{D + kP - kb_d + kb_t}{2k} \tag{9.24}$$

令 $\frac{\partial \pi_P}{\partial P} = 0$，可得到生产商的最优销售价格为

$$P_1^* = \frac{D + kb_p - kb_d + kb_t}{2k} \tag{9.25}$$

将 P_1^* 代入 p_1^*、T_1^* 的表达式，可以得到管道公司及配气商的最优价格分别为

$$T_1^* = \frac{3D + kb_p - 3kb_d + kb_t}{4k} \tag{9.26}$$

$$p_1^* = \frac{7D + kb_p + kb_d + kb_t}{8k} \tag{9.27}$$

9.4.2 引入第三方准入制度的斯塔克伯格竞争模型

参考发达国家成熟天然气市场的经验，实行第三方准入制度的重点在于，允许天然气产业链的下游客户，如大工业用户、电力公司、地方配气公司直接与上游生产商对包括价格水平在内的购气合同进行谈判，然后委托管道公司运输天然气，并支付运输费用。此时，管输公司不再参与页岩气交易，而是作为第三方服务公司，其收费受到政府的严格规制。

为简化定价模型，依然以页岩气产业链的上、中、下游的生产商、管道公司、配气商为例进行分析。引入第三方准入机制后，生产商直接销售页岩气给配气商，而配气商作为买方，自主选择管道公司，按照政府规定的运价支付管输费用，并将页岩气卖给最终消费者。生产商及配气商独立地进行价格决策，其目标都是自身利润最大化。

政府对管输费率的设计要考虑下游不同的用户具有不同的需求弹性。例如,大工业用户、燃气电厂、城市燃气用户的需求弹性不同,对价格波动的承受能力差异也较大。另外,在本节中,我们假设管输定价采取两部制,即包括固定运输费用及变动运输费用两部分。固定运输费用与输送气量无关,主要包括输气管道建设维护的固定成本的折旧;变动运输费用与输送的页岩气量有关。

假设其他条件与9.4.1中的定价模型一致,在管输环节引入第三方准入后,上游市场的议价能力仍然强于下游配气商,因此,我们仍然建立一个以生产商为主导的斯塔克伯格博弈模型。设管道运输公司收取的固定运输费用为 $c_{tt}=(1+\alpha)c_t$, $\alpha>0$;单位变动费用为 $b_{tt}=(1+\beta)b_t$, $\beta>0$。

仍采用逆向归纳法。在第二阶段,配气商给定生产商的价格 P,其利润函数为

$$\pi_d=(p-c_d-P-b_{tt})d-c_d-c_{tt}=(p-c_d-P-b_{tt})(D-kp)-c_d-c_{tt}$$

令 $\dfrac{\partial \pi_d}{\partial p}=0$, 则配气商的最优配气价格 p_2^* 为

$$p_2^*=\frac{D+kP+kb_d+kb_{tt}}{2k} \tag{9.28}$$

在第一阶段,给定第二阶段配气商的价格,生产商做出自己利润最大化的定价决策:

$$\pi_p=(P-b_p)d-c_p=(P-b_p)(D-kp)-c_p$$

$$p=p_2^*=\frac{D+kP+kb_d+kb_{tt}}{2k}$$

令 $\dfrac{\partial \pi_p}{\partial P}=0$, 可得生产商的最优定价 P_2^* 为

$$P_2^*=\frac{D+kb_p-kb_d-kb_{tt}}{2k} \tag{9.29}$$

将 P_2^* 代入式(9.28),可得配气商的最优定价 p_2^* 为

$$p_2^*=\frac{3D+kb_p+kb_d+kb_{tt}}{4k} \tag{9.30}$$

9.4.3　两种不同情境下生产商和配气商的价格比较

为了便于对不引入第三方准入和引入第三方准入的均衡结果进行比较分析，假设在这两种情境下，页岩气生产商和配气商的边际成本及固定成本均相同。在第三方准入制度下，政府对管道公司进行价格规制，因此，管道公司的利润相对较低，即 α 与 β 的取值较小。

1. 产量比较

在不实行第三方准入的模型中，当生产商、管道公司及配气商采取最优定价时，市场需求量设为 d_1，即

$$d_1 = D - kp_1^* = \frac{D - kb_p - kb_d - kb_t}{8} \tag{9.31}$$

在引入第三方准入后，当所有厂商都采取最优定价时，设市场需求量为 d_2，因此有：

$$d_2 = D - kp_2^* = \frac{D - kb_p - kb_d - kb_{tt}}{4} \tag{9.32}$$

将式(9.31)和式(9.32)两式相减，则有：

$$d_2 - d_1 = \frac{D - kb_p - kb_d - kb_{tt} - (kb_{tt} - kb_t)}{8} \tag{9.33}$$

2. 价格比较

首先，比较式(9.25)和式(9.29)两种不同情况下生产商的最优定价，容易得到，$P_2^* < P_1^*$，由此可见，在实行第三方准入制度后，生产商的定价降低了。

其次，比较式(9.27)和式(9.30)两种不同情况下配气商最优定价，可得：

$$p_1^* - p_2^* = \frac{D - kb_p - kb_d - kb_{tt} - (kb_{tt} - kb_t)}{8k}$$

显然，当 $kb_{tt} - kb_t < D - kb_p - kb_d - kb_{tt}$ 时，有 $p_2^* < p_1^*$。

邓冰洁(2016)通过天然气需求价格模型得出，上海天然气的需求价格弹性为0.569。高千惠等(2012)也认为，中国天然气短期价格弹性约为0.6以内，而长期价格

弹性达到 2.5 左右。因此,可以认为,中国天然气价格弹性小于 3。本书认为,由于混输混用,页岩气的价格弹性同样小于 3。

由于需求函数为 $d = D - kp$,则需求的价格弹性 E_d 为 $k\frac{P}{d}$,即 $k\frac{P}{d} < 3$。由 $b_{tt} = (1+\beta)b_t$,$D - kb_p - kb_d - kb_{tt} = 4d_2$,再由于 $\frac{k}{d_2}\beta b_t < \frac{k}{d_2}p < 3$,所以有 $\frac{k}{d_2}\beta b_t < 4$,即

$$kb_{tt} - kb_t < D - kb_p - kb_d - kb_{tt}$$

因此,$p_2^* < p_1^*$ 必然成立,即在实行第三方准入后,配气商的最优价格也降低了。由此也可得到 $d_2 - d_1 > 0$,即实行第三方准入后最优供应量提高了。

3. 利润比较

在不实行第三方准入制度时,记生产商单位产品的毛利为 M_{p1},可得:

$$M_{p1} = P_1^* - b_p = \frac{D - kb_p - kb_t - kb_d}{2k} \tag{9.34}$$

在引入第三方准入制度后,设生产商的单位产品毛利为 M_{p2},可得:

$$M_{p2} = P_2^* - b_p = \frac{D - kb_p - kb_{tt} - kb_d}{2k} \tag{9.35}$$

因此,有 $M_{p1} - M_{p2} = \frac{b_{tt} - b_t}{2} > 0$。由此可见,在引入第三方准入制度后,生产商的最优定价下降,单位产品的边际毛利下降。

下面对配气商的利润进行比较分析。在不实行第三方准入时,配气商单位产品的边际毛利为 $M_{d1} = p_1^* - T_1^* - c_d = \frac{D - kb_p - kb_t - kb_d}{8k}$。在引入第三方准入机制后,其单位产品的边际毛利为 $M_{d2} = p_2^* - P_2^* - b_d - b_{tt} = \frac{D - kb_p - kb_{tt} - kb_d}{4k}$。由于前文已证明 $kb_{tt} - kb_t < D - kb_p - kb_d - kb_{tt}$,则 $M_{d1} < M_{d2}$。因此,实行第三方准入后,配气商的边际毛利提高了。

综上所述,当管网运输环节实行第三方准入、管道公司由政府严格监管时,页岩气

市场的最优产量更高,生产商、配气商的最优价格均下降。生产商的最优边际毛利下降,配气商的最优边际毛利上升。原因是,在实行第三方准入后,管道公司不参与整个页岩气产业链的交易,且定价受到政府规制,而配气商能够直接与生产商议价,从而削弱了生产商的主导地位。由于中游垄断环节被消除,使得整个产业链的最优供应量提高,最优终端价格下降。因此,如果能够率先在页岩气市场实施管输环节由政府监管下的第三方管道公司运营,将会降低终端用户价格,页岩气的供给量也会得到提高,这对于促进页岩气开发具有重要意义。

第10章

页岩气价格形成机制及其影响因素研究

上述章节的研究主要涉及页岩气产业链上游供给侧分析，包括产业政策、经济效应、产量与生产成本、矿业权配置等，这些环节固然是重要的，但若没有需求的大规模提高，页岩气开发仍难以产生经济效益。与天然气类似，页岩气可以通过输气管道直接进入工业企业作为化工产业的原材料和发电的一次能源，也可以进入居民家庭作为生活能源。在此过程中，页岩气需求的增长主要取决于价格因素，其中，与其他能源，比如煤炭、石油、新能源的价格差也是非常关键的影响因素，甚至国际石油、煤炭等能源价格的波动都可能会直接影响页岩气需求的规模。

我们在第9章探究了页岩气产业链的上游开采和中游管道运输方面的政府规制，本章重点关注下游需求分析与价格规制。首先，我们对中国页岩气需求和消费进行分析；其次，分析天然气价格形成机制、影响因素及其改革方向；最后分析国际油价波动对宏观经济和页岩气开发的影响。

10.1 页岩气需求和消费分析

在中游和下游环节，页岩气通常与常规天然气或其他非常规天然气混输混用，因而，对于终端用户而言，经由管道运输的燃气是无法明确区分气源的。那么，终端页岩气使用情况可用页岩气产量代替。因此，本节的讨论是将天然气与页岩气混用的。

10.1.1 页岩气终端需求用户分类

中国页岩气开发起步晚，目前的年产量不足 $50\times10^{8}\ m^{3}$。与常规天然气类似，页岩气的终端需求可以分为工业用户、居民用户、商业用户等三类。2015年6月，涪陵页岩气搭乘中石化川气东送能源管道，输往华中、华东、华南地区，为重庆市乃至沿途省市带来清洁能源。这开启了页岩气消费的先河。

1. 工业用户

页岩气作为一种非常规天然气,可通过输气管道或压缩运输等方式到达用户一端,作为化工、化肥、金属、基建、发电等多个产业的生产原料或一次能源。

目前,美国页岩气在天然气化工方面发展很快。美国 80% 以上的甲醇、75% 的乙炔由天然气制得,再加上在其他领域的应用,美国页岩气的下游市场发展充分,生产出来的大量页岩气可以被市场消纳。而这些产业正是借助低廉的气价带来的相对成本优势重新构建起全球竞争力,逐步实现了"绝地反击"①。在下游产业的受益者里,化工行业是最大赢家。美国的主要化工原料是天然气和乙烷,具有更轻质、更廉价的特点,而世界其他国家则是将石油作为发电能源或从中提炼石脑油。目前,石油/天然气价格的比率已经从历史水平的 9 倍左右扩大至目前的 50 倍左右,石脑油与乙烷成本差异的扩大使北美生产企业在全球范围内获得竞争力。廉价的天然气已使北美超过欧洲和亚洲,成为全球乙烯生产成本第二低的地区。以天然气为能源的美国化工企业全球排名已从 5 ~ 7 年前的第四个四分位数上升至第一个四分位数。

美国化肥行业是另一大赢家。由于天然气是生产氮的重要原料,占据了成本的很大比重。因此,美国天然气价格的大幅下降使得美国氮生产商在一段时期内获得了高额回报。高盛的研究报告显示,美国化肥企业目前正处在成本曲线的低端,并受益于全球较高的氮肥价格,因为其他国家生产企业支付的天然气价格是美国的 5 倍之多。此外,其他一些行业也不同程度地受益于美国当前的低气价。例如,美国每生产 1 t 铝需消耗 1×10^7 Btu 的天然气,每生产 1 t 钢铁需消耗 500×10^4 Btu 的天然气,因此天然气价格走低将温和利好炼铝和综合钢铁企业。

美国天然气产业的下游基建需求也因此被"引燃",主要集中在天然气加工分流、乙烷裂解、衍生品工程以及 LNG 出口装置等。只要天然气作为原材料的成本优势在全球范围内仍具有竞争力,这些领域的投资势头就将持续增长。

2. 居民燃气用户

页岩气可作为生活能源,为居民家庭提供做饭、洗澡、取暖等能源,但一般需通过输气管道进入家庭。截至 2016 年 11 月,四川长宁-威远国家级页岩气示范区已累计

① 汪珺. 页岩气革命工业复兴浪潮,美国化工化肥借势大涨. 中国证券报[N],2012-09-10.

生产页岩气 $20.09\times10^8\ m^3$。在示范区所在的内江、自贡、宜宾等地，已有超过5万户城乡居民直接用上了页岩气，并且，通过外输干线还能直供宜宾市主城区，有效缓解了宜宾城区居民用气紧张问题。

3. 商业用户

与居民用户类似，商业用户也可利用页岩气作为酒店、餐饮、洗浴、供暖等所需能源，一般也是通过输气管道方式进入终端的。

从以上三类用户的用气要求来看，工业用户用气量大，安全性要求较高；居民用户分散，设备安装维护较为简单；商业用户分散，设备安装维护要求比居民用户高，但低于工业用户。此外，这三类用户在输气方式和用气价格上也存在较大差异，这些都决定了需求量的增长情况和速度。

10.1.2 天然气终端消费结构现状

随着2004年西气东输一线的商业化运营，以及此后西气东输二线、三线工程的陆续建成，国内天然气基础设施日益完善，天然气需求规模呈现快速增长态势。从2006年到2015年，全国天然气消费量增加了3.48倍，但是天然气生产量只增加了2.26倍。由图10.1可知，天然气消费年均增长 $139.01\times10^8\ m^3$，年均增长速度超过24.8%；而天然气生产年均增长 $73.82\times10^8\ m^3$，年均增长速度为12.6%。2015年，全国天然气消费量 $1\,951.54\times10^8\ m^3$，是2006年的三倍多。2016年进一步达到了 $2\,058\times10^8\ m^3$，消费规模居美国和俄罗斯之后，位列全球第三。

1. 中国天然气消费结构和供给结构

尽管天然气消费总量提高迅速，但其在我国一次能源消费中的比重仍较低，2004年为2.3%，2015年提高到5.9%，而世界能源结构中天然气平均占比达到23.7%。国家能源局的规划是，到2020年，天然气在一次能源中的占比提高到10%以上。

从下游用户性质来看，目前，工业、居民、商业三类用户占全国天然气消费的比重如图10.2所示。可以看出，工业是天然气的主要消费群体，占全国天然气消费的66%；居民用户占19%，其余15%由商业用户消费。

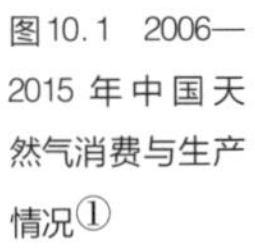

图10.1 2006—2015 年中国天然气消费与生产情况①

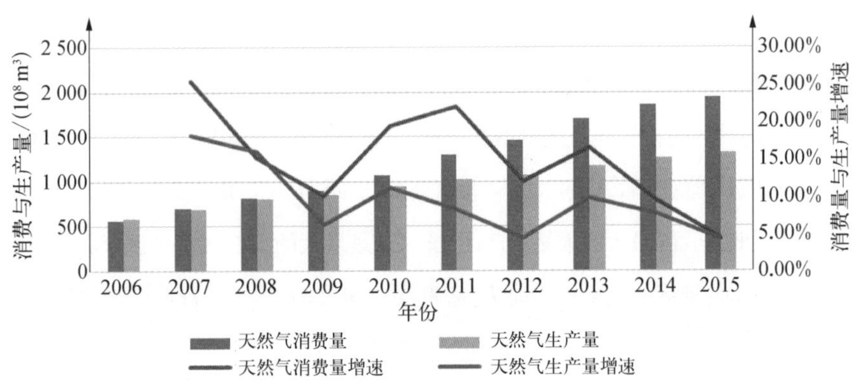

图 10. 2 2013 年中国天然气用户消费结构①

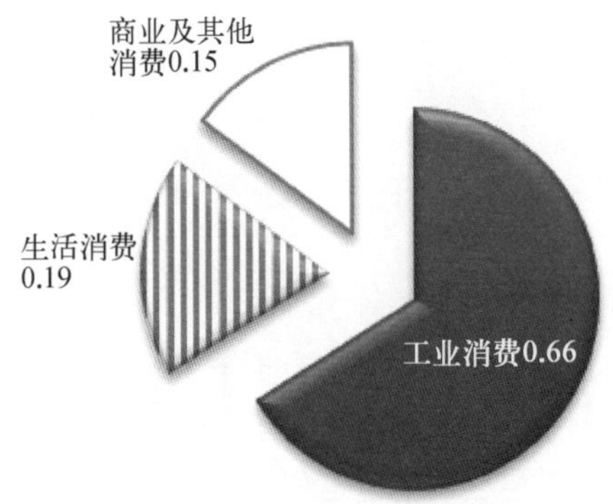

从用途来看，在天然气消费结构中，2000 年以前，我国天然气消费以工业用气和化工用气为主，分别占 41% 和 37% 的比重，主要为就近利用方式。此后，天然气消费从气源地向经济发达的东部地区扩展，天然气消费结构也发生了重大变化，城市燃气和发电用气占比快速提升，同时，工业和化工用气占比大幅回落。2015 年，城市燃气、工业燃料、发电、化工分别占 38.2%、32.5%、14.7%、14.6% 的比重，与 2010 年相比，城市燃气、工业燃料用气占比增加，化工和发电用气占比有所下降。

从区域天然气消费结构看，2000 年之前，我国尚未大规模修建天然气输气管道等设施，天然气消费基本为“就近利用”，主要集中在油气田周边，生产区与消费区高度重

① http://data.stats.gov.cn/easyquery.htm?cn = C01.

合。其中,仅川渝气田周边区域的消费量就占全国的40%以上。随着陕京线、陕京二线、西气东输、涩宁兰、忠武线、崖港线、南海东方气田外输管线等一系列长输天然气管道的陆续建成投产,天然气消费由生产基地大规模向中东部地区拓展,长三角、珠三角、环渤海地区的天然气消费量增长迅速。图10.3显示,2014年,新疆天然气消费居于首位,四川紧随其后,广东、江苏、北京分列三、四、五位。由于天然气利用历史悠久,西南地区既是我国最大的天然气产区之一,又是最大的天然气消费区,而长三角、东南沿海和环渤海地区的气价承受能力高,发展空间大,天然气消费量增长速度快于油气田周边地区,是新增天然气消费市场的主要增长点所在。

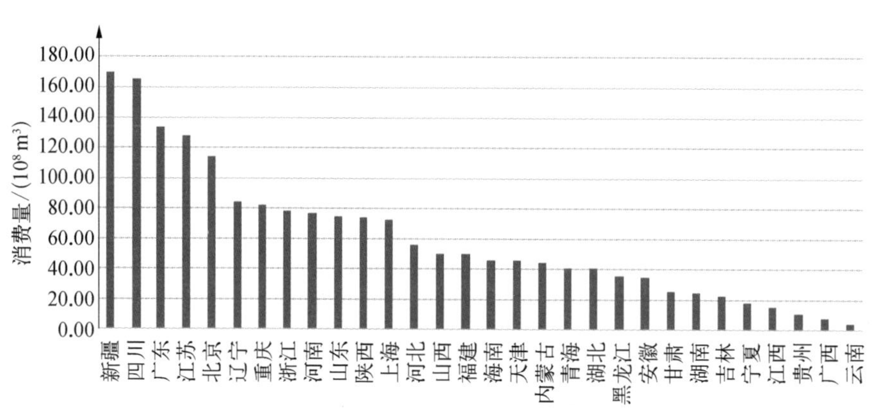

图10.3 2014年我国分省份天然气消费量①

从供气气源角度分析,2006年以前,我国天然气基本来源于三大油气企业——中石油、中石化、中海油。2006年,广东深圳大鹏LNG项目建成投产,标志着我国开始利用境外天然气。2009年12月底,我国开始进口土库曼斯坦天然气,标志着大规模利用境外天然气的开端。目前,我国的进口气源以土库曼斯坦为主,澳大利亚及卡塔尔的天然气占比也达到10%以上。从图10.4可以看出,进口气占我国天然气消费总量的比例迅速上升,2014年进口气占比超过了30%。因此,基于保障我国能源安全的角度,必须要扩大国内天然气的供应,加快国内天然气市场的建设。而发展页岩气,增加我

① 《中国能源统计年鉴》.

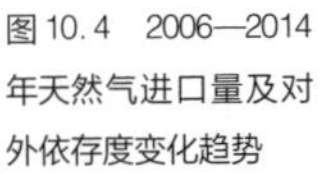
图 10.4　2006—2014 年天然气进口量及对外依存度变化趋势

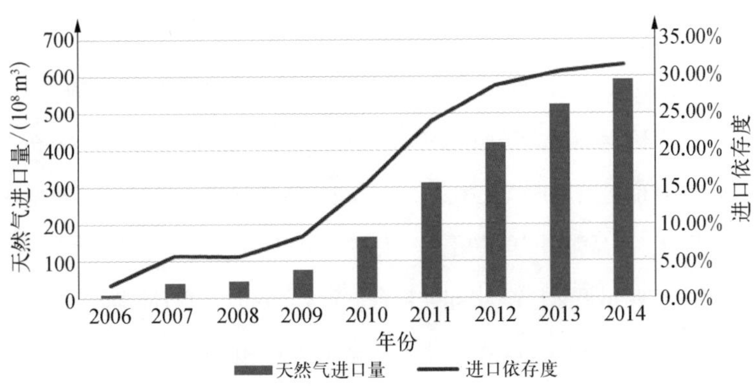

国国内天然气的供应，是确保能源安全的一个重要战略。

2. 四川盆地天然气消费情况

在中国，四川是天然气生产大省，也是消费大省。下面以四川为例进行分析。

四川盆地天然气总资源量为 71 851 $\times 10^8$ m^3，约占全国天然气资源总量的 19%。同时，四川盆地也是全国天然气重点产区之一，占全国天然气总产量的 24.7%。2016 年前三季度，在主要天然气生产省份产量都有所下降的情况下，四川天然气产量仍然保持两位数的增长速度，达到 220.8 $\times 10^8$ m^3，同比增长 13.5%，跃居全国第二位，仅次于陕西省，产量分别比第三名的新疆和第四名的广东高 8 $\times 10^8$ m^3 和 164.4 $\times 10^8$ m^3，且占全国的比例达到 22%。根据《四川省"十三五"能源发展规划》，四川将加快推动川中、川西和川东北常规天然气勘探开发以及川南页岩气资源调查和勘探开发。到 2020 年，新增常规天然气探明储量 6 500 $\times 10^8$ m^3，天然气产量达到 450 $\times 10^8$ m^3，其中，页岩气为 100 $\times 10^8$ m^3。

从全社会能源消费构成来看，2015 年，四川天然气消费量占全省能源消费总量的 11.4%，比全国高 5.5 个百分点。相比于四川天然气产量占全国的比重，消费方面的增长潜力巨大。实际上，2009 年，四川省天然气占一次能源消费的比例就已经达到 16% 以上，超过很多发达国家的水平，而且需求还在大幅度增长。然而，由于天然气的使用是全国"统一调配"，四川的天然气开采后相当一部分被输送到长江中下游城市、沿海地区，以及整个西南地区，因而，四川天然气供应缺口还是相当大的。根本原因在于，四川天然气的价格相对于其他能源价格较低，居民、公交、工厂等都在大量用气。

四川省政府早在“十五”期间就确定使天然气普及率从65%提高到80%，从而实现“气化全川”的初步目标。按照规划，65个丘陵县全县规划用气的乡镇通气率达70%以上，县级城市居民用户气化率达80%以上；32个盆周山地县全县规划的乡镇通气率达60%以上，县级城市居民用户气化率达75%以上。“气化全川”的背景是，1998—1999年，在四川天然气产量刚刚上了一个大台阶时，中石油需要扩大市场，正好与四川省政府提出的优化大气环境的“气化全川”目标相吻合。当时，全省提出有条件的县城居民生活燃料“煤改气”，城市出租车、公交车“油改气”，风景名胜区的锅炉全部改造成天然气等目标。因此，四川在天然气替代煤炭方面走在了全国的前列。

四川也是中国最大的天然气化工基地，包括泸州西部化工城、达州天然气能源化工基地、自贡新材料基地、德阳新市工业集中发展区、眉山金象工业园和乐山盐磷化工集中发展区等。这些化工基地在天然气消费中的比例也较大。

10.1.3 页岩气下游市场的培育

研究表明，供给侧推动与需求侧拉动是促进新技术或新产品开发应用的基本力量。需求拉动理论认为，需求是一种引导资源与能力在某一特定方向上创新以满足社会或市场需要的力量(Schmookler, 1966；Rosenberg, 1969)①。因此，必须同时对上游供给端和下游市场端进行刺激。需求侧政策关注对需求的促进和鼓励供应商去满足明示的用户需求，包括对使用新产品的用户的税收抵免、价格优惠，等等。当然，政府通过需求侧政策进行干预的时机以及持续的时间是非常重要的。如果政府鼓励的需求为仍处于开发的早期阶段的一个特定的技术或产品，价格就会非常高，生产商很难有回报，从而不会进一步改善技术或产品。因此，在创新周期的开始，供给侧支持的一

---

① OECD (2011), Demand-side Innovation Policies, OECD Publishing. http://dx.doi.org/10.1787/9789264098886-en.

般性措施是重要的;在中期,供给与需求侧措施的结合是合适的;而在后期,需求侧措施变得更为重要(OECD,2011)。

本书认为,当供给侧刺激达到一定效果后,需求侧政策必须跟上,否则,容易造成供给过剩。页岩气的利用可分为居民用气和非居民用气,其中,居民用气市场主要分布在城市,而非居民用气市场主要集中在化工、发电、加气站、商业用气等工业和城市商业,这两类用户的增长和需求规模的增长都或多或少地受制于管网规模的提高、价格体制改革和油气体制改革,因而,需求侧刺激政策亟须跟上。

2015 年 2 月和 11 月,国家发改委出台《关于理顺非居民用天然气价格的通知》和《关于降低非居民用天然气门站价格并进一步推进价格市场化改革的通知》两个文件,将非居民用天然气最高门站价格管理改为基准门站价格管理,并允许供需双方可以基准门站价格为基础,在下浮不限、上浮 20% 的范围内协商确定具体门站价格。这表明,政府对非居民用气的价格规制放松了,对于培育非居民页岩气市场,特别是直供大客户市场具有重要意义。

此外,在资源供应主体多元化和管网独立的改革框架下,国家将逐步放开下游用户自主选择供气商的权利,开放次序首先是城市燃气企业、天然气发电厂和冷热电联供能源站、大型工业企业、LNG/CNG 燃料供应商等大规模工业用户,其次是城市燃气领域具有一定消费规模的非居民用户。天然气购销模式将向多元化的方向发展。对具有一定规模的天然气终端用户,可以自主选择供气商,甚至自主选择购买国外资源,选择权和议价权增大。这对于天然气下游市场规模的扩大非常有利。

具体到页岩气领域,中国页岩气资源地质条件复杂、管网等配套基础设施不完善,无法像美国一样大量发展管道气利用,应因地制宜地采取页岩气应用新模式,有序地进行开发培育,主要涉及以下三种方式。

1. 分布式能源解决方案

基于页岩气的分布式能源解决方案是页岩气利用的新方式之一,其流程是,将开采出的页岩气通过分布式发电站转化成电能,经电网输出到能源消费地。这种模式可能比修建天然气外输管网的成本更低,效益更好。而且,除了发电外,分布式发电站还可充分利用发电余热,就地供热、供冷,能源综合利用率可达 80% 以上,超过大型煤电发电机组一倍,对于节能减排具有重大意义,是欧美发达国家普遍采用的供能方式。

同时,一个页岩气区块在开发建设期间本身就需要大量能源,而我国页岩气开发区块往往处于能源供给不便的地区,产出的页岩气就地通过分布式发电站发电,可以实现区块开发能源自给,能够有效降低区块开发的能源成本。例如,通过"以气打气"的方式灵活利用开采出的页岩气。再如,当页岩气井开始出气后,直接利用自产的页岩气进行坑口发电,为整个区域内提供照明、动力用电,并为地面工程、勘探开采、污水处理、管网运输等各个环节提供能源供应。在这方面,鄂尔多斯盆地苏里格大气田的开发已有成功经验。

其次,页岩气的分布式利用可以与可再生能源实现多能互补。例如,发展基于非常规天然气燃料的"智能可再生能源联合循环电站(Integrated Renewables Combined Cycle Power Plant,IRCC)"或称为"灵巧电源系统(Smart Power Systems)",将分布式的非常规天然气资源开采与就近的可再生能源实现智能化的多能互补,结合周边地区发展热电联产,充分使各种能源之间实现有机耦合,形成稳定、持续、可靠的优质清洁电流,并成为智能电网的重要组成部分。

2016 年 5 月 18 日,奥德集团与中国临沂国际商贸城就合作建设天然气分布式能源项目正式签约。这标志着中国第一个具有国家级示范意义的天然气分布式能源项目正式实施。该项目是目前国内规模最大的分布式能源项目,预计总投资 20.67 亿,建成后将为临沂国际商贸城提供清洁能源整体解决方案,在规划区域内逐步投资、建设和运营能源中心、能源站、汽车加油加气站、充电桩、售配电、污水处理等多品类能源业务,依托智慧能源理念与分布式能源技术,整合优势资源,将临沂国际商贸城打造成为清洁、环保、智慧、生态商城,对推动临沂市产业转型升级、持续改善空气质量、促进经济可持续发展具有战略性意义。

2. 天然气发电

目前,中国针对页岩气的利用政策尚未出台,但由于页岩气本质上是一种天然气,可沿用常规天然气的应用路径实现其商业化应用。按照天然气的应用方向,分布式热电联产、热电冷三联供等被列为天然气利用的优先类。因而,这也必将成为页岩气利用的主攻方向。

自 21 世纪初以来,中国在天然气发电方面发展速度很快。在早期,天然气发电主要是油气田附近的自备电厂。到 1999 年,天然气发电装机容量达到 720×10^4 kW,分布于 80 多家小型的燃气电厂，占全国总装机容量的 2%。自 2000 年起，随着电力负荷特性的变化以及两个主导项目配套工程的实施，天然气发电迅速增长。截至 2015 年底，天然气发电装机容量已达到 $6\,637\times10^4$ kW。预计到 2020 年将达到 1.2×10^8 kW，年均增长 14%。在发电量方面，2000 年，国内天然气发电量为 30×10^8 kW·h，2015 年为 $1\,658\times10^8$ kW·h，增加了 55 倍。据预测，到 2020 年我国天然气发电量将增至 $2\,850\times10^8$ kW·h，占发电总量的 6.7%；用气量 580×10^8 m^3，约占天然气总量的 37.5%。尽管到目前为止，页岩气产量对燃气发电的格局影响有限，但到 2020 年，国内页岩气产量的增长可以充分支持西南地区的燃气发电需求，并对东部地区提供补充气源。

中石油经济技术研究院发布的《2013 年国内外油气行业发展报告》认为，天然气价格是影响燃气发电项目经济性的决定性因素。以北京地区为例，2013 年，北京两大燃气热电厂相继投产，上半年发电用气量同比增加 52%；但下半年受天然气价格改革的影响，天然气发电受到明显抑制，发电用气量增幅较上年同期下降。

由于我国尚未形成统一规范的天然气发电上网电价形成机制，天然气发电价格仍处于“一厂一价”甚至是“一机一价”的状态，且价格普遍高于煤电上网电价。很多燃气发电企业靠政府补贴才能勉强维持运营。当前，北京地区燃气发电实行亏多少补多少的政策，也就是企业上报亏损比例，政府全数给予补贴。但是在华东、华南部分省市，天然气发电的亏损尚未得到有效解决。因此，制约我国天然气发电发展的核心问题是未形成合理的市场定价机制，成本加成的定价方式虽然能维持较低的天然气价格，但不能反映实际的市场供求关系，也没有综合考虑其环保价值、电网调峰贡献等因素。

3. 车用气

在车用天然气方面，伴随油气价差的不断扩大，燃气汽车逐渐变得具有经济性。技术可行性与经济可行性将会成为天然气汽车发展的驱动力。相对于油价而言，页岩气也会有一定的竞争力，有望成为车用天然气的替代能源。

相对于燃油汽车，天然气汽车具有较大的优势。首先，天然气汽车的尾气排放大幅度减少，其中，一氧化碳下降约 90%，氮氧化物下降约 30%，二氧化硫下降约 70%，二氧化碳下降约 23%，微粒排放降低约 40%，粉尘减少 100%。其次，LNG 汽车的发动机寿命长、安全性高，LNG 重卡的续航里程与柴油车基本相当。再次，从购车成本上来说，对于交通运输部选定的天然气汽车项目，国家提供补贴。不仅如此，对于使用

LNG 的大客车和卡车而言,平均 1.2 ~1.4 m^3 的天然气可替代 1 L 柴油。若以天然气汽车较发达的北京为例,按当前柴油和车用天然气零售价来计算,LNG 大客车和卡车每百公里可节省燃料成本约 60 元。即便拿气油比(即燃烧效果相当的天然气与柴油价格比)超高的深圳地区为例,LNG 车每百公里仍可节省约 40 元的燃料成本;若在气油比偏低的山西地区,节省的成本将高达 90 元。因此,尽管当前 LNG 车的购置成本比普通柴油车要高,但由于其在环保性能和燃料成本方面的优势,现阶段国内众多地区政府和道路运输企业在调整汽车燃料结构时,已将 LNG 车作为替代车型的首选。根据北京市的规划,到 2017 年,北京将有一半的公交车采用天然气动力。而目前以 LPG(液化石油气)公交车为主的广州,也计划在未来八年内逐步完成 LNG 替代 LPG 的工作。

当前政府政策大力提倡和促进天然气汽车的推广应用。2012 年 10 月,国家发改委发布《天然气利用政策》,将天然气汽车列入城市燃气优先类,旨在鼓励、引导和规范天然气的下游利用领域。2017 年 1 月,在国家发改委发布的《天然气发展"十三五"规划》中进一步指出,要积极支持天然气汽车的发展,包括城市公交车、出租车、物流配送车、载客汽车、环卫车和载货汽车等以天然气(LNG)为燃料的运输车辆;鼓励在内河、湖泊和沿海发展以 LNG 为燃料的运输船舶。到 2020 年,气化各类车辆约 1 000 万辆,配套建设加气站超过 1.2 万座,船用加注站超过 200 座。

目前,中国车用天然气市场仍处于培育阶段。天然气汽车的大规模推广应用取决于以下两个需求侧的关键因素,前者决定了消费量的大小,后者决定了消费的便利性。

(1) 天然气与汽柴油的价差①

我国车用气价格平均高于居民气价 1 倍左右、高于工商业用气价 0.5 倍左右。同时,随着我国油品质量的逐步升级,燃油汽车的成本也随之走高。因而,LNG 汽车的经济性仍有一定保障。今后,车用天然气价格还将逐步形成与燃油价格挂钩的动态调整机制,将每立方米天然气价格和每升 90 号汽油价格以 0.75 的参考系数挂钩,使天然气汽车的经济性和加气站的零售利润保持在一个动态平衡的水平。据初步统计,目前

① 俞清. 借势发力,玩转 LNG 加气站投资布局. http://www.wusuobuneng.cn/archives/4960,2014 - 07 - 03.

我国LNG汽车的保有量约10万辆。预计未来2年,LNG重卡和LNG公交车的市场将迎来高速增长期。2014年,天然气重卡的销量已达到4.3万辆。

(2) LNG加气站的布局

LNG汽车的发展离不开配套加气站网络的完善。在LNG汽车发力起跑的同时,LNG加气站也开始加快布局。根据相关统计和预测,2015年和2020年,中国LNG加气站分别为5 000座和10 000座。LNG加气站的主要优势在于,脱离了天然气管网的限制,建站灵活,可以在任何需要的位置建站。标准式LNG加气站的建设成本在(800 ~1 000)万元,每个月维护成本不到10万元,具有明显的规模经济性。

因此,政府应尽快出台相关价格政策、补贴政策,使天然气汽车的燃料成本与汽柴油价格相当或略低,从而迅速扩大下游市场规模。近年来,我国不断推进天然气价格改革,已陆续放开了海上天然气、页岩气、煤层气、煤制气等出厂价格和LNG气源价格。天然气价格改革的最终目标是完全放开气源价格。届时,国内以天然气为燃料的工业用户、天然气发电、天然气化工以及天然气汽车行业均会受益。

10.2 天然气价格形成机制及其改革研究

天然气下游市场的消费规模与价格及其形成机制的关系最为密切。本部分主要分析我国在天然气价格改革之前和之后的定价模式。页岩气作为非常规天然气的一种,其定价必然受到天然气定价模式的影响。通过分析天然气的定价模式及其改革,可以为页岩气的市场化交易及其定价提供借鉴。

10.2.1 天然气价格形成机制的演变历程

中国天然气价格形成机制的演变过程可分为三个阶段:政府定价时期、价格双轨制时期和政府指导价时期。

第一阶段：政府定价时期(1949—1982年)

在这一时期,政府先后对价格管理体制进行了调整,天然气定价职能由行业主管部门转移至国家综合管理部委和价格管理专业部门。由于当时我国天然气生产主要集中在四川盆地,天然气价格管理具有明显的地域性,国家出台的天然气定价文件均以四川石油管理局及其天然气用户为对象。天然气价格分为计算产值的价格和调拨价格两类。

第二阶段：价格双轨制时期(1982—2005年)

期间,中国对天然气实行计划垄断性定价和市场定价两种不同的定价机制。1992年6月,国务院专门制定了提高天然气价格的实施方案,针对四川天然气、其他油田天然气、用户性质、包干内外产量等实行差别价格,并根据市场需求和天然气生产企业开采成本上升的实际情况,频繁上调天然气价格,并允许油气生产企业拥有一定的定价自主权。

第三阶段：政府指导价时期(2005年至今)

为理顺天然气价格、促进节约用气、保证国内天然气市场供应,2005年12月,国家发改委发布《关于改革天然气出厂价格形成机制及近期适当提高天然气出厂价格的通知》,对天然气统一实行政府指导价,并提出了天然气价格改革的近期和长远目标。近期目标是进一步规范价格管理机制,逐步提高天然气价格水平,理顺天然气与可替代能源的价格关系;长远目标是最终形成天然气市场化定价。

在上述通知中,国家发改委主要出台了以下四个措施。一是简化价格为三类：化肥生产用气、直供工业用气和城市燃气用气。二是将天然气出厂价格归并为两档价格：川渝气田、长庆油田、青海油田、新疆各油田的全部天然气和大港、辽河、中原等油田的计划内天然气执行一档价格;将除此以外的其他天然气归并执行二档价格。三是规范出厂价格浮动范围。在国家规定的出厂基准价基础上,一档天然气出厂价可在上下10%的浮动范围内由供需双方协商确定,二档天然气出厂价上浮幅度为10%,下浮幅度不限。四是建立天然气比价挂钩机制。天然气出厂基准价格每年调整一次,调整系数根据原油、液化石油气和煤炭价格五年移动平均变化情况,分别按40%、20%和40%的权重加权平均确定,相邻年度的价格调整幅度最大不超过8%。

2013年6月,在总结广东、广西天然气价格形成机制试点改革经验的基础上,国家发改委推出新的天然气价格调整方案,全国天然气价格改革拉开序幕。一是将天然气定价区分为存量气和增量气。存量气为2012年用户实际使用气量,超出2012年用量的部分为增量气。存量气量一经确定,上游供气企业不得随意调整,用户不得互相转让。二是明确存量气和增量气的价格调整原则。增量气按市场净回值法定价,价格一步调整到与燃料油、LPG等可替代能源保持合理比价的水平;存量气价格分步调整,力争到"十二五"末调整到位。三是将天然气价格管理由出厂环节调整为门站环节。门站价格为政府指导价,实行最高上限价格管理,供需双方可在国家规定的最高上限价格范围内协商确定具体价格。四是制定了分省市的天然气最高门站价格标准。

2014年3月,国家发改委印发了《关于建立健全居民生活用气阶梯价格制度的指导意见》,要求在2015年底以前,所有已通气城市均应建立居民生活用气阶梯价格制度。该意见将居民用气量分为三档:第一档按覆盖区域内80%居民家庭用户的月均用气量确定,保障居民基本生活用气需求;第二档按覆盖区域内95%居民家庭用户的月均用气量确定,体现改善和提高居民生活质量的合理用气需求;第三档用气量为超出第二档的用气部分。各档气量价格实行超额累进加价,第一、二、三档气价按1∶1.2∶1.5左右的比价安排。目前,部分城市已经按照国家发改委的要求,推出并实施了阶梯气价方案。

在国际油价大幅度下降、天然气供应量增加、国内经济下行压力加大的情况下,2015年2月,国家发改委下发了《关于理顺非居民用天然气价格的通知》,决定自2015年4月1日起,实现存量气和增量气价格并轨。主要措施如下。第一,调整门站价格。根据2014年下半年以来燃料油和LPG等可替代能源价格变化情况,按照现行天然气价格机制,增量气最高门站价格降低440元/千立方米,存量气最高门站价格提高40元/千立方米,实现价格并轨。第二,试点放开直供用户天然气门站价格。即放开除化肥企业外的天然气直供用户用气门站价格,由供需双方协商定价,进行市场化改革试点。鉴于化肥市场持续低迷,化肥用气价格改革将分步实施。化肥用气不区分存量气和增量气,价格在现行存量气价格基础上适当提高,提价幅度最高不超过200元/千立方米。同时,提高化肥用气保障水平,对承担冬季调峰责任的化肥企业实行可中断气价政策,用气价格折让幅度不得低于200元/千立方米。

综上所述,2014—2015年,中国密集出台了五项天然气价格改革文件,其中,两次提高存量气的价格，一次降低增量气价格，直至实现存量气与增量气价格并轨，从而进一步理顺了非居民用气价格。对于居民用气价格则实行阶梯气价制度。2016年以来，国家发改委提出，我国天然气价格改革的目标是“管住中间、放开两头”，因此对天然气行业的相关政策集中在输气管道、储气价格等方面，对管道的运价率进行了规范，允许管道垄断企业在运力有剩余时向第三方公平开放管道基础设施。这些政策的指导思想都是发挥市场在资源配置方面的基础性作用。

表10.1详细总结了2011年以来，中国天然气（包括非常规天然气）价格改革方面的文件与具体措施。可以看到，自2005年12月天然气价格实行政府指导价以来，国家对天然气价格改革的力度不断加大，政府对天然气价格的管理权限逐步缩小，而企业的定价自主权逐渐放宽，这些必将调动油气产业链各环节企业的积极性，从而促进天然气产业的繁荣。

表10.1　2011年以来我国天然气价格改革历程

时间	文件	内容	备注
2011年12月	《关于在广东省、广西自治区开展天然气价格形成机制改革试点的通知》	由对天然气气源价格管制改变为对门站价格进行管制（市场净回值法）	门站价格管理适用于国产陆上和进口管道天然气
2013年6月	《关于调整天然气价格的通知》	门站价格实行政府指导最高价。 非居民用气区分存量气和增量气，并采用不同定价方式。 存量气门站价格提价幅度最高不超过0.4元/立方米，增量气实行市场净回值法定价，门站价格按可替代能源（燃料油、LPG）价格的85%确定	页岩气、煤层气、煤制气出厂价格，以及LNG气源价格放开，由供需双方协商确定。 需进入长输管道混合输送并销售的（即运输企业和销售企业为同一市场主体），执行统一门站价格；进入长输管道混合输送但单独销售的，气源价格由供需双方协商确定，并按国家规定的管道运输价格向管道运输企业支付运输费用
2014年3月	《关于建立健全居民生活用气阶梯价格制度的指导意见》	居民用气将分为三档：第一档用气量按覆盖区域内80%居民家庭用户的月均用气量确定。同时，第一档气价按照基本补偿供气成本的原则确定，并在一定时期内保持相对稳定	
2014年8月	《关于调整非居民用存量天然气价格的通知》	将非居民用存量天然气门站价格提高0.4元/立方米，全面放开进口LNG和非常规天然气价格	需要进入管道与国产陆上气、进口管道气混合输送并销售的，供需双方可区分气源单独签订购销和运输合同，气源和出厂价格由市场决定，管道运输价格按有关规定执行
2015年2月	《关于理顺非居民用天然气价格的通知》	试点放开直供大用户气价。 增量气降低0.44元/立方米，存量气提高0.04元/立方米，实现价格并轨	

（续表）

时间	文　件	内　容	备　注
2015年7月		上海石油天然气交易中心启动建设。要求非居民用气加快进入该交易中心，由供需双方在价格政策允许的范围内公开交易	有助于加快我国天然气价格改革步伐，通过市场化公开透明的交易平台，发现真实价格，促进资源的合理配置
2015年11月	《关于降低非居民用天然气门站价格并进一步推进价格市场化改革的通知》	降低非居民用门站气价格0.7元/立方米，11月又将非居民用气改为基准门站管理，上浮20%，下浮不限	
2016年8月	《关于加强地方天然气输配价格监管降低企业用气成本的通知》	对输配价格偏高的地区要适当降低	
2016年10月	《关于印发〈天然气管道运输价格管理办法（试行）〉和〈天然气管道运输定价成本监审办法（试行）〉的通知》	确定管道运输企业年度准许总收入的计算办法，管道运价率按年度准许总收入/年度总周转量计算	
2016年10月	《关于明确储气设施相关价格政策的通知》	储气服务价格由供需双方协商确定，储气设施天然气购销价格由市场竞争形成	
2016年11月	《关于做好2016年天然气迎峰度冬工作的通知》	全面放开化肥用气价格，由供需双方协商确定。鼓励化肥用气进入石油天然气交易中心，通过市场交易形成价格	

资料来源：根据国家能源局、国家发改委网站相关信息整理。

10.2.2　天然气市场定价模式：市场净回值法

在价格形成机制改革之前，中国天然气定价实行政府价格管制，即按照天然气产业链的上中下游环节分段定价，包含出厂价、管输价及配气费，其中，国家发改委制定产、输环节价格，地方政府制定配送环节价格（图10.5）。当时，天然气定价按照出厂价成本加成来制定，并通过加总出厂价、管输费及配气费得到终端用户价格。2011年，在该定价机制下，中国陆上天然气出厂价在1.17元/立方米左右，仅为同热值燃料油价格的30%~40%，而进口天然气价格更高，比国产价高出1~2倍。很明显，该价格机制不能反映天然气价格与其他替代能源价格变化之间的关系，这使得我国天

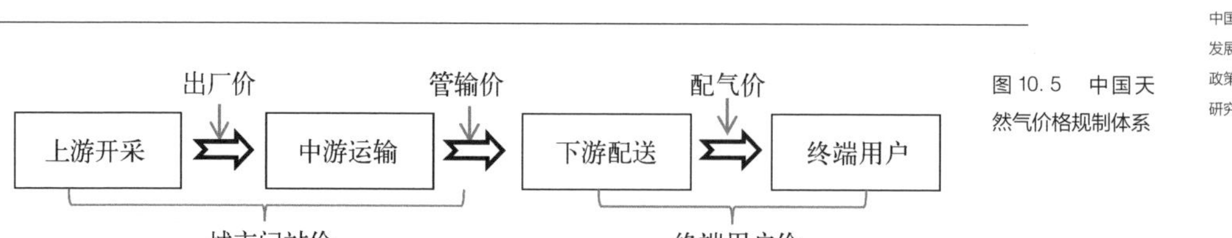

图 10.5 中国天然气价格规制体系

然气价格远低于除煤炭以外的其他替代能源的价格，且长期存在国产气与进口气价格倒挂问题，因而，无法实现天然气资源的最优配置，也不利于天然气市场的长期健康发展。

2011 年 12 月，在两广地区首先实行的天然气价格改革中，价格体系由城市门站价格和终端用户价格构成。城市门站价格由出厂价和管输价构成，适用于城市燃气公司及直供用户，为国产陆上或进口管道天然气的供应商与下游购买方（包括省内天然气管道经营企业、城镇管道天然气经营企业、直供用户等）在天然气所有权交接点的价格。其中的出厂价实行的是成本加成的定价方法，按照不同的气源，国家发改委核定其出厂的生产成本（含 13% 增值税）及准许的收益率。管输价主要按照“老线老价、新线新价、一线一价”原则由国家发改委制定，即在满足行业准许内部收益率的基础上，将每年净现金流折现得到。终端用户价格由城市门站价格和配气费构成。配气费由省级政府物价部门制定和管理。由于城市气源差异以及经济社会发展程度不同，各地的配气费并不统一，因而，其天然气终端消费价格也存在差异。

由图 10.5 可以看出，改革后，中央政府对天然气的分段价格管制改变为单一的对门站价格的管制。同时，天然气的定价方式改变为市场净回值法，其基本思路是，首先选择天然气主要消费市场和多气源汇集点作为中心市场，建立中心市场价格与可替代燃料价格变化挂钩的公式，作为国内天然气定价和调价的核心，然后扣除管道运输费后回推确定天然气各环节价格，形成各省的门站价格和各气田的出厂价格，最后按照门站价格与用户结算。

市场净回值定价法是一种以天然气的市场价值为基础来确定上游供气价格的方法，即将天然气的价格与其他替代能源的价格挂钩，按照略低于等热值可替代能源价格的原则确定天然气价格的计价基准点（中心市场价格）。中心市场门站价格的计算

公式如下:

$$P_{NG} = K\left[\alpha P_{FO}\frac{H_{NG}}{H_{FO}} + \beta P_{LPG}\frac{H_{NG}}{H_{LPG}}(1 + R)\right] \tag{10.1}$$

其中,P_{NG} 为天然气中心市场门站价格(含税),元/立方米;K 为折价系数,暂定为 0.9;α 和β 为燃料油和液化石油气的权重,分别为60%和40%;P_{FO}、P_{LPG}为计价周期内海关统计进口燃料油和液化石油气的价格,元/千克;H_{FO}、H_{LPG}、H_{NG}为燃料油、液化石油气和天然气的净热值(低位热值),取值分别为 10 000 kcal①/kg、12 000 kcal/kg 和 8 000 kcal/m^3;R 为天然气增值税税率,目前为 13%。

根据天然气价格改革的思路,综合考虑我国天然气市场资源流向、消费和管道分布现状,国家发改委选取上海市场(中心市场)作为计价基准点。从天然气价格发现层面看,上海气源多,终端用户多元化,适合作为全国价格基准。上海天然气供应主要有西气东输一线、二线、川气东送等重要管道天然气,又有进口液化天然气项目、东海平湖油气田等。

2016 年 11 月 26 日,上海石油天然气交易中心正式上线运行。当前,国际能源贸易市场正从地理上连接输气管、储气站等实体中心建设,转向囊括了管网体系、交易节点的虚拟中心搭建。在这个过程中,一个透明开放的交易平台及配套完善的市场机制至关重要。作为全球的油气消费大国,中国却因缺少定价能力而不得不持续支付着油气市场的“亚洲溢价”。上海石油天然气交易中心的建立能为市场提供更多的天然气和 LNG、更合理的价格,以及更大的世界能源价格影响力。

10.2.3 居民用天然气价格规制

长期以来,我国对居民用气实行低价政策,一方面,居民气价明显低于工商业等其他用户价格,供气企业的交叉补贴现象严重;另一方面,低价造成部分居民用户过度消费天然气,不足 5% 的居民家庭消费了近 20% 的用气量,特别是在冬季用气高峰时调

① 1 千卡(kcal) =4 186 焦耳(J)。

峰保供的压力较大。

2014 年 3 月,国家发改委出台《关于建立健全居民生活用气阶梯价格制度的指导意见》,目的是在保障绝大多数居民生活用气不受影响的前提下,引导居民合理用气、节约用气。同时,改革并完善资源性产品定价制度,体现"多用气多付费、少用气少付费"的公平原则,以实现节能减排、保障供应等目标。因此,此次居民阶梯气价制度改革是将用气量划分为三个阶梯,分别实行不同的价格。超过基本用气需求的部分,用气量越大,气价越高。

目前,国内部分城市已率先实施了阶梯气价政策。例如,上海自 2014 年 9 月 1 日起对居民管道燃气价格进行上调,并同步实施阶梯气价。此外,北京、广州、江苏、河南、湖南等多个省市也已经开始实施居民阶梯气价政策。

以上海、北京和广州为例。上海的方案是,居民用气量分为三档,分别按照覆盖区域内 80%、95% 和超出部分的居民用户用气量确定。第一档用气量对应户年用气量为 0 ~ 310(含)m^3;第二档用气量对应户年用气量为 310 ~ 520(含)m^3;第三档对应户年用气量为 520 m^3 以上。各档气量的价格实行超额累进加价。第一档气价每立方米提高 0.50 元,即从现行的 2.50 元/立方米调整为 3.00 元/立方米;第二档气价与第一档保持 1.1 倍的比价,即 3.30 元/立方米;第三档气价与第一档保持 1.4 倍的比价,即 4.20 元/立方米。

2016 年 1 月,北京正式执行居民生活用气阶梯价格制度,同时建立居民生活用气上下游价格联动机制。具体方案是,按年度用气量计算,将居民家庭全年用气量划分为三档,各档气量价格实行超额累进加价。第一档用气量为 0 ~ 350(含)m^3,气价为 2.28 元/立方米;第二档用气量为 350 ~ 500(含)m^3,气价为 2.5 元/立方米;第三档用气量为 500 m^3 以上,气价为 3.9 元/立方米。

广州也是从 2016 年 1 月 1 日起对居民生活用天然气实行阶梯价格制度。按照满足不同用气需求,居民用气量分为三档,各档气量实行超额累进加价。其中,第一档年用气量为 0 ~ 320(含)m^3,价格维持在 3.45 元/立方米的现价不变;第二档年用气量为 320 ~ 400(含)m^3,第三档年用气量为 400 m^3 以上,第二档价格和第三档价格分别为第一档价格的 1.2 倍、1.5 倍,即 4.14 元/立方米、5.18 元/立方米。此外,对家庭人口多的居民用户增加分档气量。按每户用气人口数 4 人为计量单位,用户用气人口超过

4 人,每增加 1 人,在第一档气量上相应增加 70 m^3,第二档气量上限、下限相应增加 70 m^3,超过第二档气量上限值的记入第三档气量。

毫无疑问,天然气价格的调整不仅有利于引导并形成居民用户的良好消费行为,促进节能减排,还有利于提高上游企业的积极性,促进国内市场的迅速扩大,为中国天然气市场长期健康发展奠定基础。当然,阶梯价格制度执行的效果还依赖于政府管制的效率,特别是调价听证会等制度保证要到位,避免因油气企业垄断导致居民用气价格不断攀升的现象。

10.2.4 非居民用天然气价格规制

2015 年 2 月,国家发改委出台《关于理顺非居民用天然气价格的通知》,提出了非居民用气(包括商业、工业用气等)的价格市场化改革方案;同年 11 月,又出台《关于降低非居民用天然气门站价格并进一步推进价格市场化改革的通知》,将非居民用天然气最高门站价格管理改为基准门站价格管理,并允许供需双方可以基准门站价格为基础,在下浮不限、上浮 20% 的范围内协商确定具体门站价格。改革后,各省市基准门站价格参见表 10.2,其中新疆价格最低,为 1.15 元/立方米,上海和广东最高,为 2.18 元/立方米。另外,在方案实施时,门站价格暂不上浮,2016 年 11 月 20 日起才允许上浮。这意味着我国天然气价格规制进一步放宽,价格浮动空间进一步增加。

表 10.2 中国各省(区、市)非居民用天然气基准门站价格(单位: 元/千立方米, 含增值税)

省 份	基准门站价格	省 份	基准门站价格
北 京	2 000	吉 林	1 760
天 津	2 000	黑龙江	1 760
河 北	1 980	上 海	2 180
山 西	1 910	江 苏	2 160
内蒙古	1 340	浙 江	2 170
辽 宁	1 980	安 徽	2 090

（续表）

省 份	基准门站价格	省 份	基准门站价格
江 西	1 960	四 川	1 650
山 东	1 980	贵 州	1 710
河 南	2 010	云 南	1 710
湖 北	1 960	陕 西	1 340
湖 南	1 960	甘 肃	1 430
广 东	2 180	宁 夏	1 510
广 西	2 010	青 海	1 270
海 南	1 640	新 疆	1 150
重 庆	1 640		

数据来源：国家发改委价格〔2015〕2688 号文件。

从终端用气价格来看，除居民用气实施阶梯价格外，非居民用气按照使用类别和地区也有所区分，且各省市不同。仍以北京、上海和广州为例，北京非居民用气按照使用类别和地区分别划分为六个档次，最高为城六区内的工商业用气，为 3.16 元/立方米，与居民用气第一阶梯价格相比高出约 38.5%；最低为其他区域的供暖、制冷用气，为 2.36 元/立方米，比居民用气第一阶梯价格高 3.5%（表 10.3）。上海市的工商业用气也区分阶梯价格，但为逐渐递减的退坡价格，即用气量越高，价格越低。广州为进一步推广使用管道天然气，减轻工商业用户及事业单位、社会团体等用户的用气负担，改善投资环境，在其天然气价格改革方案中将非居民用气价格从 4.85 元/立方米下调为 4.36 元/立方米。相比而言，上海和广州的用气价格都高于北京，最高价超过 4 元/立方米。

从目前非居民天然气价格看，其价格结构符合天然气生产具有较强规模经济性的特点。由于天然气生产的平均成本呈现递减趋势，因而，在销售环节实行二级差别定价可实现生产企业的利润最大化，同时也可使用户的成本逐渐下降，有利于促进企业用天然气替代煤炭、汽油等高污染能源。

另外，国家发改委还要求非居民用气加快进入上海石油天然气交易中心，由供需双方在价格政策允许的范围内公开交易形成实际结算价格，力争用 2 ~ 3 年时间全面实现非居民用气的公开透明交易。

表 10.3　北京和上海非居民天然气销售价格（单位：元/立方米）

<table>
<tr><th colspan="3">北　京</th><th colspan="3">上　海</th></tr>
<tr><th colspan="2">用户分类</th><th>销售价格</th><th colspan="2">用户分类</th><th>销售价格</th></tr>
<tr><td colspan="2">发电用气</td><td>2.51</td><td colspan="2">漕泾热电</td><td>2.40</td></tr>
<tr><td colspan="2">压缩天然气加气母站</td><td>2.46</td><td colspan="2">天然气发电</td><td>2.50</td></tr>
<tr><td rowspan="2">供暖、制冷用气</td><td>城六区</td><td>2.60</td><td colspan="2">化学工业区</td><td>2.75</td></tr>
<tr><td>其他区域</td><td>2.36</td><td rowspan="3">工业用户</td><td>$120\times10^4\ m^3$以下</td><td>4.37</td></tr>
<tr><td rowspan="2">工商业用气</td><td>城六区</td><td>3.16</td><td>$(120\sim500)\times10^4\ m^3$</td><td>4.07</td></tr>
<tr><td>其他区域</td><td>2.92</td><td>$500\times10^4\ m^3$以上</td><td>3.57</td></tr>
<tr><td rowspan="3"></td><td rowspan="3"></td><td rowspan="3"></td><td rowspan="3">商业用户</td><td>$120\times10^4\ m^3$以下</td><td>3.97</td></tr>
<tr><td>$(120\sim500)\times10^4\ m^3$</td><td>3.67</td></tr>
<tr><td>$500\times10^4\ m^3$以上</td><td>3.17</td></tr>
</table>

数据来源：北京市发改委官网、上海市发改委官网。

10.2.5　中国页岩气价格形成机制

非常规天然气开发过程难度大、风险高，若与常规天然气实行同样的门站价格，则开发企业可能亏损，严重损害其参与的积极性，因此，将价格决定权交给市场，有利于吸引更多的投资，促进非常规天然气产业走向良性发展的轨道。页岩气价格的影响因素较多，涉及开采成本、运输成本、替代能源的价格、环境可承载力、页岩气自身的环境污染、季节变动、国家政策，等等。其中，页岩气开采成本对其定价的影响最大，其次是运输成本和替代能源的价格（王宇轩和周娉，2015）。因此，页岩气的价格形成机制必然取决于上游生产、中游运输与下游市场等三个环节的运营模式及其政府规制。

1. 中国页岩气终端价格的“双轨制”

2013 年 6 月，国家发改委出台《关于调整天然气价格的通知》，全面放开非常规天然气的气源价格，由供需双方按照市场价格确定。具体地，对于进入管道销售的非常规天然气（包括页岩气、煤层气、煤制气），以及液化天然气，气源和出厂价格由供需双方协商确定，双方单独签订购销和运输合同；需进入长输管道混合输送并一起销售的

（即运输企业和销售企业为同一市场主体），执行统一门站价格；需进入长输管道混合输送但单独销售的，气源价格由供需双方协商确定，并按国家规定的管道运输价格向管道运输企业支付费用，具体参见表 10.1 和图 10.6。

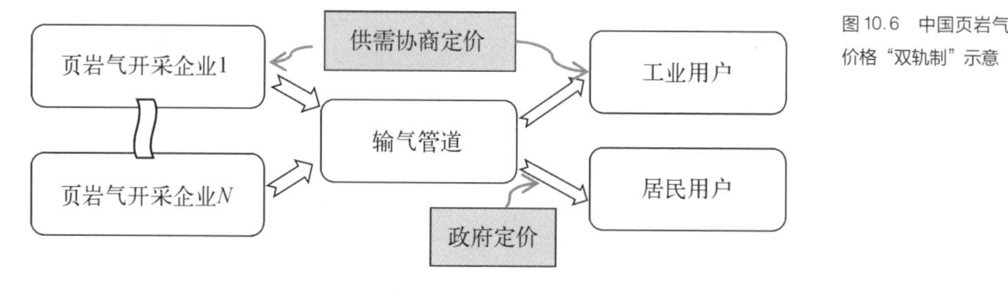

图 10.6　中国页岩气价格“双轨制”示意

例如，在 2014 年 9 月以前，中石化在重庆涪陵开采的页岩气如果要进入“川气东送”管道，就不能单独自主定价，而必须按照该管道统一门站价格定价，因为“川气东送”管道同时输送国产常规天然气；此后，涪陵的页岩气无论是单独输送还是混合输送，都可以实现市场化自主定价，不受政府价格管制的限制。

由图 10.6 可知，直供页岩气——开采企业与下游用户直接协商并签订销售合同的，其价格由双方协商确定，即销售给大工业用户的页岩气可享受市场化价格。这一市场化定价改革一方面会刺激中石油、中石化等石油巨头对非常规天然气的开采力度，也有利于管道企业以市场价格接纳非常规天然气进入管道运输，同时，在常规气源供应较为紧张的地区，还可以选择购买市场定价的非常规天然气，通过管道运输，灵活地补充一部分气源，缓解供气紧缺的局面。

2. 页岩气管输价格规制

目前，中国页岩气只在四川地区实现了工业化产量，其中，内江、威远页岩气已经实现了大规模民用。相比于灌装液化煤气，在相同用量情况下，页岩气每月价格约为 60 元，而灌装煤气约为 120 元①，因而页岩气的成本优势非常明显。在非常规天然气价格市场化后，开采成本和运输成本对页岩气的价格影响最大，会通过市场供求关系

① http://www.csgcn.com.cn/news/show-49744.html.

逐步反映在价格中。由美国的经验可知,页岩气开采成本趋于下降,然而,由于中国管网不发达,基础设施投入成本要比美国高出很多,因此运输成本趋于上升,页岩气价格在短期内很难降下来。“十三五”期间,天然气价格的市场化改革将继续推进,市场机制在价格形成中的作用将进一步增强。按照国家“监管中间、放开两头”的思路,包括各省门站价在内的各种气源价格的管制将逐步取消,产业链两端的价格将完全由市场供需决定。届时,页岩气价格的下降就取决于油气体制改革和管输价格监管是否到位。原因在于,中石油与中石化垄断了上游页岩气和输气管道等资源,纵向一体化程度高,因而,不破除中石油、中石化等油气巨头对上游和中游的垄断,下游工业用户可能难以与它们相抗衡。这要求政府一方面要加快油气体制改革和优化管输价格监管模式,另一方面可凭借《反垄断法》维护页岩气市场公平、公开的竞争环境。

2017 年 1 月 17 日,国家发改委和能源局印发《能源发展“十三五”规划》,要求推进油气勘探开发制度改革,有序放开油气勘探开发、进出口及下游环节竞争性业务,研究推动网运分离。实现管网、接收站等基础设施公平开放接入。

在“监管中间”环节的过程中,政府对管道运输价格的政策也在不断向前推进。早期,天然气管输价格的规范性文件除了 1998 年 5 月 1 日执行的《中华人民共和国价格法》、国家计委公布的《国家计委和国务院有关部门定价目录》外,还有 1976 年石油化学工业部油化财劳字第 135 号文件,以及表 10.1 中国家发改委关于天然气管输价格调整的几个文件。实际上,到目前为止,中国尚未形成一套符合天然气管输特点和管输现状的运价体系,只是针对新旧管道制定了不同的定价依据(黄磊碧,2008)。所谓新管道是指,国家开始实行“利改税和拨改贷”政策后,为支持天然气管道建设及加快天然气工业的发展速度,利用银行贷款新建的天然气管道,如陕京管道、靖西管道、陕宁管道、西气东输管道等。国家实行“新线新价”是指,对新输气管线不再采用原来的管输费率标准,而是按照项目经济评价法或者政府批准的管道建设可研报告测算天然气管输费,报国家价格主管部门批准后单独执行,收费依据是国家计委、建设部根据建设项目经济评价方法与参数,在满足行业基准收益率的前提下反算出来的。

以西气东输线为例,2003 年 9 月,国家发改委公布了西气东输项目的定价方案,西气的价格由两部分构成:一是天然气的出厂价,约为 0.48 元/立方米;二是西气东输的运费,平均约为 0.79 元/立方米。按照传输距离的不同,每立方米天然气到达各地的平均价格分别为：河南 1.14 元，安徽 1.23 元，江苏 1.27 元，浙江 1.31 元，上海 1.32 元。2010 年 4 月，国家发改委发布《关于调整天然气管道运输价格的通知》，要求自 2010 年 4 月 25 日起，天然气管道运输价每立方米提高 0.08 元，涉及天津、河北、辽宁、吉林、黑龙江、山东、河南、重庆、四川、云南、青海等 11 个省市。

可以看出，上述管网运输价格的测算依据是基于成本加成的收益率规制模型，导致运输价格远远超出了出厂价格，这是纵向一体化的油气企业模式下的必然结果。在未进行纵向拆分的情况下，控制管网的国家油气企业仍然有很强的激励运送自己生产的天然气，而运输新招标区域开发出来的页岩气的动机则不高。因此，打破管网垄断，使得页岩气的运输也按照市场机制定价，是目前页岩气开发面临的主要难题。

10.3 国际油价波动对页岩气价格的影响

原油、天然气、煤炭作为一次化石能源，三者之间的价格通常会相互影响，尤其是国际原油价格波动对煤炭、天然气的影响特别明显。美国的页岩气革命导致其能源结构发生了显著变化，也极大地影响了国际油价和国际能源结构。自 2014 年起，国际油价快速下跌并低位徘徊，不仅使得美国页岩气开发企业的利润空间降低甚至无利可图，而且导致成本较高的中国页岩气失去竞争力，降低了相关企业参与页岩气开发的积极性。因此，密切关注并研究国际原油价格变动及其趋势是非常必要的。

10.3.1 国际原油价格波动对天然气价格的影响

1. 国际原油的价格波动

长期以来，国际市场原油交易形成了三种基准价格，即美国纽约商品交易所轻质低硫原油价格（WTI）、英国伦敦国际石油交易所北海布伦特原油价格（Brent）和阿联酋迪拜原油价格(Dubai)。这三种基准油价均分为现货价格和期货价格。此外,涵盖石油输出国组织(OPEC)13 个成员国主要原油品种的欧佩克市场监督原油一揽子平均价,也是衡量国际市场油价的重要参考价格。欧佩克一揽子油价是欧佩克根据多种市场监督原油每日报价计算出来的一个加权平均值。近年来,由于迪拜原油产量日渐下降,尽管 OPEC 成员国原油产量约占世界总产量的 40%,但其作为基准油价的地位也引起了一些争议。

长期以来,国际原油价格波动十分剧烈,可谓大起大落,主要影响因素有以下三个。

(1) 价格可以分为长期价格和短期价格,各自的影响因素是不同的。价格的长期走势受到供给和需求基本面的支撑;短期走势则更多地受到世界各种短期因素的冲击,包括石油产量的调整、需求的变化、战争的影响,甚至是偶然的自然灾害等。另外,相关国家或国际组织主动改变供给面的做法也可以调节价格,例如,调整原油储备或者货币供给量,从而对供给市场和需求市场产生影响。

(2) 原油价格是局部市场形成的,交易成本是影响石油价格的一个重要因素。原油具有很强的区域性质:美国原油的来源地遍布世界各地,欧洲原油则来自中东和北非,中国原油的绝大部分来自中东和中亚。因此,WTI 受美国原油供需的影响很大,而 Brent 则较多受到中东地区局势的影响。此外,反映交易成本的波罗的海原油(成品油)轮运价指数,也是考量石油价格的指标之一。最后,原油本身的质量,比如高硫油和轻质油,也是影响价格的因素。

(3) 投机行为对原油价格的影响,更多的是积极的,而不是消极的。投机运作的机制是通过金融面来影响需求。对市场判断正确的投机,可抚平市场的波动,而不是增加其波动。

从历史上看,国际原油价格波动存在三个典型阶段(图 10.7)。

第一阶段:1987—2001 年中期。在这一较长的时期内,国际原油价格保持在 40 美元/桶以下。期间,即便遭遇到两次石油危机(即石油供给冲击),价格也未呈现几倍的上升。尽管受亚洲金融危机影响,1998 年原油价格大幅度上升,但随后又快速下挫。

第二阶段:2001 年末—2009 年初。原油价格快速上涨,一度达到最高点的接近 150 美元/桶,随后又巨幅暴跌到接近 60 美元/桶。可能的解释是,大规模无法投入实

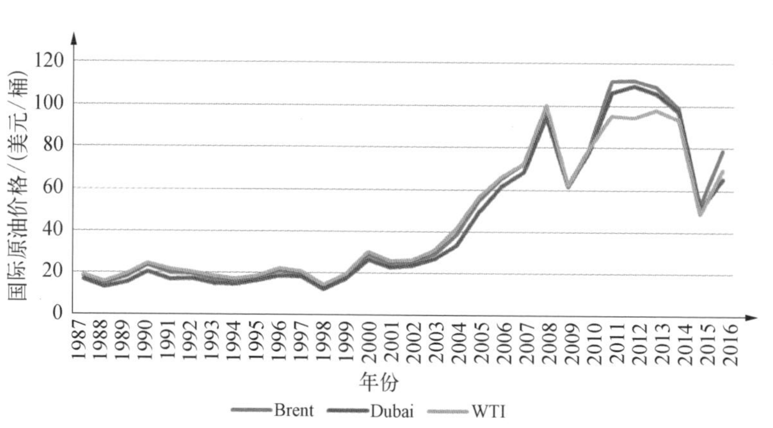

图 10.7 1987—2016 年国际原油价格波动情况

业的资本涌入到可以资本化操作的金融业,购买大量的原油期货,这些资本在现实中并不持有石油,但却会影响原油现价。另外,以中国为代表的新兴市场经济体的崛起,大幅提高了对石油的需求,从而拉高了价格。

第三阶段: 自 2009 年初暴跌后,国际油价又开始稳步上涨,2011—2014 年都位于 100 美元/桶的上方。但此后,国际原油价格持续下降,近两年甚至出现了低至 30 美元/桶以下的情况。目前,油价在 50 美元附近震荡。

2. 国际原油价格波动对宏观经济的负面影响

20 世纪 70—80 年代的石油危机激发了学者开展原油价格波动对宏观经济的影响的研究。早期,Rasche 和 Tatom (1977)、Darby(1982)、Bruno 和 Sachs(1982)、Hamilton(1983)等证实了原油价格与经济增长呈现负相关关系,其中,具有较大影响力的成果来自 Darby(1982)和 Hamilton(1983)。Darby(1982)检验了石油价格冲击对实际收入的影响,在引入出口、汇率和货币供给等变量的间接效应后发现,石油价格波动与国家实际收入之间存在统计显著的负相关性。Hamilton(1983)运用 VAR 方法检验了第二次世界大战之后的油价、GNP 和失业等数据之间的关系,发现石油价格的剧烈上涨几乎诱发了每一次的经济衰退,从而证明了国际原油价格波动与美国实际产出的负向关联性。

随后,对有关石油价格冲击的宏观经济影响研究扩展到了美国以外的其他国家,并依然支持了上述观点。例如，Mork 和 Olsen（1994）以美国、加拿大、日本、德国等7个OECD国家为样本，将油价分为上涨阶段与下跌阶段进行不对称性研究，证实原油价格与GNP为负相关关系；Papapetrou（2001）以1984年1月—1999年9月的月度数据为样本，探讨了能源高度依赖国家——希腊的石油价格波动与其股市收益、利率等经济指标的关系，结果表明，油价变动给工业产出带来负面冲击，并且能够很好地解释股价的变动。近期，类似的研究还有 Cologni 和 Manera（2008）、林伯强和王峰（2009）、任若恩和樊茂清（2010）、段继红（2012）等。

上述文献都认为，国际油价上升与宏观经济走势呈现反向关系。因而，国际油价的快速上升非常不利于世界经济增长。

3. 国际原油价格波动对替代能源价格的影响

国际原油价格波动必然会对替代能源价格产生影响，因为若以相等热值换算，石油、天然气和煤炭价格具有对应关系。实际上，欧洲、东亚等均在天然气定价公式中将其与原油价格挂钩。因此，如果原油价格上涨，则煤炭、天然气等价格必然同步上升。美国页岩气产量大幅度增长的激励因素正是国际油价的上升；如果原油价格持续走软，可能会影响其他能源价格的坚挺，导致煤炭、天然气价格都会下降，同时使部分使用太阳能、氢燃料的企业和消费者转向原油。由图10.8可知，三种化石能源价格之间高度相关，在2008年、2011—2014年的波峰位置，以及2009年和2015年的波谷位置基本上是同步的。

替代能源价格与原油价格之间的高度相关性意味着，能源品种之间的价格比决定了可替代性，因而天然气等相关能源将受到原油价格波动的较大影响。同时，这些替代能源的价格变动也将反过来影响原油的价格。

Auping 等（2016）认为，页岩气革命诱发了能源价格的周期性波动，从而导致2014年之前的高油价阶段和之后的低油价阶段，因此，只有在供给和需求达到平衡时，油价才能达到均衡。由于高油价导致了页岩气的开发热潮，因而当市场上页岩气供给过剩时，也必然伴随着油价的下跌。黄卓等（2014）研究了美国原油与天然气价格的联动关系。2006以前，以WTI为代表的原油市场价格与以Henry Hub为代表的天然气市场价格之间存在同向变动关系。此后，两者出现背离，尤其是2008年后，油价走高，气价下降，主要原因就是页岩气产量的大幅度提高。

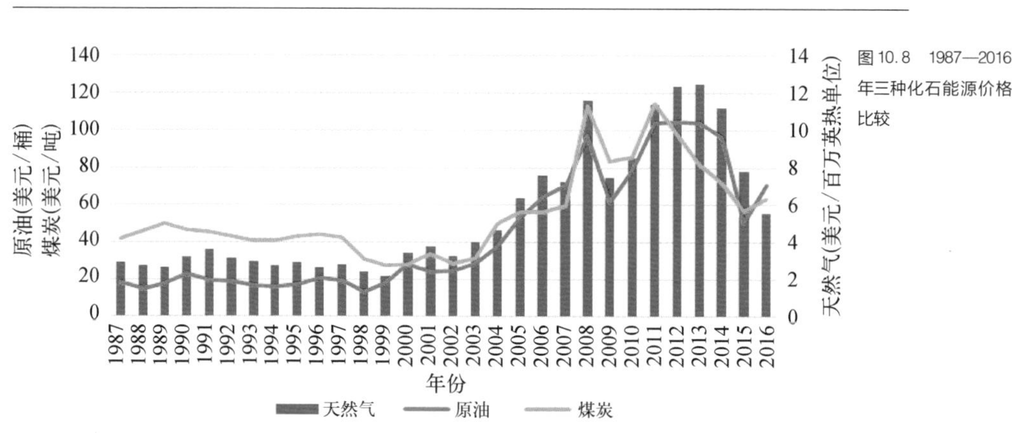

图 10.8 1987—2016 年三种化石能源价格比较

EIA 的报告显示,2015 年,美国陆上油气生产成本比 2014 年下降了 15%~18%,预计 2016 年仍有 3%~5% 的下降空间。很明显,技术进步是成本下降的最重要影响因素。美国页岩油生产商将钻井、压裂技术发展到了极致,同台钻井、50 级压裂、15 ft 跨度的丛式钻井、每英尺超过 2 000 lb 支撑剂等技术的应用,使他们获得了更多的单井油气产量,因此,虽然钻机数量大幅下降,但产量并没有相应减少。美国页岩油气产量已经成为影响国际石油市场供需平衡的新变量(李月清,2016)。

4. 国际油价下降对美国页岩油气开发的影响

页岩气是一个资本密集型产业。在初步打井之后,企业需要不断投入资金继续打新井;如果没有资本的持续投入,很难实现大规模、持续性开采。国际油价大跌后,美国页岩气企业在资本市场上融资的成本大幅上涨,很难继续筹措资金,债务违约问题便浮现出来。事实上,石油价格下跌已经在美国显现出了相当负面的影响。据美国《华尔街日报》报道,“作为国内经济增长的主要引擎,美国石油和天然气企业的强劲表现令其他行业企业黯然失色。在强力拉动整体经济增长的同时,这些企业也提供了稳定的就业、工资增长。正因为如此,石油和天然气行业的就业竞争尤为激烈。然而,在油价暴跌近 50% 之后,石油开采和生产企业选择削减资本预算,服务性企业忍痛裁员,而为该行业提供支撑的非能源企业则不得不直面增长减速。”

原油价格的小幅下跌对美国页岩气公司会产生一些影响,但不会产生大的影响,但如果油价继续下跌到 70 美元/桶左右,就可能会对美国的页岩气投资产生较大影响。据专家测算，一般的页岩气开发成本能够承受的油价是在 60 ~ 70 美元/桶，而现在已经跌到了 50 美元/桶左右，投入无法获得回报。中石油政策研究室唐延川也认为，如果国际油价长期处于 70 ~ 80 美元/桶以下，非常规油气将无利可图。同时，油价的持续下跌也会影响风险投资和私募股权投资基金对页岩油气的资本支持，进而从根本上威胁非常规油气的发展。

此外，标准普尔的研究显示，随着油价的不断下跌，在美国 100 家中小型页岩气企业中，有四分之三由于高负债面临破产倒闭的风险。如果不出意外，2015 年第一季度，大部分美国页岩气企业将会面临银行信用额度的缩减，加上营业收入的下降，这些企业将被迫削减资本支出。

公开资料显示，由于近年来水平压裂井技术的突破，美国页岩油气生产商疯狂钻井，在 2014 年 10 月，油井钻机已达到了 1 609 口的历史高位。但自 2014 年 6 月国际油价一路下跌以来，美国的页岩油气钻井正日益萎缩，截至 2015 年 1 月 9 日，来自第三方机构的数据显示，美国油井钻机已减少至 1 421 口。2015 年 1 月 13 日，美国一家名为 WBH Energy 的页岩油开采公司提交了破产申请，贷款人拒绝再度为这家位于得克萨斯州奥斯汀的民营公司提供资金支持，使其成为美国本土第一家破产的页岩油公司①。

EIA 发布的预测报告显示，2016 年 5 月，美国页岩油日产量将下降 11.4 万桶，至 484 万桶，这也将是连续第七个月的下降。在中小型页岩气公司大量倒闭的同时，美国德文能源公司和马拉松石油公司等大型能源公司也被迫大幅度消减 2016 年的页岩气产量②。

10.3.2 国际油价下跌对中国页岩气产业发展的影响

实际上，随着国际油价的长期低位徘徊，美国页岩气开发已经开始遭受油价下跌

① 唐振伟. 油价暴跌冲击美国页岩气产业 国内仍在加速发展. 证券日报[N]，2015 - 01 - 29.

② http://www.csgcn.com.cn/news/show-64287.html.

的冲击，这一局面是否会在中国上演，国际油价波动怎样影响页岩气开发与利用的经济效益，成为亟须回答的问题。

首先，低油价下大量开采国内页岩气依然势在必行，但需提高企业参与的积极性。由于中国天然气对外依存度高，加之经济发展迅速，能源需求不断上升，页岩气开发依然是我国能源战略的重要抓手。目前，中国参与页岩气开发的企业多为中石油、中石化等大型国企，资金实力雄厚，因此短期内不会受到资金链断裂风险的威胁。然而，如果国际原油价格长期保持在低位，页岩气开发的成本又很难压缩，那么页岩气的相对经济性就将丧失，企业也很难有动力继续投资勘探开采新的页岩气。2012 年和 2013 年，国土资源部相继推出了全国页岩气第一、二轮区块勘探权招标，然而，第三轮招标日期却不断推迟。究其原因，正是由于第二轮招标的中标企业的投入远未达到其承诺，使某些原本准备参与第三轮招标的“摩拳擦掌者”开始犹豫。而且，尽管中石化、中石油页岩气勘探开发成绩斐然，但低油价背景下页岩气开发的利润也开始受到质疑。很多原本与国内大企业合作的外资公司也纷纷退出，低油价可能是压垮外资的最后一根稻草。总而言之，国际油价的暴跌对页岩气勘探开发项目的回报预期产生了重大影响，原来预计的投资回报将无法保证，导致外资公司最终决定退出或放慢在中国页岩气投资步伐（李良，2015）。

其次，低油价为政府油气管理体制的优化、调整和改革提供了良好的时机。政府可借机强化宏观调控，鼓励微观竞争，促使更多的中小投资者进入到页岩气勘探开发中，以更有效、更充分地利用本属于低品位的页岩气、致密气等矿产资源。政府亦可借机完善相关法律法规，设计详细政策，出台相关标准。对于页岩气开发可能造成的环境危害更应未雨绸缪，避免重蹈“先污染后治理”的覆辙。然而，低油价不利于政府坚持执行补贴和优惠等政策。当前国内页岩气、煤层气开发及煤制气项目等对政府补贴或优惠政策依赖性较大，若国际油价进一步下降或长期低迷，政策优惠及财政补贴必将弱化，加之环保成本的上升，大量终端消费可能又会回到大规模粗放式利用原油、煤炭的老路上，不利于经济的可持续发展（岳来群，2015）。这就要求政府扶持政策的持续期要足够长，变动不应过于频繁，避免因短期价格变化影响长期能源战略。

再次，低油价有利于中国原油、液化天然气等能源的进口，有利于强化能源安全。当然，中国油气行业也面临着究竟是继续低效益开发国内非常规天然气，还是加大进口海外天然气的现实抉择。为此,关春晓等(2016)构建了反映单井投资、累计产量、内部收益率等三大关键指标的技术经济界限图并与进口气价格进行对比,得出不同油价下我国非常规气效益开发的最优序列。结果表明: ① 在当前气价、投资、产量水平下,只有致密气藏“甜点区”可实现效益开发,煤层气、页岩气的内部收益率均低于基准收益率,有待于进一步降本增效;② 当原油价格为 40 美元/桶时,国产致密气相比进口 LNG 效益更优,可优先开发,并加大 LNG 进口比例;③ 当原油价格为 50 美元/桶及以上时,国产非常规气相比进口 LNG 效益更优,应加大开发力度,平衡好国产气与进口气的供应比例关系,以实现效益最大化。

王凯等(2016)以重庆涪陵焦石坝页岩气产量、钻井数量、单井投资规模为例,测算了国际原油价格波动下国内页岩气开发和利用环节所具有的经济效益。结果表明,在当前页岩气单井投资 7 000 万元的前提下,无论是否考虑财政补贴,原油价格在 40 ~ 100 美元/桶范围内波动,都将使页岩气开发相比原油进口更具效益;当原油价格在 40 美元/桶左右波动时,当前的页岩气销售价格将使其相比原油进口不再具有经济效益,此时,若将提供给页岩气开发环节的中央财政补贴转移到页岩气利用环节,则对于提升页岩气利用效益更加有利。

最后,低油价下我国非常规油气开发和服务市场受到的冲击有限。由于中国地质结构复杂,单井勘探成本高于美国,页岩气开发技术仍亟待进步。低油价导致的能源比价效应反而迫使我国页岩气开发企业开始重视立足于本国特殊地质条件的技术进步。2015 年,面对频频“外渗”的页岩气区块勘探权第三轮招标信息,很多有意投标的企业更多的是进行冷静思考,详细估测区块的页岩气地质条件。在技术层面上,一些企业开始积极发力拓宽油气服务市场,将水平井压裂、丛式井技术等转向应用于致密砂岩气、泥岩气的开采。因此,低油价下的国内页岩气开发、服务业务仍较乐观。

综上所述,与美国相比,我国页岩气产业的总体技术水平与产业化能力尚处于发展初期,不具备基本的抗压能力。因此,一旦油价过度暴跌,对于尚处于襁褓中的中国页岩气产业不啻为一场灾难! 然而,危中有机,在这场全球性的新能源产业机会中,如果能够发挥好中国特有的能源体制优势,不仅可以化危为机,甚至可以弯道超车,使我国的页岩气开发在技术水平和产业规模上实现快速提升和超常规发展。

第11章 页岩气开发的环境污染和环境规制研究

中国页岩气储量丰富,具有极好的开发前景,应该大力促进其开发以缓解我国天然气短缺的困境。然而,页岩气开发过程所造成的诸多环境污染和生态破坏问题也是不容忽视的。针对页岩气商业化开采带来的水资源污染、土壤破坏、生态破坏、大气污染等问题,除了需要促进页岩气开发绿色化的技术进步以外,政府的环境规制对防止这类环境负外部性也有极其重要的作用。因此,本章研究页岩气开采对环境的影响,进而通过中美对比,研究政府如何对页岩气开发进行环境规制,以及环境规制对技术进步、页岩气产业发展的影响。

11.1 页岩气开发的环境污染

本节将从页岩气开发的环境优势与环境污染两个角度来考察其对环境影响的净效应,并着重分析页岩气开采过程中引起的环境污染问题。

11.1.1 页岩气资源的环境优势

页岩气是一种非常规天然气,具有清洁、高效的特点。通常,煤炭被归类为高碳化石能源,石油为中碳化石能源,常规与非常规天然气被归类为低碳化石能源。页岩气具有非常规天然气共有的特征。一是分子结构简单,其组成成分中的80%~99%是甲烷;二是热值高,甲烷的热值是50 200 kJ/m^3;三是低碳,能够有效减少碳排放;四是低污染或无污染。根据测算,在产生相同单位热量的情况下,天然气排放的二氧化碳仅为石油产品的67%,为煤炭的44%;与煤炭排放的污染物相比,灰分之比为1∶148,二氧化硫之比为1∶2 700,氮氧化合物之比为1∶29。燃气电厂的二氧化碳排放量仅为燃煤电厂的二分之一。自从美国大力开发和使用页岩气以来,在2008—2013年的五年间,其二氧化碳排放量减少了近4.5×10^8 t(张裔,2013)。如果四川涪陵页岩气田建成100×10^8 m^3/a的产能,可每年减排二氧化碳1 200 $\times10^4$ t,相当于植树近1.1亿棵、近

800 万辆经济型轿车停开一年。同时,减排二氧化硫 30×10^4 t,氮氧化物近 10×10^4 t。

以上数据意味着,页岩气开发可以实现中国能源结构的低碳化目标,较好地抑制因能源消耗而带来的环境污染问题,促进经济发展方式转型升级。

11.1.2 页岩气开发引起的环境污染

目前,页岩气开采主要采取美国水平井压裂技术,因而,美国页岩气开发中遇到的环境问题也会在中国出现。而且,中国页岩气资源丰富的地区主要处于四川盆地、渝东鄂西、黔湘、鄂尔多斯盆地、塔里木盆地等西南、西部偏远地区,人口密集、环境承载力较弱。此外,中国在环境保护方面存在法律法规不健全,以及有法不依、执法不严等问题,这些都使得我国在页岩气开发过程中面临更为严峻的环境挑战。

页岩气开采过程主要包括五个步骤:钻竖直井到页岩层;钻水平井到页岩气储层;通过射孔作业向页岩中注入由水、砂及化学添加剂等组成的高压混合液;利用水平井压裂技术扩大裂缝;最后将页岩气抽采到地表。整个开采作业过程的每个环节都会对环境造成不同程度的影响,例如,开采过程中的大气污染,水平压裂技术会消耗大量水资源并产生水污染,钻井作业会影响地质结构等。

1. 大气污染

页岩气开采过程中产生的大气污染主要包括开采过程中可能发生的甲烷泄漏、柴油机作业产生的污染物,以及地面蓄水池中有机物的挥发等。

页岩气在开采过程中会产生甲烷泄漏,特别是在压裂液返排过程中会有大量甲烷直接排入大气中。相比传统的温室气体二氧化碳,甲烷对环境的污染更大。Shindell 和 Bauer(2009)就常规天然气和页岩气开采各环节泄漏到大气中的甲烷作了对比分析(表 11.1)。页岩气从开采到消费的全生命周期内泄漏到大气中的甲烷量为 3.6%~7.9%,而常规天然气仅为 1.7%~6%(Howarth,2011)。以平均值来计算,页岩气开采排放的甲烷气体量约为常规天然气的 1.5 倍。两者的差距主要集中于完井过程。假设按照 100 年来计算,大气中的二氧化碳会在 20 年后完全消失,而在这 20 年中,甲烷的温室效应是二氧化碳的 72 倍。如此看来,如果对页岩气开采环节中的甲烷泄漏不

表11.1 常规天然气与页岩气开采过程中甲烷气体泄漏对比

甲烷排放环节	常规天然气	页岩气
完井过程	0.01%	1.9%
井场排放和设备泄漏	0.3%~1.9%	
液体排放	0~0.26%	
气体处理过程	0~0.19%	
运输、存储过程	1.4%~3.6%	
合　计	1.7%~6.0%	3.6%~7.9%

加以控制,其温室效应带来的影响将远大于煤炭和石油。

除了开采环节的甲烷泄漏外,页岩气开采的不同施工阶段所使用的各类机器设备都是大气污染源,主要的污染物有苯、二甲苯、臭氧等。在施工初期,为钻机提供动力的化石燃料、压裂过程中使用的柴油动力泵等均会造成大气污染。在完井过程中,泄漏的页岩气燃烧、放喷,以及运输车辆的尾气排放等也是大气污染的主要来源。

2. 水资源消耗和污染

页岩气的开采过程需要消耗大量水资源并可能导致污染:一方面,由于目前技术所限,绝大多数水资源无法再次回收利用;另一方面,如果不能及时、合理地处理废水,对开采场周围的地表水、地下水都会产生不同程度的污染。

页岩气开采中使用的主要技术是水力压裂技术。一个典型的页岩气水平钻井在钻探和水力压裂过程中需使用约3 785 ~15 142 m^3的水,而其中的50%~ 70%会被消耗掉(冯连勇等,2012)。耗水成本约为总钻探气井成本的30%,而所有水资源消耗后的回收率仅为1%。根据测算的单位能源生产用水密度的结果来看,页岩气高于常规天然气,但低于常规石油(Clark 等,2013)。

然而,通过实际开发经验的总结,中石化涪陵页岩气施工期用水量平均为3万立方米/井,每口井稳产期内产出气量平均为1.7×10^8 m^3,那么,万元产值耗水量为0.63 m^3。而且,页岩气开发过程中的用水消耗主要集中在施工期,实际上,整个开发过程测算下来的单位水耗远低于其他行业。

为用水方便,页岩气井一般都位于邻近河流等地表水充裕区域,因此,处理不当就势必会污染地表水和地下水。页岩气开采过程中的产出液、压裂液、常规钻井操作、意外井喷都会产生大量的有毒有害物质，对地表水体造成污染。生产水的污染物包括压裂液中添加的化学药剂、天然气烃类物质、支撑剂、含有天然有毒物质的底层高矿化度水等（肖钢和白玉湖，2012）。页岩气开发对地表水污染的另一来源是返排水，其中含有高浓度的总溶解固体（TDS）、大量盐类（如 Cl、Br）、低浓度金属元素（如 Ba、Sr）、有毒非金属元素（如 As、Se）和放射性元素（如 Ra）等。

中国页岩气的储量分布和水资源分布情况如图 11.1 所示。容易看出，页岩气储量丰富的地区大多是水资源稀缺的地区，例如，新疆、甘肃、山西、内蒙古等地，仅有四川的水资源条件较好，却又是多山地区，开采页岩气的地质条件较差。因此，中国更需要处理好页岩气开采带来的水资源的大消耗和污染问题。

图 11.1　我国页岩气及水资源分布情况

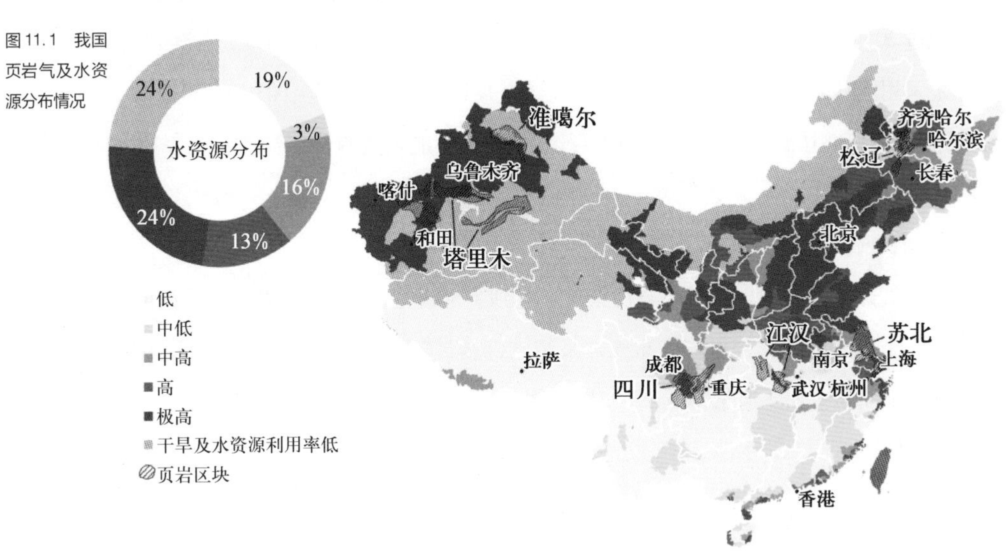

此外，页岩气开采过程中地下水的污染源很多。例如，套管和固井缺陷会造成浅层流体泄漏；开发过程中注入的压裂液和储集层高矿化度地层水会向上运移。美国某组织曾跟踪监测宾夕法尼亚州迪莫克地区的地下水，在饮用水源中发现了甲烷，经检测发现，钻井地点附近的甲烷污染程度是没有钻探地点水井水样的 17 倍，这佐证了页岩气开采会污染地下水的推测（陈莉和任玉，2012）。

目前,我国页岩气开采主要集中在四川地区,人口密集,地表水与地下水资源都相当重要,不容忽视。据不完全统计,中石化在焦石镇的页岩气田共钻孔 6 000 多个,平均深度 20 余米,平均每个钻孔用炸药 10 kg 左右。强大的地震波导致部分地表溶洞水变小,甚至消失。全镇因钻探导致水量变小的地方有 30 多处,导致溶洞断流的有 15 处,导致水源有短时间污染现象的有 30 多处;个别地方地下水系受到了影响,水源流向发生了改变;有 34 处五小水利工程(小塘坝、小水窖、小泵站、小渠道、小堰闸)受到不同程度的损坏,受影响的水利工程规模超过 15 000 m^3,导致 3 300 人、5 000 口牲畜短时间饮水困难, 3 500 多亩耕地灌溉受到影响。另外,在地表浅层(一般井深 800 ~1 000 m)钻井阶段,即使采用清水钻井工艺,对地表水也时常发生污染,但好在时间不长。具体的污染状况有两种: 一是水质污染,被污染的水源一般出现乳白色,时常伴有泡沫,水质监测一般呈现为阴离子表面活性剂超标,这种现象在焦石辖区内出现过 20 多处;二是溶洞断流或者水量变小。在深层(1 000 m 以下)钻井阶段,一般都是采用柴油钻井,虽然地表水一般不在这个层面,但钻井过程中带出来的油基屑数量巨大,每口井达到 150 ~ 200 t,如果管理不善,发生地表泄漏,将会对地下水产生较大的污染①。

3. 土地破坏与污染

页岩气开采带来的土地破坏与污染主要包括土地占用、土壤污染以及地质灾害。

(1) 土地占用问题。与传统油气开采相比,页岩气开采所需要的设备更多,因而占用的土地面积更大。通常情况下,一口页岩气井的占地面积约为常规气井的十倍。同时,打井的土石方、储水池、输气设备、各类废气、废渣、废水处理设备等都会占用更多土地。

(2) 土壤污染问题。页岩气开采过程中对土壤造成的污染主要有三种方式。一是矿石与土壤直接接触带来的污染。开采出的油页岩矿中含有大量重金属,矿石堆放处的土壤易受到重金属的污染。重金属进一步通过物理、化学等迁移方式加重周边土壤的污染。二是开采过程中使用的生产液、返排水污染地下水和地表水后,进而污染土壤。生产液、返排水中含有大量有害的化学成分,处理不当、不彻底、液体外渗等都

① http://www.flrd.gov.cn/llyt/2014nllytwz/2015 -4/11717.html.

会使污染物渗透到土壤中。三是由于开采事故导致的井喷可能污染土壤。

(3) 地质灾害问题。页岩气开采过程中的钻井活动会破坏地表结构,极易引发地质灾害。加之页岩气的渗透率极低,只有增加天然裂缝网络,才能提高页岩基质渗透率(王冕冕等,2010)。而发育成熟的天然裂缝极少,因此必须采用压裂技术来沟通天然裂缝。由此,地质结构就会被严重破坏,岩层的稳定性急剧降低,山体滑坡的风险剧增。同时,施工作业工程中使用的大型钻井设备和施工车辆也会加重开采井场土地的脆弱性,引发地面塌陷。

进一步,水力压裂释放的能量一般会引发 2 级以下的微弱地震,大多数为 1 级以下,虽然不具有破坏性(张东晓和杨婷云,2015),但美国阿肯色州、宾夕法尼亚州、俄亥俄州、俄克拉何马州等地区的页岩气田曾发生过一系列的轻微地震,说明水平压裂技术对地质结构有一定的破坏性(Howarth 等,2011)。当然,这一解释在学术界仍存在争议,该技术对地震的具体影响仍在继续研究中。

从以上分析中不难看出,页岩气具有消费一端的低碳性和生产一端的污染性双重特征。为了进一步发挥其低碳优势,削弱其对环境的负面影响,加快技术进步、强化环境规制都将扮演重要的角色。

11.2 页岩气开发中的技术进步与环境保护

美国页岩气革命的成功离不开其技术进步的推动作用。技术进步不仅提高了开采效率,降低了投资和投入,更减少了对环境和生态的破坏。着眼未来,页岩气技术进步必将朝着绿色、环保方向继续推进。

11.2.1 页岩气开发的技术进步

页岩气开发的技术进步主要体现在钻完井、压裂以及废弃物回收和资源化等三大环节上。

1. 钻完井技术演进

美国页岩气开发的技术演化历程可分为四个阶段。

第一阶段为1981—1995年,为美国页岩气开发的初级阶段,钻井方式主要采用垂直钻井和凝胶压裂技术,这是用于常规天然气的开采技术,不完全适用于页岩气。因此,该阶段的页岩气产量较低,开采效率不高。

第二阶段为1996—2001年,页岩气开采仍然以垂直钻井方式为主,部分页岩气井采用了清水压裂技术。压裂技术的改进不仅提高了产量,也降低了开采成本,更加有利于页岩气产业的长远发展。

第三阶段为2002—2006年,水平钻井技术代替了传统的垂直钻井技术,成为页岩气开采史上的重大转折点,自此,页岩气开始进入商业化开采阶段,产量有了大幅度的提升。同时,再配合重复压裂和同步压裂技术,页岩气产量加速提高。2002年,Barnett页岩区的页岩气产量较之前增长了65.8%。

第四阶段为2007年至今,水平钻井技术、各种压裂技术进一步完善。美国页岩气企业根据不同的页岩特征选择不同的开采技术。2007—2015年,美国页岩气产量的平均增长率为34%,累计产量为70.3×10^{12} ft^3。以Barnett页岩区为例,从1997年开始,Barnett页岩区产气量迅速增加,完成的13 500口井均是以垂直井技术进行的开采。2004年,水平井数量大大增加,并于2006年超过垂直井数量。2010年,Barnett页岩区的水平井数量已经占到总生产井的70%。可以说,从技术层面而言,美国水平井技术的成功直接带动了页岩气开发的成功。

目前水平压裂技术已经成为主流技术模式,其生产流程参见图1.5。相比于传统的天然气开采方式——垂直钻井技术,水平井技术有两大特点:一是可以在更大程度上贴合页岩层的结构,平行于页岩层的天然裂缝进行钻井,从而充分利用页岩气存储层次间的天然缝隙,穿透更多的储层,页岩气的采收率因而获得了巨大提高;二是可以减少地面土地使用面积,避免地面不利条件对页岩气开采的干扰。此外,水平钻井技术中还包括了欠平衡钻井、旋转导向钻井、控制压力钻井等,这些技术能够有效提高页岩气的采收率、钻井速度,并且保证钻井作业的安全。

完井过程衔接了钻井和开采两个环节,决定着页岩气井的产量、寿命等。固井技术的进步体现在水泥浆材料的发展上。页岩气固井所使用的水泥浆主要有泡沫水泥、酸溶性水泥、泡沫酸溶性水泥、火山灰+H级水泥等。相比传统水泥,泡沫水泥渗透率更低,能够有效阻碍天然气的渗漏,不仅使得产量平均高出23%(王中华,2013),而且可有效避免温室气体的排放。酸溶性水泥的溶解度高达92%,大约为常规水泥的3.5倍,较高的溶解度可以使水泥更容易从地层空隙中清除。泡沫酸溶性水泥可以有效减少井壁坍塌事故发生的概率。火山灰+H级水泥最大的特点是,水泥石的强度可以通过调节水泥浆密度来实现,水泥石强度越高,水力压裂裂缝的抗压能力越强。

2. 水力压裂技术演进

1998年,水力压裂技术由美国的页岩气之父乔治·米切尔发明,并在Barnett页岩区应用成功,主要包括清水压裂、分段压裂、重复压裂以及同步压裂等。

美国页岩气开发最早使用的是氮气压裂、泡沫压裂和凝胶压裂等技术,这些技术成本高、产量低。而清水压裂技术是以清水作为压裂液,可以更好地与页岩层接触,从而提高了渗透率,有效地节约了生产成本。Barnett地区采用清水压裂技术后,日产气量约为泡沫压裂和凝胶压裂技术的28~34倍。

分段压裂技术将水平井分为多段进行压裂,从而提高采收率。该项技术已由原先的1~2段压裂,发展到7~8段,甚至现在的几十段。采用了分段压裂技术后,Barnett地区的页岩气产量迅速攀升,2006年,该地区年产量仅为1.1×10^{12} ft^3,2012年则达到了8×10^{12} $ft^3$①。

重复压裂是通过增加页岩层不同方向的裂缝来增加产量。1995年前,Barnett地区部分页岩气井使用凝胶压裂技术,后来采用清水压裂技术,最后通过技术改造对利用这两种方法的压裂井再进行重复压裂,发现产量明显高于初次压裂的产量。

同步压裂技术是对两口及以上的井配对后同时实施压裂作业,以在最大限度上联通天然裂缝。2006年,同步压裂技术第一次应用于Barnett页岩区。作业者对同一平台上相隔10 m、水平井段相隔305 m、大致平行的两口井9个层位进行同步压裂。作业后,两口井均以相当高的速度产气,其中1口井以日产25.5×10^4 m^3的速度持续生产了30天,大约为其他井的2~3倍。

① http://finance.qq.com/cross/20151201/1P76WPW5.html.

压裂监测技术的发展提高了压裂的准确性,同时通过监测页岩层的压裂效果来优化压裂作业。该项技术利用微地震原理对水力压裂产生的裂缝网络进行成像,并利用获得的数据对压裂结果进行分析,从而能够更加准确的预测页岩气的储量情况。

3. 废弃物回收和资源化技术

页岩气开发过程中产生的废弃物很多都能够得到有效的回收、处理,甚至重新资源化,这将大大减少污染物排放,节约资源使用量。

1) 油基泥浆的回收与处理

在页岩气开发过程中,油基泥浆的回收是个重大问题。在国外,关于废气、油基泥浆、钻屑、固定物等排放的法律要求非常严格。例如,美国禁止排放柴油的泥浆钻屑。目前,美国的油基泥浆都采用工厂化回收处理;英国禁止用柴油配置油基钻井液。针对油基泥浆的国内外相关处理技术包括 LRET 常温深度处理、焚烧、化学清洗等。例如,一种 EVOLUTION 类油基水基钻井液比普通水基钻井液毒性更低,钻屑和钻井液废弃物处理过程更简单。来自杰瑞公司的热解吸附技术是当前国际最先进的含油废弃物处理环保技术,处理范围包括页岩气开发、致密油开发、石油炼化所产生的含油废弃物,以及被农药和油漆污染的土壤等。

中国环保部的《废矿物油回收利用控制标准》规定了对含油废物的鉴定,但没有直接规定处理后的达标情况。随着中国页岩气井越来越多,油基泥浆回收势必要提到议事日程上来。工厂化、集中化和专业化处理将是今后的发展方向。

实际上,与地表填埋、贮存罐藏或焚烧等其他处理技术相比,深井灌注技术对于人体健康和环境所构成的危害极低,可能造成的风险较小。深井灌注就是将废液灌注到与人类日常生活环境隔绝的地质深层,从而实现安全处置。深井灌注在美国已经有几十年的历史,主要用于处置工业或市政废液、废水。公开资料显示,早在 20 世纪美国环境保护署就完成的一项风险研究表明,深井灌注技术虽然并不是人类终极的环境解决方案,但从目前来看它可能是重要的选择之一。

然而,在中国,目前水污染防治法禁止向地下灌注含有毒污染物的废水、含病原体的污水和其他废物。因此,企业只能将废水处理后进行地表排放,治理技术亟须突破。

2) 压裂废水处理

美国波士顿 Lux Research 咨询公司最近发布的一项报告——《压裂废水处理市场

的得与失》显示，由于其他国家也开始开发页岩气，随着水力压裂法在页岩气领域的大规模应用，预计2020年，全球水处理市场规模将达到90亿美元。而市场扩张会进一步推动科技创新，促使业界寻找水处理和循环利用的新途径。

采用水力压裂技术的页岩气单井需要消耗$(105 \sim 588) \times 10^4$ US gal的水资源，并且废水中含有碳氢化合物、重金属、污垢以及化学盐分，其盐水浓度是海水浓度的6倍。这给废水处理带来了巨大挑战，被普遍认为是最难处理的一类工业污水。

GasFrac公司发明的丙烷压裂技术为水污染治理带来了希望。在压裂过程中，GasFrac公司并没有按照行业惯例向页岩气井注入高压水流，而是代之以高压丙烷。GasFrac是从美国雪佛龙石油公司（Chevron）获得了该技术的认证，目前，壳牌、赫斯基（Husky）和雪佛龙等英美油气生产商均在对此项技术进行应用测试。

此外，Ecosphere和AquaMost两家公司则是废水氧化处理技术领域的领头羊。尽管成立时间不长，但AquaMost使用催化紫外线对废水进行氧化处理，不但能达到大部分处理要求，而且还能脱掉金属，其技术水平和盈利能力都获得了很高的评价。Water Tectonics公司采用高能电凝技术，能够脱去废水中的重金属、生物质和碳氢化合物，但对化学盐分不起作用，这在实际运用中具有地理位置上的局限性，那些地层中含盐量本来就高的地区将不能使用这种技术。

Ecosphere还发明了在废水处理中避免使用化学药剂的技术。通常，在压裂液被注入井筒之前，需要使用杀菌剂对压裂液进行消毒，以预防细菌腐蚀井架，破坏井架的稳定性。Ecosphere使用以臭氧为主的系统代替化学药剂来杀灭细菌。其氧化处理过程分为4道工序，通过机器自动完成，平均每分钟可处理3 360 US gal的水，而且可以根据油气公司的具体要求，提高或者降低处理速率，以满足不同的环境要求。自2008年以来，这项技术已经处理了超过10×10^8 US gal的废水。目前，Ecosphere公司拥有33台这样的水处理机器，分布在美国各个使用水力压裂的油田和气田，极大地满足了油气公司废水处理方面的需求。无论从成本还是环保角度考量，水资源的循环利用都是油气工业发展的未来趋势。油气企业将不得不想方设法提高现有水源的循环利用率，从而减少对淡水的依赖。臭氧处理技术不仅具有成本和环保方面的优势，使得废水处理成本下降了90%，还省去了能源企业运输和储存化学试剂的必要性，减少了因大规模运输化学药剂的车辆频繁进出油气田对采掘现场作业的干扰。循环使用臭氧处理过的压裂废水甚至能降低注水完井的频次，从而降低地质灾害发生的可能性。

11.2.2 中国页岩气开发中的技术创新和环境保护：以涪陵页岩气田为例

美国页岩气埋藏的地质条件浅，因而其技术无法直接照搬于中国，中国需要的是针对埋藏3 000 m以深页岩气的开采技术。中石油、中石化等大型央企在长期的常规油气开采与页岩气开发中积累了一定的经验，适合中国地质条件的技术创新不断问世。

1. 勘探开采技术创新

在页岩气勘探技术方面，"涪陵海相页岩储层测录井识别与评价关键技术"提高了页岩气资源的发现率，并已成功应用于涪陵页岩气田近300口井。在页岩气开采技术方面，"涪陵页岩气田水平井组优快钻井技术研究与应用"项目，包括了水平井设计与轨道控制技术、油基钻井液技术、"井工厂"优快钻井技术、长水平段固井技术等内容，最终实现了技术突破，水平井技术、油基钻井液等多项技术都达到了国际先进水平，提高了涪陵页岩气的产量。

由于我国特殊的地质环境，涪陵地区页岩气开采所使用的油基钻井液无法使用美国已有技术，完全由中石化自主研发。为了提高机械钻井速度，重庆涪陵地区开采时在不同的岩层采用不同的钻头，"混合钻头的研制与应用"获得成功。"涪陵页岩气压裂配套工艺技术及应用"项目研发了高效减阻水压裂液体系，可以做到压裂液的重复利用，不仅降低了开采成本，而且极大地保护了环境。

2016年初，中石化还自主研制出了页岩气开发的核心技术设备——桥塞，这不仅解决了分段压裂作业中的难题，而且从此不再依赖进口国外桥塞设备，大大降低了页岩气的开采成本。

2. 环境保护

对于页岩气开采的环境保护问题，中石化在涪陵页岩气田开发过程中做足了功课。为保护地下水资源，中石化在钻井前对井场地貌、溶洞、暗河等进行了勘探，尽量避开这些特殊地貌；在钻井过程中，采取了修建污水池、放喷池、油基钻屑暂存池、清污分流沟等环保措施。钻井设备严格选用"导管加三开"式井身结构，四层套管固井；采用清水钻井，相比空气钻和泡沫钻，虽然钻井速度较慢，但可以有效避免地层水污染。

为了节约用水，中石化选用20 km以外的乌江工业园区的生产用水，经自建的管道运输到井场，减少了对净水资源的使用量，并在开采过程中对污水进行回收处理，尽量做到重复利用。中石化自主研发的压裂液不含重金属等有毒有害物质，排出的压裂液经过处理后仍可以重复利用。

中石化对于页岩气生产过程中排放出的温室气体，采用了清洁工艺进行减排。“页岩气地面流程测试系统”可以有效减少50%的温室气体排放量；对返排液进行密闭式油气分离处理，避免了压裂液的温室气体排放；用电力驱动的钻机代替柴油驱动的钻机，有效降低了硫化物等有害物质的排放。此外，中石化还编制了《涪陵页岩气田环境监测方案》，对井场的环境进行实时监测管理。

涪陵页岩气田使用的油基钻井液不同于其他国家使用的钻井液，中石化针对其成分、性质设计出了油基岩屑的处理方法，能够有效处理岩屑含油量，使其低于国家标准0.3%。这一对油基岩屑的无害化处理、资源化处理技术属于国内首创，在一定程度上解决了油基岩屑带来的环境问题。同时，从油基岩屑中还可以提取出大约12%的柴油，这又可以进一步用于油基钻井液中，达到循环利用和节能的目的。

2016年6月，中国科学院城市环境研究所和重庆市涪陵页岩气环保研发与技术服务中心共同承担的《钻井固废综合利用研究》项目成功通过专家评审，标志着涪陵页岩气开采钻屑的资源化技术和综合利用取得重大突破。从环保角度而言，相对于其他资源的开采，页岩气开采废渣的有效利用可以大幅度降低其环境成本。目前，四川涪陵页岩气开采过程中产生的清水钻屑、水基钻屑和油基钻屑热解渣（以下简称“三种固废”）的资源化利用符合我国工业固废处置的要求，且开发过程中产生的“三种固废”均不具备易燃性、腐蚀性、反应性等危险废物特异性指标，所有样品浸出毒性与毒性物质含量均低于标准限值，生物毒性评价结果无毒，这表明，在一定配比下，“三种固废”可以制备混凝土、免烧砖、烧结砖等建筑材料，符合现行建材生产技术要求，具有技术可行、环境安全、经济性好的特点。

3. 涪陵页岩气田与美国 Barnett 页岩气田的对比分析

美国Barnett页岩区是最早进行页岩气开发的地区，页岩气产量、技术等多项突破都发生于此。2011年以前，该地区的页岩气产量一直位居美国首位，占据其全国页岩气开采总量的大半江山。随着开采年限的增长,Haynesville 等地区后来居上。截至 2013 年,Barnett 页岩田已经持续开采了 23 年,总生产井数超过 25 000 口(图 11.2)。2016 年,Barnett 地区页岩气净产量为 268.69×10^8 m³①。对比来看,开采四年多来,重庆涪陵页岩气田的总生产井数约为 120 口,与同时期的 Barnett 页岩田情况相似。

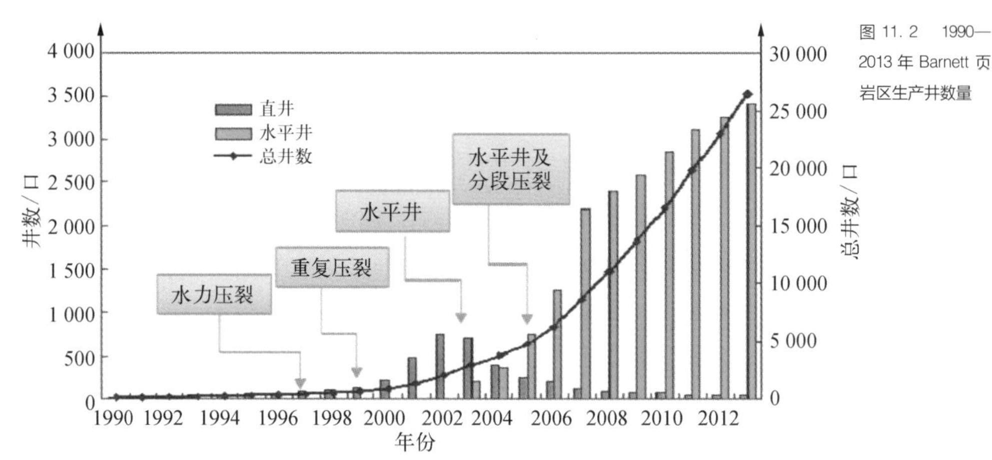

图 11.2 1990—2013 年 Barnett 页岩区生产井数量

表 11.2 给出了重庆涪陵页岩气田与美国 Barnett 页岩气田的对比情况。页岩气田的含气面积会随着勘探的深入而不断增加。2015 年,涪陵地区探测到的含气面积约为 383.54 km²,大约为成熟的美国 Barnett 地区的 2.5%。由于 Barnett 页岩气田的开采时间早,因而其页岩气产量递减速度较快,目前的平均日产量较低,仅为"年轻"的涪陵地区的三分之一。因此,涪陵页岩区具有极大的发展空间。

Barnett 页岩气田主要由 15 家大型企业参与开采,但实际上自该地区开发以来,前后有 600 多家大小规模不等的企业参与其中。2000 年以前,Mitchell 能源公司就开始致力于研究最适合页岩气开采的技术——水力压裂技术,并在 Barnett 页岩气田试验成功。2001 年,Devon 能源公司成功收购了 Mitchell 公司后,水力压裂技术得到广泛的应用,自此,页岩气正式进入商业化开采阶段。技术的突破推动了页岩气产量的快

① http://www.devonenergy.com.

表 11.2　重庆涪陵页岩气田与美国 Barnett 页岩气田情况对比

	重庆涪陵页岩气田	美国 Barnett 页岩气田
开采时间	2012 年	1990 年
含气面积/km^2	383.54(截至 2015 年)	15 500
目前平均日产量/(10^4 m^3)	32.9	9.91
主要参与开采企业数	1	15

速上升,更多的企业发现该产业具有极其光明的前景,纷纷进入页岩气开发领域。企业之间的竞争不仅提高了页岩气产量,而且推动了页岩气开采成本的降低。当前,Devon 能源公司是 Barnett 页岩区页岩气产量最大的企业,在该地区共拥有 5 300 口井,2016 年的净产量约为 75.23×10^8 m^3。

而涪陵页岩气田则由中石化一家公司开发,这主要是因为我国页岩气开采缺少自主知识产权,需要引进国外技术,这导致页岩气开采的成本极高,进而提高了该产业的进入门槛,诸多资金不足的民营企业只能望而却步。此外,我国油气资源开发的特许权配置方式也阻挡了民营企业进入页岩气开发领域的步伐。随着油气体制改革的不断深化,以及开采成本的不断降低,会有更多民营企业参与页岩气开发,从而进一步扩大开发规模。

在技术方面,Barnett 页岩区除了使用典型的水力压裂技术外,Devon 能源公司还采用"技术创新项目责任制模式"来管理页岩气开采相关的技术创新活动。这个模式最大的特点是,在项目的前、中、后期分别对技术的应用进行全方位评估。项目开始前,专家会从多角度评估项目,并以评估结果作为资金支持的依据;在项目进行中,技术创新的可行性仍然被监控,技术的好坏、可应用性决定了该页岩气开发项目是否能够得到后续的支持;在项目完成后,Devon 公司会对项目进行一个完整的评估。这样一套技术评估流程保证了页岩气开采技术的不断革新。与美国相比,我国企业为了提高产量、节约开采成本,更加关注某些技术、环节或设备的改进,因此在技术研发、创新体系和综合管理等方面还有所欠缺。

在环境保护方面,涪陵气田除了需要达到国家各项法律法规的相关要求外,也采取了各种措施来解决页岩气开采过程中的环境污染问题。例如,2014 年 7—8 月,为进一步加强页岩气开发的环境保护，涪陵区依托页岩气环保研发与技术服务中心，与重庆大学、重庆市环境科学研究院、中国石油大学、西南大学、中煤科工集团重庆设计研究院、重庆市地质矿产研究院等多家科研机构建立了战略合作关系，开展了一系列科学研究工作。目前，《页岩气项目环境影响评价技术规范》《页岩气开发存在的环境问题及对策》等两个课题已申请立项；《涪陵页岩气焦石坝区块页岩气开发环境监测方案》通过专家评审，为全国页岩气开发的环境监测提供了科学依据。2016 年 3 月，根据《矿山地质环境保护规定》(国土资源部令第 44 号)，中石化涪陵页岩气焦石坝区块等 7 个矿山地质环境保护与恢复治理方案通过审查。2016 年 9 月，涪陵区环保局起草《重庆市页岩气开发项目环境技术指南》，以期为重庆市和全国页岩气开发项目的环境监理工作提供技术支撑。可以看出，尽管我国页岩气产业还处于起步阶段，但是，地方政府、相关部门和企业都在为建立完善的环境保护政策而努力，力争做到预防与治理同时着手，达到双重保护效果。

11.3　页岩气开发中的环境规制：中美对比分析

环境规制与产业发展并不是矛盾对立的。环境规制不是要限制产业的发展，而恰恰相反，它能够更好地培育和倒逼产业发展过程中的环境风险防范意识，促进有利于污染防治技术的进步，使页岩气能够实现绿色开发。

美国针对页岩气商业化开发已经出台了诸多法律，例如，清洁水法、资源保护与回收法、安全饮用水法、清洁空气法等。对此，我国应根据实际国情借鉴其经验，构建起完善的法律体系和管理机制。事实上，正是法律法规不健全以及监管不到位导致我国目前的环境污染恶化。先污染后治理的路线让我们现在不得不付出惨重的代价。更重要的是，页岩气开发过程中有可能造成的地下水污染是不可逆的。因此，研究环境规制及其效应是十分紧迫并及时的，将为页岩气产业的绿色可持续发展助力护航。

11.3.1 环境规制工具的中美对比分析

在理论上，环境规制工具被划分为命令-控制型工具和以市场为基础的激励型工具。本节将对中美两国的环境规制手段进行分类，并进行对比分析。

1. 命令-控制型环境规制工具

命令-控制型环境规制是运用法律法规和排放标准的强制力来达到维护环境质量的目标，主要包括环境法、环境标准、基于环境标准的排放标准、技术标准以及其他形式的行政规章等工具。

1）环境保护方面的法律法规

作为世界页岩气开发的先行者，美国针对页岩气开发导致的水资源消耗、水污染、土地破坏、大气污染等问题，不断在法律制度上进行探索与完善。美国联邦政府和州政府在环境保护方面出台了一系列措施，涵盖了页岩气开发的全过程：从钻井勘探、页岩气开采，到废水处理，再到气井的遗弃与封存，法律法规的严密性与细致性有效地保障了页岩气开发过程中环境问题的最小化。

在开发初期，页岩气被美国政府纳入常规天然气的范畴进行管理。该阶段的法律包括《联邦环境法》《清洁水法案》《安全饮用水法》《资源保护和恢复法》以及《清洁空气法》等。1974 年的《安全饮用水法》限制向地下水饮用水源注入废弃物，禁止油气厂商在水源附近进行水力压裂作业，规范页岩气开发活动中流体的地下注入行为（彭民等，2015）。1996 年，美国国会通过了《安全饮用水法》修正案，禁止油气厂商在河流、湖泊、水库和地下水水源附近进行页岩气水力压裂作业；未经美国环境保护局批准，不得向任何水源排放任何污染物。1976 年的《资源保护与回收法》要求，工程施工过程中产生的废物要及时回收处理，并明确责任。1977 年的《清洁水法案》监管美国境内排放到水源里的有毒污染物质，规范了与页岩气钻井和生产有关的废水的地表排放以及生产场地的暴雨雨水径流等行为。1977 年的《清洁空气法》修正案要求，页岩气生产商必须控制压裂施工过程返排液体中的挥发性有机化合物的含量。美国环境保护局派遣专员对页岩气开采活动进行监督，并对违反规定的石油公司进行严厉处罚。1980 年的《综合环境反应、赔偿与责任法》针对由于危险物品处理不当而引起的土壤污染和自然资源破坏，建立损害赔偿责任机制，并监管危险化学品的排放途径。这些法律同样适用于页岩气开采过程中引发的各种环境污染问题。该法规定，开发商必须提交危险化学品排放途径，并承诺对可能发生的泄漏事件承担全部责任。其他类似法案还有，《濒危物种法案》规定页岩气开发过程中必须对渔类和野生动物进行保护；《候鸟条约》要求确保工程作业时钻机不吸引或伤害鸟类；《国家环境政策法案》要求对在联邦土地上进行的勘探和开发进行详尽的环境影响分析；《危机处理与社区知情法》要求石油天然气公司履行排放报告义务；《有毒物质控制法》要求披露化学物质和进行毒性检测；《石油污染和控制法》规定了防止泄漏和控制对策；《职业安全与健康法》要求厂商必须将施工现场使用的危险化学品材料清单向政府备案，等等（王南等，2012）。表 11.3 对美国主要环境法律进行了总结。综合来看，美国涉及页岩气开发的环境规制以法律为主，对企业相关行为的规定相当详细。

表 11.3　美国针对页岩气开采导致的环境污染问题的主要法律

相关法律	法律内容
《清洁水法案》	规范了与页岩气钻井和生产有关的废水的地表排放以及生产场地的暴雨雨水径流等行为
《安全饮用水法案》	限制向地下水、饮用水源注入废弃物；禁止油气运营商在水源附近进行水力压裂作业；规范页岩气开发活动中流体的地下注入
《清洁空气法案》	限制与页岩气钻井和生产有关的气体排放；页岩气生产商必须控制压裂施工过程返排液体中的挥发性有机化合物的含量
《资源保护与恢复法案》 《综合环境反应补偿与责任法》	规范生产和危险废弃物的处理；对有害废物的弃置、赔偿、清理和应急反应进行管理；规定运营商必须提交危险化学品排放途径
《濒危物种法案》	规定页岩气开发过程中必须对渔类和野生动物进行保护
《候鸟条约》	确保工程作业时钻机不吸引或伤害鸟类
《国家环境政策法案》	要求对在联邦土地上进行的勘探和开发进行详尽的环境影响分析
《资源保护和回收法》	明确工程施工中废物回收及处理责任
《职业安全与健康法》	必须将施工现场使用的危险化学品材料清单向政府备案

随着美国页岩气开发的不断成熟，针对页岩气产业的专门立法也逐渐完善。2005 年，小布什政府签署了免除页岩气水力压裂受到《安全饮用水法案》监管的《能源政策法案》，但是，美国环境保护署（EPA）仍会管制压裂液的柴油使用情况，并通过制定预处理标准、操作和设备要求对水力压裂废水的处理进行管制。2009 年，EPA 颁布温室

气体清单,油气资源、矿井都被纳入监管范围。EPA希望天然气企业、非政府组织、学术机构等都能来测算矿井、气体处理厂、收集系统、运输管道以及其他设备的甲烷排放量。2010年,EPA重新开始全面、系统地研究水力压裂对于饮用水和地下水的潜在影响,以便深入评估其风险。2011年2月,EPA公布了水力压裂研究计划草案。2011年7月,EPA提出了4个新的石油及天然气行业法规和1个天然气运输及存储的空气污染标准,其中一个标准特别提到页岩气的水力压裂问题,这也是第一个国家层面的水力压裂井空气质量标准。该标准要求企业利用现有的技术和仪器将水力压裂回收的液体进行碳氢化合物的去除,以减少开采过程中挥发性有机物的污染。

美国州政府层面也针对各自的页岩气开发情况进行立法。阿肯色州通过立法对压力井表层套管的抗压能力提出要求,以保证其安全性;宾夕法尼亚州通过立法增加了固井的安全和保护要求;蒙大拿州、北达科他州和怀俄明州更新了关于套管和压裂井的完整性规则;得克萨斯州在美国国内率先通过了一个新的法律“HB 3328”,要求页岩气水力压裂操作所用到的化学品和全部用水量必须向公众披露,公众可以在有关网站查询相关信息(李亮国,2016)。2010年,一些企业开始自愿公布排放物中的污染物。随后,政府也出台了相应政策。某些州还要求,开采企业在压裂液中使用柴油等化合物时需要提前进行申请。为了限制开采废物的排放路径,马里兰州实施了景观规划,以决定页岩气开采地能否靠近饮用水源和周围重要的居住地。2011年,纽约州政府公布页岩气环境影响报告书规则,并向公众征集意见。

为了防止废气废水在页岩气开采、运输过程中泄漏带来环境污染,美国政府鼓励发展矿井完备技术,例如,建设高级防腐管道、提高水泥化工技术和电脑成像技术以监察地下情况等。2010年,美国环保协会基金(EDF)和西南能源公司研究设计了矿井完备技术标准。该标准综合考虑了矿井计划与建设、地表水测试与监控、水力压裂作业、矿井维持以及有效堵漏和非生产井遗弃等事项。俄亥俄州、得克萨斯州等都实施了这一标准,并取得了成效。近几年,该标准还在不断完善中,要求也在不断提高。

相比而言,中国专门针对页岩气开发的立法几乎为空白(刘超,2013),仅有一些关于页岩气开发利用的政策性文件涉及环境保护问题。例如,2012年,在国务院发布的我国首个《页岩气发展规划(2011—2015年)》中规定,要对页岩气的社会效应和环保进行评估,在页岩气开发的各个环节都要采取针对性措施,减少或杜绝可能产生的各种环境问题。2013 年,在国土资源部发布的《页岩气产业政策》中,对页岩气开发利用涉及的环境保护问题进行了概括性规定。

目前,对中国页岩气开发利用起到环境规制作用的法律主要是矿产资源类法律法规,以及环境保护和清洁生产类法律法规,前者主要包括《矿产资源法》《矿产资源法实施细则》等;后者主要包括《环境保护法》《水污染防治法》《清洁生产促进法》《大气污染防治法》《土壤管理法》《节约能源法》等(表 11.4)。例如,《清洁生产促进法》第 25 条规定,"矿产资源的勘查、开采,应当采用有利于合理利用资源、保护环境和防止污染的勘查、开采方法和工艺技术,提高资源利用水平"。此外,《节约能源法》第 16 条规定的能耗限额标准制度,以及《循环经济促进法》第 16 条规定的对一些行业年综合能源消费量、用水量的重点监督管理等条款,都可以直接用于规制页岩气开发中水力压裂法的使用导致的大量水资源消耗问题,强制探矿权人、采矿权人投入资金,改进技术。然而,这些法律的规定都过于笼统,无法详细规范页岩气开发企业的生产行为和环境治理行为。

表 11.4 中国针对页岩气开发环境污染问题的相关法律

相关法律	法律内容
《矿产资源法》 《矿产资源法实施细则》	对页岩气开发利用中涉及的勘探开采事项进行规制，明确要求开采矿产资源必须遵守有关环境保护的法律法规，防止环境污染
《水污染防治法》	实行排污许可证制度；登记排放水污染物种类、数量、浓度，提供防治水污染方面的技术资料；缴纳排污费；兴建地下工程设施或者进行地下勘探、采矿等活动应当采取防护性措施，防止地下水污染
《清洁生产促进法》	矿产资源的勘查、开采应当采用有利于合理利用资源、保护环境和防止污染的方法和工艺技术，提高资源利用水平
《大气污染防治法》	针对矿产资源开采企业未采取集中收集处理、密闭、围挡、遮盖、清扫、洒水等措施，控制、减少粉尘和气态污染物排放的行为处以罚款等

2）环境和技术标准及要求

在环境和技术标准方面,美国石油天然气行业和大型企业制定了相关作业原则、行为准则来缓解页岩气开发带来的环境污染。美国石油协会(API)制定了一套被广泛采用的钻井和生产标准,例如,专门针对水力压裂作业制定的"HF"系列标准。一些大型天然气企业也积极采取措施,制定准则。例如,2011 年,壳牌公司公布了"全球陆上致密/页岩油气作业原则”,对所有壳牌经营的水力压裂作业进行制约,包括安全、水、空气、土地占有和社区参与等五个方面。同时,EPA 和各州政府为了防止页岩气开发的环境污染问题提出了诸多要求。例如,要求开采企业公开披露水力压裂液的化学成分、收集钻井之前水和空气的基础数据;对钻井现场附近的水质进行持续监测;在生产链各环节测量甲烷排放量并建立报告体系,等等。2011 年 7 月,EPA 发布了针对油气行业新污染源的行为标准,确定了空气污染物排放标准。

中国的通用环境标准同样适用于页岩气开发利用,主要包括国家环境标准、地方环境标准和环境保护行业标准三个等级,以及环境质量标准、污染物排放标准、环境基础标准、环境检测方法标准和标准样品标准等五类构成。国家环境标准由环境保护部负责制定,由国家技术监督局负责编号,环境保护部和技术监督局联合发布;地方环境标准和污染物排放标准由省、自治区、直辖市环境保护部门组织草拟,上报省、自治区、直辖市人民政府批准,由省标准化行政部门统一编号,按照人民政府规定的办法发布。2016 年 9 月,重庆市涪陵区页岩气环保研发与技术服务中心开始着手起草《重庆市页岩气开发项目环境技术指南》,为页岩气开发项目的环境监理工作提供技术支撑。

3）环境影响评价制度

1969 年,美国《国家环境政策法》将环境影响评价确定为联邦政府管理中必须遵循的一项制度。该法案规定,联邦政府机构在制定对环境具有重大影响的立法议案和采取对环境有重大影响的行动时,应由负责官员提供一份详细的环境影响评价报告书。此后,美国各州政府陆续建立了各种形式的环境评价制度。1977 年,纽约州还专门颁布了《环境质量评价法》。1987 年,美国制定了《国家环境政策法实施程序的条例》。

类似地,中国也建立了完善的环境影响评价制度,要求企业在开发项目前必须递交环境影响报告书,其中,评价内容必须包括清洁生产分析、健康安全与环境管理体系和环境风险评价等。清洁生产分析包括了生产工艺与装备要求、资源能源利用指标、污染物产生指标、废物回收利用指标和环境管理要求。通过各项指标的测评,优先采用资源利用率高、污染少的生产技术和工艺。天然气开采企业需要制定最佳的环境保护措施,针对可能出现的环境风险问题,如井喷、油气泄漏等突发事件建立环境风险控制、应急预案。例如,《建设项目环境影响评价分类管理名录》中要求天然气开采建设项目应全部提供环评报告书。

同样,地方政府对于可能具有重大环境影响的项目也要求企业提供环境评价报告。具体到页岩气项目上,2010 年 1 月,四川省威远县环保局以威环审发［2010］001 号批复了该项目的环境影响报告。2012 年 2 月,威远县环保局以威环验［2013］4 号通过该项目竣工环保验收。

表 11.5 给出了中国命令-控制型环境规制政策的具体情况。

表 11.5 中国命令-控制型环境规制政策

政策名称	时 间	规制对象	应 用 范 围
污染物排放标准	20 世纪 80—90 年代	各种污染源	国家标准：全国或特定区域 地方标准：地方行政区划或流域 专业性标准：重点污染行业或特定污染物排放行业 综合排放标准：排污行业
环境影响报告书制度	20 世纪 80 年代	新污染源	全国
限期治理	20 世纪 70 年代	老污染源	全国
关停并转		老污染源	全国
以新带老		老污染源	全国
“三同时”制度	20 世纪 70 年代	新污染源	全国
排污申报	1992 年	新老污染源	全国
排污许可证制度	1989 年	新老污染源	重点区域、重点污染源的水污染和空气污染

资料来源：根据张嫚(2010)、郭庆(2012)和中华人民共和国环境保护部网站(http://www.zhb.gov.cn)整理。

2. 基于市场的激励性环境规制工具

激励性环境规制是指,政府利用市场机制设计的,旨在引导企业排污行为、激励企业降低排污水平,或使社会整体污染状况趋于受控制和优化的一种制度安排,主要包括排污税费、使用者税费、产品税费、可交易的排污许可证、押金返还等。

1976 年,美国联邦环保局为平衡经济发展与治理污染两个方面,创立了补偿政策,即鼓励“未达标区”已有的排污源将排放水平削减到法律要求的水平之下,经环保局认证后的超量削减部分成为“排放削减信用”,可用于出售来获得收益。此后,补偿政策成为美国排放权交易制度的雏形。1977 年,美国国会通过并颁布了联邦土地复垦法,建立了矿山环境保证金制度。保证金的形式可以是现金、担保债券、信托基金和不可撤销的信用证等。1990 年,美国国会在修订《清洁空气法》时正式引入了“可交易的排污许可证”概念,该政策的实施有效地控制了水污染、大气污染的扩散。

在能源、资源的环境保护方面,中国也采用了一些激励性规制工具。20 世纪 70 年代出台的《环境保护法》规定:“超过国家规定的标准排放污染物,要按照排放污染物的数量和浓度,根据规定收取污染费。”此后,该法经过多次修订,对征收对象、征收范围、收费标准等各个方面进行了完善,建立了较为系统的排污费体系。1982 年,中国环保部门针对治理污染的企业出台了污染治理补贴政策,相当于对污染治理优秀的企业进行奖励;同年,对企事业单位征收超标排污费。1984 年,环保部门出台对全国进行综合利用的企业实施税收优惠的政策,以鼓励环境保护行为。1984 年 10 月 1 日,中国开始征收资源税,但征收范围较小,仅包括石油、天然气、煤炭和铁矿石等。后来在 1994 年 1 月 1 日起实施的《资源税暂行条例》中扩大了资源税的征收范围。1985 年,中国在上海、沈阳等 11 个城市进行排污许可证交易试点。1989 年,环保部门要求新建污染企业需要按照总投资的一定比例缴纳“三同时”保证金。1991 年,我国开始征收污水排污费。表 11.6 总结了中国激励型环境规制工具。

表 11.6　中国以市场为基础的激励性环境规制工具

环境规制工具	时　间	规 制 对 象	应 用 范 围
排污费	1982 年制定 2003 年修订	企事业单位	全国
排水设施有偿使用费	1993 年	企事业单位、个体经营者	全国
污水处理费		企事业单位、居民	全国
SO_2收费(试点)	1992 年	工业燃烧锅炉电厂(后扩大试点)	二省九市,后扩大试点范围
SO_2排放总量控制及排污权交易政策	2002 年	SO_2排放单位	山东、山西、江苏、河南、上海、天津、柳州
生态环境补偿费	1989 年	资源开发单位	广西、江苏、福建、山西等
综合利用税收优惠	1984 年	实施综合利用的企业	全国
排污许可证交易	1985 年	排污交易企业	上海、沈阳、济南等 11 城市
“三同时”保证金	1989 年	新建污染企业	抚顺、绥化、江苏等
治理设施运行保证金	1995 年	企事业单位	常熟
废物交换市场	1989 年	实施综合利用的企业	上海、沈阳

（续表）

环境规制工具	时 间	规 制 对 象	应 用 范 围
废物回收押金		可循环使用固体废物生产商	全国
环保投资渠道	1984 年	企事业单位	全国
治理污染补贴	1982 年	治理污染企业	全国

资料来源：根据中华人民共和国环境保护部网站(http://www.zhb.gov.cn)整理。

从表 11.5 和表 11.6 可知，中国现行环境规制工具以命令-控制型工具为主，激励型工具以收费和补贴为主，真正以市场为基础的“环境税”和“排污许可证交易”等制度设计推进困难。2017 年，中国有望出台环境保护税法草案，其内容主要是推动环境保护费改税。为了鼓励纳税人减排，草案还增加了税收减免的适用情况，例如，纳税人排放应税大气污染物和水污染物的浓度值低于国家或者地方规定的污染物排放标准百分之五十的，减半征收环境保护税。届时，中国环境保护方面的顶层设计又将向前迈进一大步。

11.3.2 中国页岩气开发环境规制存在的问题分析

由上述分析可知，美国页岩气监管框架具有“以州为主、联邦调控”的特点，即对跨州能源经营活动的监管权分属联邦和州政府两级管理。当两者法规出现冲突时，以联邦法规优先；当联邦标准低于州标准时，则同时实施两套规定。这样的管理框架具有强烈的地方主义色彩，即联邦政府通过环境和跨州管道准入监管进行有限介入，而页岩气在何处开采、何时开采以及气井标准等微观层面的监管权则下放到州政府。

与美国不同的是，中国的能源监管框架是以中央政府为主，实施全国统一监管标准，地方政府法规仅为其有效补充。由于直到 2011 年页岩气才被列为新矿种进行独立管理，因而目前我国对页岩气开发的管理主要是参照天然气的资源环境税费制度，不可避免地存在法律法规不健全、政策工具不够完善等弊病，主要涉及以下四个方面。

（1）在页岩气开发的环境保护方面缺少专门法律，缺乏针对性规制方式和手段，缺乏环境标准和环境影响评价体系，缺乏完善的环境规制和监管机制（彭民等，2015）。目前，我国主要还是依赖环境保护法、矿产资源法、水污染防治法等法律法规来监管页岩气开发带来的环境问题。这些通用性法律和规制工具可能难以处理页岩气开发面临的综合性环境风险以及特殊性环境风险。

（2）规制方式和手段较为单一。从上面的归纳总结上可以看出，我国目前环境规制的方式主要还是以命令-控制型工具为主，以市场型工具为辅，规制方法的创新能力较弱。实际上，强制型规制与激励性规制的配合会更加有效，既可发挥环境标准等工具的强制性，又能通过激励性工具激发企业通过环境保护获得收益和优势的积极性。

（3）缺少页岩气开发的技术标准、排污标准等。2014 年，国土资源部发布了《页岩气资源/储量计算与评价技术规范（DZ/T 0254—2014）》，这是我国第一个页岩气行业标准，但其中并没有对环境保护方面的技术规范进行制定与说明。例如，在钻井与固井环节，美国禁止排放油基钻井液，对含油废弃物处理后的指标要求含油量不高于1%，然而，我国关于钻井环节的油基泥浆含油钻屑的标准还在研究制定中。由于页岩气开采工艺以及所用化学原料的专业性较强，地方环境保护部门很难摸清污染源的具体细节情况，需要国家出台专门的页岩气开采环境保护技术标准，对专业环保人员配备和技术力量上也要提出更高要求。

（4）环境产权缺失。环境资源产权包括自然资源产权和环境产权。其中，自然资源产权归国家所有，而环境产权就是环境容量资源商品的财产权，包括所有权、使用权、占有权、收益权和处置权等。环境产权的使用权就是排污权、排放权以及固体废弃物的弃置权等。我国尚未建立起环境产权保护意识，相关制度设计较为落后。环境产权的缺失使得一些企业尤其是资源型企业在生产经营过程中不计环境成本，带来了巨大的负外部性，导致环境污染、生态破坏等自然环境恶化现象，同时也导致环境纠纷频频发生。如果环境产权界定清晰，并通过市场机制可以进行交易，那么，企业自然有动力维护自己的权利并因此获取收益。因此，在环境保护制度设计中，当务之急是建立健全环境产权制度。

11.4 环境规制、技术进步与产业增长研究

本节将构建包含环境规制、技术进步和产业发展的理论模型，探讨这三者之间的关系，以及环境规制对产业增长的影响机制，为环境政策体系的制定提供理论支撑。

11.4.1 理论模型

目前，学界对环境规制、技术进步和产业发展之间关系的研究成果不多。张成等（2011）构建了环境规制强度与企业生产技术进步的关系模型，并利用1998—2007年中国30个省份的工业部门数据进行了检验，结果表明，在东部和中部地区，初始较弱的环境规制强度确实削弱了企业生产技术进步率，然而，随着环境规制强度的增加，企业生产技术进步率逐步提高，即环境规制强度与企业生产技术进步之间呈现"U"型关系。因此，长远来看，政府应当制定合理的环境规制政策，使企业不仅能实现治污技术的提升，而且能实现生产技术进步。宋马林和王舒鸿（2013）认为，提高环境效率，需要通过技术进步和环境规制两个方面来推动，从而达到以技术进步带动产业升级和环境保护的双重目的。原毅军和芦云鹏（2014）证明，技术创新效率能够提高经济增长率，降低最终产品的污染排放强度。江炎骏和赵永亮（2014）采用中介效应三步法证明，技术创新在环境规制与经济增长的关系中发挥着显著的中介效应，环境规制可以通过促进技术创新，进而影响经济增长。

本节借鉴张成等（2011）的逻辑框架和模型，对其变量参数进行了改进，构建了环境规制强度、技术进步以及产量三者之间的关系模型，其中，技术被进一步分解为生产技术和治污技术。

1. 模型设计

本节的理论模型基于以下四个假设。

假设1：在环境规制强度一定的前提下，产量越大，污染排放越多；

假设2：环境规制强度越大，污染排放越少；

假设3：在其他条件一定的情况下，环境规制强度越大，企业产量越少；

假设4：企业所处的产品市场和要素市场均为完全竞争市场。

企业的生产函数可以表示为

$$Q = A(K_A) \cdot q(K_p) \tag{11.1}$$

式中，企业的总产出 Q 由当前的生产技术水平 A 以及该生产技术水平下的产量 q 共同决定。生产技术水平 $A(K_A)$ 与企业对技术研发的资本投入 K_A 相关；给定生产技术水平下的产量 $q(K_p)$ 由企业对生产的资本投入 K_p 决定。企业从总产出中分配出一部分产出用于治理污染，即治污成本为

$$C = \beta \cdot A(K_A) \cdot q(K_p) \tag{11.2}$$

式中，β 表示企业将从总产出中提取 β 比例的部分用于治污，$0 < \beta < 1$。

因此，企业的污染排放函数为 $D(Q, C)$，即企业的污染排放量受到总产出 Q 和企业治污成本 C 的影响。根据假设可知，产量越大，企业的污染排放量越多，即 $D'_Q > 0$；且企业治污成本越大，污染排放越少，即 $D'_C < 0$。为了遵守政府环境规制的要求，企业需要将污染控制在政府规定的排污水平 R 之下。

为了达到环境相关法律法规的要求，企业可采取两种途径：一是通过增加治污成本，加大污染治理力度，即增加 β；二是通过提高技术水平，从而使得产量提高。尽管产量的提高意味着环境污染更大，但同时企业用于治理污染的成本空间也随之增大。

同时，我们假设，企业的总技术水平由两部分组成：生产技术水平和治污技术水平。因此，企业总技术水平可以表示为 $T(A, C)$，将 T 进行分解后可得企业总技术水平 $T = T_A + T_C$，且满足 $T'(A, \cdot) > 0$，$T'(\cdot, C) > 0$。此外，治污技术进步存在边际效应递减规律，即，$\lim\limits_{C \to 0} T'_C(\cdot, C) \to \infty$，以及 $\lim\limits_{C \to I} T'_C(\cdot, C) \to 0$。

综上所述，在环境规制水平 R 下，企业通过技术进步实现最优生产的表达式如下：

$$\text{Max}\ \Pi = p(Q - C) = p \cdot [A(K_A) \cdot q(K_p) - \beta \cdot A(K_A) \cdot q(K_p)] \tag{11.3}$$

$$\text{s.t.}\ D(Q, C) = D[A(K_A) \cdot q(K_p), \beta \cdot A(K_A) \cdot q(K_p)] \leqslant R \tag{11.4}$$

表11.7 给出了所有变量及其含义。

表 11.7 变量符号及其含义

符 号	含 义	符 号	含 义
Q	总产出	K_A	企业对技术的资本投入
A	生产技术水平	K_p	企业对生产的资本投入
q	生产技术水平 A 下的产量	D	排污量
p	产品价格	C	治理污染的成本
T_A	生产技术水平	β	总收入中用于治污的比例
T_C	治污技术水平	Π	收益
R	环境规制水平		

2. 模型推导

首先,我们构建拉格朗日函数:

$$L(K_A,K_p,\beta)$$
$$= p\cdot A(K_A)\cdot q(K_p)-\beta\cdot p\cdot A(K_A)\cdot q(K_p)+$$
$$\lambda\{D[A(K_A)\cdot q(K_p),\beta\cdot A(K_A)\cdot q(K_p)]-R\} \tag{11.5}$$

为得到最优解,需要满足的条件有以下四个:

$$\frac{\partial L}{\partial K_A}=\left[p(1-\beta)\frac{\partial A(K_A)}{\partial K_A}q(K_p)\right]+\lambda\frac{\partial D[A(K_A)\cdot q(K_p),\beta\cdot A(K_A)\cdot q(K_p)]}{\partial K_A}$$
$$=0 \tag{11.6}$$

$$\frac{\partial L}{\partial K_p}=\left[p(1-\beta)A(K_A)\frac{\partial q(K_p)}{\partial K_p}\right]+\lambda\frac{\partial D[A(K_A)\cdot q(K_p),\beta\cdot A(K_A)\cdot q(K_p)]}{\partial K_p}$$
$$=0 \tag{11.7}$$

$$\frac{\partial L}{\partial \beta}=[-pA(K_A)q(K_p)]+\lambda\frac{\partial D[A(K_A)\cdot q(K_p),\beta\cdot A(K_A)\cdot q(K_p)]}{\partial \beta}=0 \tag{11.8}$$

$$D[A(K_A)\cdot q(K_p),\beta\cdot A(K_A)\cdot q(K_p)]=R \tag{11.9}$$

整理可得:

$$\frac{\partial D}{\partial Q} = -\frac{\partial D}{\partial C} \tag{11.10}$$

式(11.10)表明,在一定的环境规制水平下,企业选择的最优生产行为会使污染的边际产生量等于污染的边际减少量。

其次,通过对技术水平求导,可得:

$$\frac{\partial T}{\partial A} = \frac{\partial T}{\partial D} \cdot \frac{\partial D}{\partial A} + \frac{\partial T}{\partial D} \cdot \frac{\partial D}{\partial A} \cdot \beta \cdot q > 0 \tag{11.11}$$

将式(11.10)及 $T = T_A + T_C$ 代入式(11.11)后,经过整理得到

$$\frac{\partial T}{\partial A} = \left(\frac{\partial T_A}{\partial D} + \frac{\partial T_C}{\partial D}\right) \cdot \left[\frac{\partial D}{\partial Q}(1 - 2\beta)\right] > 0 \tag{11.12}$$

11.4.2 环境规制、技术进步与产业增长三者之间的关系

已知 $\frac{\partial T}{\partial A} > 0$, 根据 $D'_Q > 0$, 式(11.12)成立的条件取决于 $\left(\frac{\partial T_A}{\partial D} + \frac{\partial T_C}{\partial D}\right)$ 和 $(1 - 2\beta)$ 的符号。分以下两种情况来讨论。

情况1,当 $0 < \beta < 0.5$ 时,即 $1 - 2\beta > 0$, 则 $\left(\frac{\partial T_A}{\partial D} + \frac{\partial T_C}{\partial D}\right) > 0$。因为 $\frac{\partial T_C}{\partial D} = \frac{\partial T_C}{\partial C} \cdot \frac{\partial C}{\partial D} < 0\left(\frac{\partial T_C}{\partial C} > 0, \frac{\partial D}{\partial C} < 0\right)$,所以 $\frac{\partial T_A}{\partial D} > 0$。这表明,当环境规制强度整体处于较低水平时,企业治理污染的动机变小,投入到污染治理上的成本降低,此时,企业更加偏好于将“省下”的成本用于提高生产技术水平。因而,在环境规制水平较低的时候,产量的增加来源于生产技术水平的提高。

情况2,当 $0.5 < \beta < 1$ 时, $1 - 2\beta < 0$, 则为了满足条件, $\left(\frac{\partial T_A}{\partial D} + \frac{\partial T_C}{\partial D}\right) < 0$ 恒成立。由于 $\frac{\partial T_C}{\partial D} < 0$, 因此, $\frac{\partial T_A}{\partial D}$ 的符号是不确定的。根据前文提到的,治污效果存

在边际递减效应，即存在 $\lim_{C \to Q} T'_C(\cdot, C) \to 0$。为了方便解释，我们考虑极端情况，当 β 无限趋于1时，企业要花极大的成本治理污染，即 $\frac{\partial T_C}{\partial C} \to 0$。因为 $T'_C > 0$、$D'_C < 0$，那么有 $\frac{\partial T_A}{\partial D} < 0$，同时已知 $\frac{\partial T_C}{\partial D} < 0$，这表明，在环境规制已经处于较高强度下，随着环境规制强度的继续加强，排放污染量减少。长期疲于应对环境监管部门的“督促”，反而激发了企业提高生产技术水平和治污水平的动机。即在环境规制强度较高的情况下，强环境规制会激发企业的生产技术和治污技术进步行为，最终促进产量的增长。

从情况1和情况2的分析中可以看出，环境规制、技术进步以及产业发展三者之间的关系如图11.3所示。即环境规制直接抑制了产量的上升，但间接促进了技术进步，而技术进步又间接促进了产业规模的扩大。因此，产业发展受到技术进步的促进与环境规制的抑制，其净效应取决于两者的强度。同时，β 的取值说明了环境规制对产量的影响机理存在一定的门槛效应。具体而言，在环境规制水平较低的情况下，企业会将原本用于治理污染的成本，转而投入到生产中去，因而随着生产技术水平的提高，产量则随之增长。但当环境规制强度超过某个临界值后，强环境规制手段会推动企业的技术进步，间接促进生产规模的扩大。

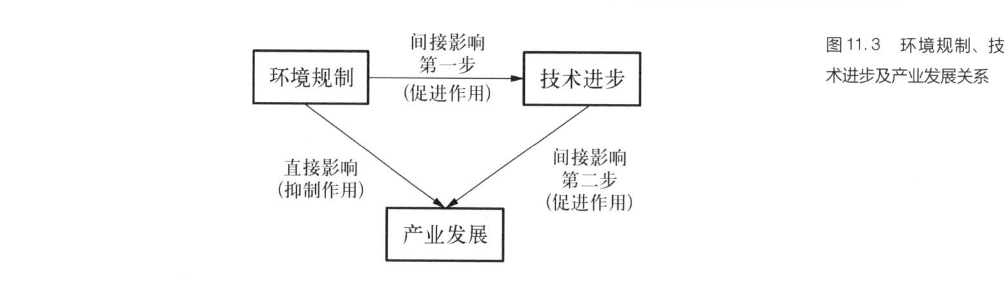

图11.3 环境规制、技术进步及产业发展关系

11.4.3 实证检验：以美国为例

上述模型表明，环境规制对产业发展的影响有直接影响和间接影响两个方面，而

且,该影响并非简单的线性关系,而是存在门限值。在门限值的前后,环境规制对产量的影响程度是不同的。

由于中国页岩气产业数据较少且不完整,本节将采用美国页岩气产业的数据,首先使用系统广义矩估计方法揭示环境规制对技术进步和产业发展的影响;然后利用门限回归方法,验证理论模型和图 11.3 所表明的影响机制。

1. 变量选取及数据来源

根据本节的研究内容,被解释变量选取为美国页岩气产量,用以衡量美国页岩气产业的发展情况。我们搜集了美国页岩气开发所涉及的 19 个州的产量数据,考虑到各地区的开采起始时间不同,并剔除了有数据缺失情况的州,最终确定了 12 个州自 2007 年至 2015 年的产量数据,分别是阿肯色州、科罗拉多州、肯塔基州、路易斯安那州、密歇根州、蒙大拿州、新墨西哥州、北达科他州、俄克拉何马州、宾夕法尼亚州、得克萨斯州以及西弗吉尼亚州。产量数据来源于 EIA 网站。

解释变量包括技术进步、环境规制、GDP、天然气生产井数,具体含义和数据来源如下。

(1) 技术进步

在现有文献中,大部分学者利用全要素生产率指数来衡量技术进步,因为相对于其他指标而言,全要素生产率能够更加客观、准确地反映企业或区域的技术进步状况。因此,本章沿用该方法,利用 Malmquist 生产率指数来度量页岩气产业的技术进步。

Malmquist 生产率指数首先是由 Malmquist(1953)提出的,其后,Caves 等(1982)构建了 DEA - Malmquist 全要素生产率指数模型。然而,一个产业或企业的技术进步水平是多种力量“合力”作用的结果,单一指数不足以涵盖这种综合效应,因此,Fare 等(1994)改进了 DEA - Malmquist 模型,将该指数进一步分解为技术进步指数、技术效率指数以及规模效率指数。

Malmquist 全要素生产率指数的初始计算公式如下:

$$M_0(x_{t+1}, y_{t+1}, x_t, y_t) = \sqrt{\frac{d_0^t(x_{t+1}, y_{t+1})}{d_0^t(x_t, y_t)} \times \frac{d_0^{t+1}(x_{t+1}, y_{t+1})}{d_0^{t+1}(x_t, y_t)}} \quad (11.13)$$

将式(11.13)分解后的计算公式如下：

$$M_0(x_{t+1}, y_{t+1}, x_t, y_t) = \sqrt{\frac{d_0^t(x_{t+1}, y_{t+1})}{d_0^{t+1}(x_{t+1}, y_{t+1})} \times \frac{d_0^t(x_t, y_t)}{d_0^{t+1}(x_t, y_t)}} \times \frac{d_0^t(x_{t+1}, y_{t+1}/v)}{d_0^t(x_t, y_t/v)} \times \frac{s_0^{t+1}(x_{t+1}, y_{t+1})}{s_0^{t+1}(x_t, y_t)} \quad (11.14)$$

其中,第一项表示技术进步指数,第二项表示技术效率指数,第三项表示规模效率指数。将这三个指数分别与1进行比较,大于1则分别表示技术进步、技术效率提高以及规模报酬递增;反之,则表示技术退步、技术效率降低和规模报酬递减。

DEA－Malmquist全要素生产率指数的计算需要有投入和产出两类要素。本节选取了21家美国能源类上市公司的投入和产出数据。这21家公司的主营业务内容涉及页岩气开采,且具有代表性。投入要素包括员工人数、营业成本和生产井数量。由于一口生产井可能有多家企业共同开发,因此,我们计算了每个企业的净生产井数,即考虑了相关企业对生产井的投资份额。产出要素包括产出量(即将企业开采的原油、天然气、液化天然气、页岩气产量加总,并换算成标准量)以及主营业务收入。利用DEAP2.1软件对21家企业的全要素生产率进行测算,分别得到全要素生产率指数、技术进步指数、技术进步效率指数和规模效率指数。企业数据来自21家能源类上市公司2007—2015年纽约交易所公开发布的公司年报。

此外,我们对输入数据和输出的结果数据作了如下处理。第一,为了消除通货膨胀(紧缩)的影响,利用2007年美国工业生产指数(PPI)对21家企业的营业成本和主营业务收入进行处理;第二,计算出的DEA－Malmquist全要素生产率指数将根据能源企业开采地区进行平均,从而衡量各州的技术进步水平;第三,DEA－Malmquist全要素生产率指数实际上为环比数据,即当期较上期增长(减少)的百分比。因此,以2007年为基期,对DEA－Malmquist全要素生产率指数的计算结果进行了调整。

(2) 环境规制

本节选取的环境规制变量为EPA财政支出中分配给各州环保部门的费用。EPA

的职能在于制定环境规制方案并执行,致力于减少环境污染物等与环境保护、人类健康相关的工作。因此,环保部门的支出可以直接反映政府对该州环境保护工作的要求,即环境规制的强度。所以,我们认为,环保部门投入环保工作的费用越大,该州环境规制的强度也就越大。数据来源于美国财政支出官方网站。

(3) GDP

一般而言,经济发展情况越好,该国/地区对能源的需求量也就越高。本节从美国商务部网站收集了2007—2015年12个州的GDP情况,以2007年为基期,进行了可比性处理,并去除通货膨胀的影响,得到了实际GDP数据。

(4) 天然气生产井数

本节选取了天然气生产井数量作为控制变量之一。随着页岩气需求的增加,生产井的数量也必然随之增加。从页岩气开采公司的年报来看,每家公司每年都会开采一定数量的新天然气井。但是,钻井存在着成功概率的问题,只有最终投入生产页岩气的井才能纳入考察范围,即生产井。一般而言,生产井数量越多,则产量越高。数据来源为美国能源信息署网站。

被解释变量和解释变量的设置及其数据来源参见表11.8。

表11.8 变量及数据来源

变量	数据	符号	单位	来源
被解释变量:页岩气产量	页岩气产量	*Q*	BCFE①	EIA
解释变量:技术进步	全要素生产率指数	*TFP*		根据企业年报数据计算得出
	技术进步指数	*TE*		
	技术进步效率指数	*EFF*		
	规模效率指数	*SE*		
环境规制	环保署财政支出	*ER*	百万美元	美国政府财政支出网站
国内生产总值	国内生产总值	GDP	百万美元	美国商务部
生产井	天然气生产井	*WELL*	口	EIA

① BCFE为10×10^8 ft^3气当量。

2. 实证分析

(1) DEA - Malmquist 全要素生产率指数及其分析

利用DEAP2.1软件计算出的21个页岩气开采企业的DEA - Malmquist全要素生产率指数的结果如表11.9所示。

表11.9 2007—2015年页岩气产业平均全要素生产率(环比)

时 间	全要素生产率指数 *TFP*	技术效率指数 *EF*	技术进步指数 *TF*	规模效率指数 *SE*
2007—2008年	1.01	1.04	0.97	1.07
2008—2009年	0.88	1.07	0.83	0.98
2009—2010年	1.10	0.98	1.13	0.97
2010—2011年	1.12	0.98	1.15	0.97
2011—2012年	1.01	0.96	1.05	0.95
2012—2013年	1.08	0.98	1.10	1.00
2013—2014年	1.17	1.11	1.05	1.03
2014—2015年	0.86	1.02	0.85	1.09
平均值	1.03	1.02	1.02	1.01

由表11.9可知,2007—2015年,美国页岩气产业的全要素生产率指数平均值为1.03,这说明,九年来该产业的技术发展水平一直保持了3%左右的增长速度。全要素生产率指数分解后的技术效率指数、技术进步指数和规模效率指数的平均值均大于1,表明美国页岩气产业的发展方式不是单纯地通过扩大规模的粗放型发展方式,而是技术与规模相互促进的良性发展方式。

总体而言,美国页岩气产业的技术水平是在不断进步的。具体而言,只有2008—2009年和2014—2015年两个时间段发生退步的情况(*TFP*指数小于1)。从分解结果来看,2008—2009年、2013—2014年主要依赖于技术效率的提高;2009—2010年、2010—2011年、2011—2012年、2012—2013年主要依赖于技术进步;2007—2008年、2014—2015年主要依赖于规模效率的提高。

表11.10给出了美国各州的页岩气产业平均全要素生产率情况,可以看出,2007—2015年,阿肯色州、科罗拉多州等7个州的全要素生产率指数大于1,表现出持

表 11.10 2007—2015 年美国各州页岩气产业平均全要素生产率(环比)

州	全要素生产率指数 *TFP*	技术效率指数 *EF*	技术进步指数 *TF*	规模效率指数 *SE*
阿肯色州	1.10	1.05	1.05	1.01
科罗拉多州	1.03	1.01	1.02	1.00
肯塔基州	1.09	1.06	1.05	1.00
路易斯安那州	1.02	1.01	1.02	0.99
密歇根州	0.99	0.98	1.02	1.14
蒙大拿州	0.99	1.00	0.99	0.99
新墨西哥州	1.00	1.00	1.00	1.00
北达科他州	0.99	1.00	0.99	0.99
俄克拉何马州	1.06	1.03	1.04	1.00
宾夕法尼亚州	1.02	1.02	1.01	0.99
得克萨斯州	1.00	1.00	1.01	1.00
西弗吉尼亚州	1.03	1.02	1.01	0.99

续的技术进步。其中,阿肯色州表现最为突出,9 年来的平均增长达到 10%。新墨西哥州和得克萨斯州平均全要素生产率指数为 1,技术表现相对稳定。密歇根州、蒙大拿州、北达科他州的全要素生产率为 1% 的负增长。从指数分解角度来看,蒙大拿州的规模效率增长 14%,是 12 个州中增长最快的,但由于技术效率减少了 2%,是 12 个州中下降最快的,最终使得其全要素生产率减少 1%。这说明,该州规模效率的提高与技术进步没有得到充分协调,存在技术发展和规模扩张错配的现象。这从一个侧面说明,产业的发展需要技术、规模等多方面的协调。

(2) 环境规制、技术进步与页岩气产量增长的关系

为了研究环境规制如何作用于技术进步和页岩气产业增长,我们利用 2007—2015 年美国 12 个州的面板数据进行了实证研究。在此,重点考察技术进步和环境规制两个自变量,并在计量模型中引入技术进步与环境规制变量的交互项,以及 GDP、生产井数等变量。为了更加深入地考察页岩气产业全要素生产率提高的驱动力,我们分别利用式(11.14)中分解得出的技术进步指数和规模效率指数构造了模型二和模型三。计量模型如下。

模型一：

$$Q_{it} = \beta_0 + \beta_1 TFP_{it} + \beta_2 ER_{it} + \beta_3 TFP_{it} \times ER_{it} + \beta_4 GDP_{it} + \beta_5 WELL_{it} + \varepsilon_{it}$$

模型二：

$$Q_{it} = \beta_0 + \beta_1 TE_{it} + \beta_2 ER_{it} + \beta_3 TE_{it} \times ER_{it} + \beta_4 GDP_{it} + \beta_5 WELL_{it} + \varepsilon_{it}$$

模型三：

$$Q_{it} = \beta_0 + \beta_1 SE_{it} + \beta_2 ER_{it} + \beta_3 SE_{it} \times ER_{it} + \beta_4 GDP_{it} + \beta_5 WELL_{it} + \varepsilon_{it}$$

在对计量模型进行估计时，需要考虑解释变量的内生性问题，例如，一方面解释变量可以解释被解释变量，同时被解释变量也可以反过来解释解释变量。在上述三个计量模型中，可能存在的内生性问题是：过强的环境规制可能抑制页岩气的生产活动，从而影响产量。同时，页岩气生产速度增长过快，则会导致环境问题恶化，从而使得环境规制的强度加大。为了解决内生性问题，本节利用系统广义矩估计（GMM）方法。如果采用传统的普通最小二乘法、固定效应模型、随机效应模型，那么得到的参数估计可能存在有偏性和非一致性。系统 GMM 方法有一步 GMM 估计和两步 GMM 估计之分，相比较而言，一步 GMM 方法得出的估计量是一致的。因此，本节采用一步 GMM 模型估计，并以 Q 的滞后一期作为工具变量。估计结果如表 11.11 所示。

表 11.11　GMM 回归结果

解释变量	模 型 一	模 型 二	模 型 三
TFP	-548.093 3 *** (-4.36)		
TE		-696.382 3 *** (-4.34)	
SE			-205.685 (-0.69)
ER	-6.945 525 *** (-5.36)	-4.452 057 *** (-4.26)	-0.497 495 1 (-0.34)
TFPER	8.054 523 *** (5.27)		
TEER		5.348 236 *** (3.98)	
SEER			0.316 597 (0.24)

（续表）

解释变量	模 型 一	模 型 二	模 型 三
GDP	0.000 701 8 ** (2.45)	0.000 616 9 ** (2.27)	0. 000 919 4 *** (5.78)
WELL	0.007 305 8 ** (1.61)	0.007 894 8 *** (2.27)	0.008 533 6 *** (1.62)
C	209.660 5 (1.46)	378.827 2 ** (2.19)	−103.699 3 (−0.3)

从模型一的检验结果来看，全要素生产率指数、环境规制、全要素生产率指数与环境规制的交互项均在1%水平下显著，GDP和生产井数变量在5%水平下显著。可见，本文所选取的变量对页岩气产量都存在较为重要的影响。从各解释变量的系数符号分析，全要素生产率指数的系数为负，说明全要素生产率的提高反而会抑制页岩气产量的增加，这与直觉相悖。环境规制的系数为负，说明环境规制会阻碍页岩气的生产。两者交互项的系数显著为正，说明环境规制不是独自影响页岩气的生产活动，同时可能通过技术进步因素间接地作用于页岩气的产量。这个作用对于页岩气产业的增长来说是积极的、正面的。GDP变量的符号为正，且系数较大，说明国家的经济发展极大地促进了能源需求量的提高。生产井数的系数显著为正，这是非常直观的。

模型二将全要素生产率指数分解所得的技术进步指数作为解释变量。GMM估计结果显示，技术进步、环境规制、环境规制与技术进步的交互项、GDP、生产井数对页岩气生产都有显著影响。技术进步指数的系数为正，环境规制变量系数为负，而两者交互项的系数为正，说明了环境规制可能通过影响产业的技术进步来推动产业发展，这与模型一的结论相同。

模型三则是将全要素生产率指数分解所得的规模效率指数作为解释变量。GMM估计结果显示，规模效率、环境规制及两者的交互项对页岩气产业发展并没有显著影响，说明环境规制并不能通过影响页岩气产业的规模效应作用于整个产业的增长。

综上所述，通过GMM方法，我们证明了环境规制对页岩气产量的增长有显著抑制作用，同时回答了本节开头所提出的环境规制、技术进步和页岩气产量三者之间存在怎样的互动机制。结果发现，环境规制不仅直接对页岩气生产具有影响，而且还能通过推动产业的技术进步间接地作用于页岩气的生产，提高页岩气的产量。

11.4.4 基于门限回归的环境规制、技术进步与产业增长模型

第 11.4.1 节的理论模型显示，环境规制可能通过影响技术进步，间接地影响页岩气的开采量，并且存在一个门槛效应，即在门限值前后影响的显著性不同。第 11.4.3 节通过 GMM 估计证明了技术进步是环境规制对页岩气产业发展进行影响的中介因素。因此，本节将利用门限回归的方法，找到环境规制的门限值。

门槛效应的特点在于，环境规制通过影响技术进步，进而影响页岩气产量的过程存在几个明显的节点，即只有通过了这些节点，其影响机制才最为显著。本节将利用门限回归模型，以环境规制强度作为模型的门槛变量，在上述模型一和模型二的基础上建立页岩气产业发展的面板门限回归模型四和模型五，具体如下。

模型四：

$$Q_{it} = \beta_0 + \alpha_1 TFP_{it} \times ER_{it} \cdot I(ER_{it} \leqslant \gamma_1) + \alpha_2 TFP_{it} \times ER_{it} \cdot I(\gamma_1 < ER_{it} \leqslant \gamma_2) + \cdots$$

$$\alpha_n TFP_{it} \times ER_{it} \cdot I(ER_{it} > \gamma_n) + \beta_1 TFP_{it} + \beta_2 ER_{it} + \beta_3 GDP + \beta_4 WELL_{it} + \varepsilon_{it}$$

模型五：

$$Q_{it} = \beta_0 + \alpha_1 TE_{it} \times ER_{it} \cdot I(ER_{it} \leqslant \gamma_1) + \alpha_2 TE_{it} \times ER_{it} \cdot I(\gamma_1 < ER_{it} \leqslant \gamma_2) + \cdots$$

$$\alpha_n TE_{it} \times ER_{it} \cdot I(ER_{it} > \gamma_n) + \beta_1 TE_{it} + \beta_2 ER_{it} + \beta_3 GDP + \beta_4 WELL_{it} + \varepsilon_{it}$$

其中，γ_i 为待估计的门限值。

本节利用 Stata 13.0 软件依次检验了单一门槛、双重门槛和三重门槛，Stata 软件依据 Bootstrap 抽样法，对样本进行了 300 次的抽样检验。

1. 模型四的门限个数及其结果分析

模型四的门限个数检验结果如表 11.12 所示，其中，Single 的 p 值为 0.000 0，表示拒绝线性关系的原假设，即认为该模型存在门限值。Double 的 p 值为 0.016 7，表示在 5% 的水平下拒绝模型有单一门槛的原假设。Triple 的 p 值为 0.726 7，即表示该模

型有72.67%的概率接受有双重门槛的原假设。因此,该模型具有双重门槛,根据Stata软件回归结果,门槛值分别为147.576 2和179.954 3。门限回归的结果如表11.13所示。

表11.12 门限回归——模型四门限个数检验

Threshold	p值
Single	0.000 0
Double	0.016 7
Triple	0.726 7

表11.13 模型四门限回归结果

系　数	门 限 值	t值	p值
$\alpha_1 = 4.155\,89^{*}$	$ER \leqslant 147.576\,2$	1.88	0.064
$\alpha_2 = 1.533\,4$	$147.576\,2 < ER \leqslant 179.954\,3$	0.88	0.383
$\alpha_3 = 11.053\,9^{***}$	$ER > 179.954\,3$	7.18	0.000

结果显示,当环境规制的值小于147.576 2(百万美元)时,环境规制能够促进技术进步,进而带动页岩气产量的增加(显著性水平为10%);当环境规制强度在147.576 2~179.954 3(百万美元)区间内时,这种影响机制是不显著的;而当环境规制强度继续增强,超过179.954 3(百万美元)时,环境规制推动技术进步,进而提高页岩气产量的机制有了更加显著的效果(显著性水平为1%)。

究其原因,在环境规制水平较低的情况下,页岩气开采企业用于治理环境污染的成本较少。此时,“节省”下的成本就会投入到生产技术发展中去,但这类推动力毕竟是有限的,当到达临界值后,这种作用将会趋缓,甚至不再显著。这也是在147.576 2~179.954 3(百万美元)区间内,回归结果不显著、系数变小的原因所在。随着环境规制水平的继续提高,并且达到一个较高水平时,生产企业不得不花费巨大的成本应对相关法律法规以及各种环境税收,这就激励了企业去开发新型清洁高效技术,从而一方面能够降低生产过程中的污染,另一方面也提高了生产水平,进入一个良性发展循环之中。

2. 模型五的门限个数及结果分析

模型五门限个数检验结果如表 11.14 所示，其中，Single 的 p 值为 0.000 0，表示拒绝线性关系的原假设，即认为该模型存在门限值。Double 的 p 值为 0.030 0，表示在 5% 的水平下拒绝模型有单一门槛的原假设。Triple 的 p 值为 0.796 7，表示该模型有 79.67% 的概率接受有双重门槛的原假设。综上所述，模型五应该具有双重门槛。根据 Stata 13.0 软件回归结果，门槛值与模型四的结果相同，分别是 147.576 2 和 179.954 3（百万美元）。模型五门限回归的结果如表 11.15 所示。

表 11.14 门限回归——模型五门限个数检验

Threshold	p 值
Single	0.000 0
Double	0.030 0
Triple	0.796 7

表 11.15 模型五门限回归结果

系　数	门 限 值	t 值	p 值
$\alpha_1 = 5.020\,4^{*}$	$ER \leqslant 147.576\,2$	2.06	0.042
$\alpha_2 = 1.667\,2$	$147.576\,2 < ER \leqslant 179.954\,3$	0.86	0.395
$\alpha_3 = 11.399\,5^{***}$	$ER > 179.954\,3$	6.78	0.000

模型五的门限回归结果佐证了模型四的结论。因此，我们认为，门限回归的结果是真实有效的。对比模型四和模型五调整后的 R^2 值，模型四为 65.62%，模型五为 65.80%，两者拟合程度相差不大。

第12章

中国页岩气开发政策体系的构建

中国实施节能减排战略的重要抓手是提高天然气在一次能源结构中的比例。然而,中国天然气的对外依存度高,能源安全风险大,必须通过大力开发国内储量丰富的包括页岩气在内的非常规天然气资源进行补充。通过上述 11 章对中国页岩气开发现状与存在问题的分析和研究,学习和借鉴美国页岩气开发的成功经验,制定一套涵盖油气体制改革、基础设施建设、财税政策、科技攻关等产业政策,以及环境保护等强制性政策在内的政策体系,将有助于加快我国页岩气开发的进程。

本章将从油气体制改革、财税政策、科技攻关政策和环境保护政策等四个方面对全书的研究结果进行梳理和总结。

12.1 推进油气体制改革

油气体制改革是中国经济体制改革和能源体制改革中的一个重要组成部分,是改革进入深水区的体现。相对于其他行业的改革,我国油气行业改革相对滞后,导致行业增长乏力。目前,中国页岩气开发受到现有油气行业经营和管理体制中诸多因素的阻碍,进展缓慢。为此,油气工业经营管理体制必须进行重大改革,使之成为中国经济体制改革的突破口。2017 年 5 月 21 日,中共中央、国务院印发《关于深化石油天然气体制改革的若干意见》,明确了深化石油天然气体制改革的指导思想、基本原则、总体思路和主要任务。其中包括改革油气管网运营机制、提升集约输送和公平服务能力;分步推进国有大型油气企业干线管道独立,实现管输和销售分开;完善油气管网公平接入机制,油气干线管道、省内和省际管网均向第三方市场主体公平开放,等等。

根据本书上述章节的研究,我们认为,油气体制改革的具体抓手涉及产业链上游通过清晰界定矿业权和打破上游资源垄断而构建起完善的政府规制,产业链中游开放第三方准入,产业链下游完善价格规制等三方面内容。因此,推进油气体制改革的过程就是建立基于市场机制的政府规制体系的过程。

12.1.1 完善区块矿业权设置和市场化配置改革

根据第8.3节的研究，中国页岩气开发中的矿业权配置应主要解决矿业权重叠和市场化配置问题。矿权重叠和流转问题不解决，第三轮页岩气区块招标的吸引力就可能趋减，进而降低社会资本参与开发的积极性。具体解决措施包括以下七个方面。

（1）当探矿权与采矿权重叠时，采矿权优先。借鉴国外关于矿业权重叠设置的法律框架，并结合我国实际情况，当能源资源类探矿权与采矿权重叠时，应优先保障采矿权的实施。在采矿权区域，任何矿种勘探行为必须经过采矿权人的同意，采矿权人对勘探申请具有否决权。新矿业权的申请必须尊重已有矿业权人的权益。对新设重叠区域的矿业权申请时，申请书必须出具已有矿业权人同意书及当地国土资源主管部门的认可证书。

（2）支持多种矿种综合勘查，鼓励增设相应矿业权。页岩油气、致密（砂岩）油气、煤层气等非常规油气有可能共生于一个地区、区块，甚至同一层位的不同埋深处。因此，在进行固体勘查时，可增设现有矿业权以外的其余固体矿种矿业权。在进行油气（含煤层气、页岩气）勘查时，可增设现有矿业权以外的其余油气矿种（含煤层气、页岩气）的矿业权。在矿种共存情况下，综合勘探、综合开发、综合利用既合乎资源赋存的客观规律，也有利于提高经济效益，而且对资源相对缺乏的我国显得特别重要。

（3）页岩气区块探矿权和采矿权的设置，既可与常规油气、煤层气区块重合，也可单独设立。对于资源重叠区块，以现有矿业权为先，不再增设新的矿业权，但应明确要求优先开发页岩气。可建立“一证多主矿种”统一设置制度，推行矿权与气权合一。借鉴煤层气矿业权管理的经验，设立专门的页岩气勘探、开发区块登记制度，实行国家一级管理。允许具备资质的民营资本、地方企业，通过合资、参股等多种方式参与页岩气开发，也可独立投资直接从事页岩气勘探开发。

（4）由于页岩气开发既是资本密集型的，也是技术密集型的，企业之间的专业化分工明显，因此，可以参照美国经验，将探矿权和采矿权有效分离，在页岩气招标中分别授予不同资质的企业，这样一方面可以降低页岩气开发的进入门槛，另一方面可以增加市场主体数量和竞争程度，使具有丰富经验和专业资质的勘探企业更容易获得探矿权，从而提高探矿的成功率。而具有长期开采能力的油气公司，可以直接购买已经确认可以成功出气的气井，减少了前期勘探的成本和时间，也缩短了页岩气项目的投资回收期。当然，多种主体进入页岩气开发领域也给政府监管带来挑战，因此，构建基于市场机制的监管体制与独立监管机构就势在必行了，更进一步，建立"以市场方式进入和退出"的矿业权流转体系，不仅有利于保证企业投资的连续性，而且也可以为探索常规油气矿业权流转积累经验。

(5) 加快页岩气乃至常规油气区块矿业权的流转，使之成为油气体制改革的切入点。在建立页岩气矿业权市场方面，构建以政府招标方式配置页岩气区块的一级市场，以及以市场交易为基础流转矿业权的配置方式为二级市场，两级市场充分协调与配合，有助于建立有效的市场化配置页岩气资源的制度性设计。其中，在一级市场建设上，应继续完善矿业权招拍挂出让市场的准入条件，出台矿业权申请人资质管理办法，明确不同矿种、不同类型矿业权申请人的基本资金和技术等资质条件以及矿产资源开发的准入标准，从制度上保证矿产资源开发的健康有序发展。

(6) 推进矿业权二级市场的标准化建设，主要涉及以下四个方面。一是建立健全全国矿业权交易机构体系，积极推进省级矿业权有形市场的建立和运行。在互联网时代，还要积极探索建立矿业权网络交易平台，作为有形市场的补充。二是按照"产权明晰、规则完善、调控有力、运行规范"的要求，加快形成统一、开放、竞争、有序的矿业市场体系。三是完善全国统一的矿业权交易规则，实施矿业权人勘查开采信息公示制度，加大矿业权出让转让的信息公开力度。四是在有形市场的单位性质、人员编制、经费支撑等方面提出规范性要求，明确矿业权交易费用收取标准，完善有形市场统一管理办法。

(7) 加快修订《矿产资源法》及其配套制度，明确矿业权市场化配置的具体内容，进一步提升矿业权市场化配置的法律地位。主要涉及以下三个方面：一是进一步完善矿业权出让、转让制度，建立健全矿业权市场化配置的配套制度，并与土地、煤炭、森林、草原、水利、环保、安监等相关法律法规充分衔接，不断提高市场交易的可操作性和有效性；二是逐步强化政府在矿业权市场中制定市场规则、监管市场交易和提供市场服务的职能，减少对市场化配置资源的直接干预；三是切实转变矿业权行政管理职能，加快建立和完善适应市场化配置的行政管理工作体系,将矿业权行政管理职能集中在制定市场交易规则、市场监管、服务和调控等方面,切实把权利和责任放下去,把监管和服务抓上来。

12.1.2 破除上游资源垄断

目前,中国页岩气开发的上游环节仍然呈现出寡头垄断的市场结构,三大页岩气开采商占据大部分的市场,其他企业面临高企的进入门槛。因此,如何打破垄断,激励民营资本进入,是页岩气产业链上游政府规制的重点方向。

值得指出的是,中国油气产业链的正常运行和可持续发展在很大程度上取决于上游不断发现、探明新油气田,并向市场提供稳定且日益增长的供应。然而,在我国以区块登记方式配置油气资源的制度下,掌握上游资源的企业早已将优质资源圈入囊中,在没有竞争对手的情况下专注利润较高的石油领域,因此也就没有更多精力、资金和人力进行天然气领域的投入,这导致我国天然气开发滞后,主要表现在以下两方面。一方面,我国油气储量、产量上升缓慢;另一方面,存在大量探明而未动用的储量,新区块开发缓慢,无法贡献产量。而且,我国油气行业纵向一体化式的经营模式更加强化了上游的垄断势力,仅管网环节就构成了非常规天然气开发的瓶颈。因此,油气体制改革必须直面油气产业发展的这些问题,由局限性的"点式改革"向全产业的"链式改革"推进,尤其要重视上游垄断问题,以其之破解来带动整个油气领域改革的启动。

油气资源开放的前提是取得具有法律保障的、在一定时间内排他的矿业权,即勘探开发区块。而目前我国具有探矿权和采矿权资质的企业只有三个央企——中石油、中石化、中海油和一个地方国企——延长石油(这四家企业被简称为"三桶半油")。即便是其他大型国有涉油企业如中国化工公司、振戎公司以及大型电力企业新成立的若干石油公司也无资格进入油气领域,更何况民营中小石油企业。这导致中国可能有油气远景的地区全被"三桶半油"覆盖,有进入无退出的区块管理制度使得上游资源开发成为死水一潭,整个油气工业被拖入缺乏生命活力的状态。因此,中国油气行业上游处于经济性垄断和行政性垄断并存的状态。

来自全国工商联石油业商会的数据表明,民营石油企业是我国石油市场的一支重要力量。到2005年底,我国合格的地方和国营炼油企业有近百家,加工能力为$8\,000\times10^4$ t左右,占全国的1/3;成品油批发企业有800多家,占全国近1/3;成品油零售企业有四万多家,占全国的1/2;石油钻井和开采企业近100家,仍在采油的80多家,其中的40多家企业在为中石油从事原油开采服务,每年生产原油超过100×10^4 t。然而,由于政策的限制,这些民营石油企业的生存环境越来越狭小,多数面临关门歇业的境地,有些企业则不得不打着外资企业的旗号在苟延残喘。

因此,不打破上游资源被"三桶半油"垄断的局面,中国页岩气开发就难以形成大中小企业并存,特别是中小企业积极参与的格局。为此,中国应充分利用自身的有利条件,在学习美国先进经验的基础上,选择性消化、吸收、创新,加快开发利用我国的页岩气资源。具体的政策建议如下。

(1) 开放油气资源勘探、开采矿业权的准入

改革开放以来,中国在吸引外商投资勘探开采石油、天然气资源方面制定了专门的政策法规,取得了积极成效。然而,却一直没有向国内民营企业开放。那么,此次油气体制改革应按照"存量资源混改、增量资源试点招标"的原则有序向社会资本开放上游资源,允许具备资质的非公有制企业依法平等取得矿产资源的探矿权、采矿权,鼓励非公有制资本进行商业性矿产资源的勘探开发,推进一级和二级矿业权交易市场的建立,形成参与主体多元化下的充分的市场竞争。

实际上,改革的大幕已经拉开,新疆油气勘探开采改革试点已经启动。2015年7月,国土资源部对新疆石油天然气勘探区块进行招标,出让了6个勘探区块。其他地区也将积极探索,加大区块退出和竞争性出让力度。在此基础上,国土资源部还将研究制定油气勘探区块竞争出让暂行规定,逐步放开上游勘查开采市场。

(2) 重视不同市场主体的作用,制定鼓励民营企业参与页岩气开发的优惠政策

根据第9.2节的研究,在上游引入民营企业,并实施投资补贴与非对称规制,将有利于促进竞争,提升产量和技术进步程度。因此,政府应尽快出台相关补贴优惠政策,包括不对称补贴、税收优惠、投资优惠等,并探索国有企业与民营企业之间的最优合作方式,使民营企业起到强化竞争、推动技术进步、促进产业繁荣的重要作

用。同时,要求大型国企在技术研发和环境治理等方面承担更多的社会责任。此外,还可利用新一轮以“混合所有制”为重要标志的国企改革,来推进上游油气市场的开放进程。

(3) 利用页岩气区块的市场化配置作为油气体制改革的切入点

2014 年 9 月,在第四届中国能源高层对话上,国土资源部矿产资源储量评审中心主任张大伟公开表示,在目前中国页岩气的发展中,资源、技术和资金都不是主要问题,最大的问题是体制问题,最大的瓶颈是石油企业占有大面积的页岩气富集区块,但仅在几个点上投入勘探开发,没有形成真正的大规模开发,而其他企业想进入,但又没有页岩气富集区块,只能在二、三流区块中做选择。因此,他建议,在四川盆地及其周缘地区建立页岩气“特区”,打破“两桶油”区块,允许所有企业在该“特区”摆擂台。这样做最主要的目的是,通过页岩气“特区”总结资源利用、体制机制和技术攻关等方面的经验,为中国能源革命做一个急先锋。这个建议无疑是建设性的,但其前提是大量企业有资格进入该特区,也即拿到该特区的矿业权。正如第 12.1.1 节所提出的,没有页岩气矿业权一级和二级市场的基础性流转作用,没有市场化资源配置的助力,特区也起不到真正的试验区的作用。

12.1.3 开放管网第三方准入

管网是连通页岩气产业链上、下游的瓶颈环节,其作用是不言而喻的。纵向一体化的大型油气企业利用上游和管网的垄断,可对其他上游开采企业、下游用户进行接入歧视,导致供需失衡。本书第 9.4 节的研究表明,当管网运输环节实行第三方准入、管道公司由政府严格监管时,页岩气市场的最优产量更高,生产商、配气商的最优价格均下降。生产商的最优边际毛利下降,配气商的最优边际毛利上升。因此,如果能率先在页岩气领域实施管输环节由政府监管下的第三方管道公司运营,必将会降低终端用户价格,提高页岩气需求量,引导激发更多的页岩气供给量。这对于打破管网输送环节的垄断、推进油气体制改革具有重要意义。

2014 年 2 月 13 日,国家能源局印发《油气管网设施公平开放监管办法(试行)》,

要求油气管网设施开放的范围为油气管道干线和支线(含省内承担运输功能的油气管网),以及与管道配套的相关设施;在有剩余能力的情况下,油气管网设施运营企业应向第三方市场主体平等开放管网设施,按签订合同的先后次序向新增用户公平、无歧视地提供输送、储存、气化、液化和压缩等服务。

然而,由于得不到三大石油公司的配合,这一政策已经被搁置。退一步说,即便该政策得以执行,其效果也无法保证。因为上游垄断格局并未改变,管网企业仍可将自己生产的油气在由自己管理的管道上运输,新增供应商和新增用户都很少,下游用户在面对垄断的管网企业时仍然缺乏选择权。例如,由于缺乏竞争性管网以及大用户,大唐公司产出的煤制气只能先卖给中石油,再由中石油管道公司销售给北京用户,而无法直接面向用户销售。因此,目前的管网放开政策仍有操作难度,需要完善的基础设施、信息透明的机制、严格的监管等方面的配套改革,比如,如何监管管网输送能力是否存在剩余等问题①。

综上,对于打破或者终结大型油气企业在天然气市场上的纵向一体化经营,最优方案是"放开两头、管住中间",即放开上游市场开采和下游销售准入,同时拆分三大油企的管道业务,成立一些独立的全国性或区域性天然气管道公司,进而实现第三方无歧视准入,同时对管输企业进行严格监管。这一思路既符合政府一贯的改革方向,也符合主流政府规制理论的最优政策安排。

同时,要实现我国管网规模的快速扩大和价格下降就必须在管网建设中引入竞争机制,吸引大量有资质的企业加入竞争。因此,政府应尽快制定相关管道网络准入方面的法律法规,放宽对油气管网设施领域投资的限制,下放审批权限,极大地调动各路资本进入天然气基础设施建设的热情,使干线管道的覆盖范围进一步扩大、区域天然气管网系统和配气管网系统进一步完善、地下储气库等调峰储备体系进一步完备,不同经济主体管网设施之间逐步实现互联互通。

在实践中,广东省已经在省级层面进行了改革。2009 年 11 月,广东省政府颁布实施《广东省油气主干管网规划》,到 2020 年,将投资 476 亿元,新建 3 170 km 的天然气主干管道,形成覆盖全省 21 个地级以上城市的天然气输送网络,构建天然气"全省一

① http://caijing.gw.com.cn.

张网”。为此，广东成立了由各石油企业参股的省级管网公司，改革目标设定为“由省政府统筹全省天然气主干管网的规划、建设和运营，形成覆盖全省、资源共享、开放使用的天然气输送网络，为各资源供应方及省内用户提供公平的竞争平台和优质高效的服务平台”。这种改革虽然并不彻底，但也是实现管网独立的一种形式，其实施效果还有待检验。

12.1.4 构建独立的能源规制机构

中国油气体制改革的推进远远滞后于其他领域的改革，这与天然气立法、独立天然气监管机构这两个顶层设计的长期缺位有关。因此，亟须通过天然气立法，建立专业的、独立的规制机构，以确保这一改革进程高效、透明，确保为所有参与者提供一个公平合理的竞争环境，使天然气市场有序稳定发展。

目前，中国页岩气产业链规制被归属于天然气范畴，其监管权力分散在不同的政府部门和机构之间。其中，上游矿业权配置阶段由国土资源部管辖，中游与下游进入规制和价格规制部分由国家发改委能源局管辖，这两个部门均为行政管理机构，而非独立监管机构。这种行政与监管不分的“政监合一”型管理模式存在政策与执行不分家、“既是运动员又是裁判”等弊病，行政管理的价格、投资、项目审批权限过大，且无独立的监管，极易发生腐败等问题。如果这种过度依赖行政审批的制度不改革，能源市场化改革便无从谈起。

实际上，成立专业化的能源监管机构是国际能源监管模式的主流。世界上对天然气输配管网的监管已经形成了两种监管模式，即以美国、加拿大为代表的北美规则式监管模式和以英国为典范的欧盟许可证式监管模式。尽管这两种监管模式在行业规制和具体细节上有所不同，但共同点是，各国在对天然气输配管网的监管方面都成立了独立于国家能源主管部门的能源监管机构，且该机构依法享有对天然气输配管网进行监管的权利，以完成具体的监管任务，主要包括市场参与者对管网的公平准入、管道企业的管输服务价格和服务质量的制定等。

在美国，联邦政府分别设立了能源主管部门和能源监管机构，实现政策制定和政策执行的分离。其中，能源主管部门为美国联邦能源部，主要负责能源发展规划、能源安全等大政方针和相关政策的研究和制定，而能源监管机构则是美国联邦能源监管委员会（FERC），主要监管管道输送公司的运营和费率，审批跨州天然气管道输送项目包括天然气管输价格、管道服务和开放等，以及负责具体的监管政策的制定和执行。

在英国，早在1986年，政府就设立了具体负责天然气行业监管的天然气监管办公室（Ofgas），并于2000年依据公用事业法案将Ofgas与1990年成立的电力监管办公室合并，设立了独立于行政机构的英国天然气电力市场监管办公室（Ofgem）。英国在法律上明确规定，Ofgem具有独立的地位，并有权对天然气输配管网的监管独立地作出决策而不受政府部门的干预；Ofgem的决策者不得在被监管企业投资，不得接受被监管企业的礼品或者招待，不得在监管服务结束后受聘于被监管企业等；Ofgem还具有独立确定管输费率和监管运输服务等职能。

设立独立的规制机构具有以下优点：一是将监管机构与被监管对象分开，以保证监管的公正性。二是监管机构与政府政策部门分开，可以独立地执行监管而不受利益相关方的干扰，尤其是不受可能作为现有国有公司股东的政府政策部门（例如，国资委）的干预。三是监管机构的负责人由政府行政最高领导任命，并得到立法机构的承认。这是因为，监管机构必须成为集行政执法、准立法和准司法权力为一身的政府“第四部门”。四是监管机构一般是一个合议机构，由一个委员会来集体领导，其中有多个委员，这些委员具有固定的、得到保证的、任命时间与政府最高行政领导错开的任职年限。这种安排主要是为了健全监管机构的知识结构、增加利益集团左右监管政策的成本以及保证监管政策的延续性。

此外，规制机构的独立性还必须由将所有行业纵向经济规制权集中在一起的条件来保证，例如，通过公开招标授予中标企业探矿、采矿许可证，然后根据特许权协议对企业进入后的运营行为，如价格、投资、质量、安全等进行统一监管。这就是所谓的产业链整体规制，可确保监管政策和执行的“政出一门”，防止多部门监管所形成的职能重叠或职能空白问题。

12.2 财税政策

中国页岩气开发面临成本较高、投资风险较大等问题，在发展初期，完善的财税政策极其重要。尽管现行的《页岩气产业政策》《页岩气发展规划(2016—2020 年)》等都要求落实好财政补贴政策，但除了按照开采产量进行补贴外，我国尚缺乏完善的融资优惠政策、税收优惠政策，对于如何吸引企业参与页岩气开发、如何鼓励地方政府对页岩气开发企业进行补贴等，在现有政策中都没有规定具体措施和实施细则。

本书认为，鼓励页岩气开发的财税政策可以从以下四个方面入手加以构建。

(1) 税费减免政策，包括页岩气资源税、矿产资源补偿费、矿区使用费等。例如，可对页岩气开发企业免征 10 年的资源税、矿产资源补偿费、矿区使用费等；在 2020 年前，页岩气开发企业所得税减半征收；对页岩气勘探开发作业所需设备、仪器、专用工具，免征进口关税和进口环节增值税，等等。

(2) 投资补贴政策，由第 9.2 节的研究可知，投资补贴政策的效果要好于产量补贴，能够吸引更多企业，尤其是资金较为缺乏且融资渠道较少的民营企业进入前期勘探阶段，降低其初始投入成本。

(3) 融资优惠政策，例如，可对页岩气开发企业提供政策性低息贷款；鼓励企业发行债券；建立国家页岩气产业发展基金；也可以效仿美国发行页岩气债券和贷款担保，募集更多资金，以吸引更多企业参与到页岩气开发中来。

(4) 对关键技术研发投入采取可抵免相关税费的政策，或者直接对企业的技术研发进行补贴，促进更多研究机构和企业参与到页岩气开发的技术创新中来。

12.3 科技攻关政策

中国页岩气埋藏深、赋存条件复杂、含气量偏低，美国的水力压裂技术无法直接移植，我国企业必须根据具体情况与条件对现有设备与技术进行改造，特别是需要加强对钻完井、储层改造等关键技术的自主创新和攻关，加强对远距离多分支水平井、多段压裂等技术的研发，逐步形成适合我国页岩气特点的勘探开发核心技术体系。从这一角度看，目前，制约中国页岩气产业快速发展的主要因素是技术。为此，政府可从以下四个方面入手构建科技攻关扶持政策。

（1）设立国家级页岩气重点实验室，加大对页岩气开发的技术攻关的支持力度，鼓励中国研究机构、企业与国外研究机构和企业进行合作开发，重点加强对页岩气资源评价方法、页岩含气性分析测试、深层水平井钻完井、深层水平井长距离多段压裂、分段多级体积压裂、裂缝监测和开发技术，以及页岩气井钻井液及压裂返排液处理处置技术、开发生态及地下水环境风险评估与监控技术等关键技术的突破。

（2）设立包括页岩气在内的非常规油气研究专项基金，发展以企业为主体，产、学、研、用相结合的页岩气技术创新机制，为培养专业技术人才提供良好平台和渠道。加强国家页岩气专业教学基地建设和人力培养等方面的基础体系建设，集中力量突破页岩气开发的技术瓶颈。

（3）在已有工作的基础上，组织石油企业、高等院校及有关科研机构开展全国页岩气资源战略调查工作，系统评价全国页岩气资源潜力，掌握页岩气资源规模及其分布情况，预测并评价优选页岩气富集的有利区域，降低商业勘探风险，促进页岩气开发。

（4）为尽快掌握关键技术，我国企业可以以合资、参股等方式与掌握页岩气开发尖端技术的国外油气公司合作经营，也可针对我国页岩气赋存特点，引进、吸收、消化、创新页岩气开发的关键技术，尽快缩短与美国公司先进技术的差距。

12.4 环境保护政策

页岩气在下游消费阶段是一种清洁能源，但在上游开采阶段也会产生一定的环境污染，例如，甲烷逸散或异常泄露、地质破坏、地表震动、钻井液和压裂液返排后处理不当导致的水污染，等等。因此，在大力促进页岩气开发的同时，必须不断完善环境规制框架与工具，将多种规制方法相结合，并加以严格执行，从而有效控制页岩气开发利用过程中的环境污染，最大化页岩气资源的清洁、优质的特性。根据第 11.4 节的研究，提高环境规制强度不但不会抑制页岩气开发的步伐,反而可能通过倒逼机制,促进技术进步,从而实现产业的快速发展。具体政策建议包括以下四个方面。

(1) 严格执行《环境保护法》(2014 年修订)等法律法规;制定专门的页岩气开发相关环境标准或出台一个页岩气开发环境监管暂行办法,针对所有开采中使用的或返排的液体、固体废弃物进行规范。例如,确立特定水力压裂液成分使用的禁止制度,严格控制页岩气开发中所使用的压裂液成分,设立压裂液中化学添加剂的强制披露制度等。

(2) 严格规范页岩气项目作业的现场管理,大力推广水平井工厂化作业,减少井场数量,降低作业占地面积,从源头上减少环境污染的可能性。

(3) 坚持"谁污染、谁治理"以及提前预防而非事后问责的原则,要求企业在页岩气生产过程中严格回收甲烷气体,不具备回收利用条件的必须进行污染防治处理;增产改造过程中必须将返排的压裂液回收再利用,或进行无害化处理,降低污染物在环境中的存放时间;对废弃井场必须进行植被恢复,等等。

(4) 完善环境影响评价制度。在项目开展的前中后各个阶段,及时向当地居民公开企业的环评报告以及其他相关信息,鼓励公众参与事前和事后监督。

参考文献

[1] 肖刚,唐颖. 页岩气及其勘探开发[M]. 北京：高等教育出版社,2012.

[2] Rogner H. An Assessment of World Hydrocarbon Resources [J]. Annual Review of Energy and the Environment, 1997(22): 217 – 262.

[3] 李新景,吕宗刚,董大忠,等. 北美页岩气资源形成的地质条件[J]. 天然气工业,2009(5): 27 – 32.

[4] 赵文光,夏明军,张雁辉,等. 加拿大页岩气勘探开发现状及进展[J]. 国际石油经济,2013(7): 41 – 46.

[5] Cardott B J. Data Relevant to Oklahoma Gas Shales Gas Shales. SWS/EMD Shale Gas Workshop, Midland, TX May 22, 2006: 1 – 36.

[6] 邹才能,杨智,崔景伟,等. 页岩油形成机制、地质特征及发展对策[J]. 石油勘探与开发,2013,40(1): 14 – 26.

[7] 廖奎,贾政翔. 美国支持可再生能源发展的财税政策[J]. 中国财政,2011(2): 73 – 74.

[8] 张永伟,柴沁虎. 美国支持可再生能源发展的政策及启示[J]. 国家行政学院学报,2009(6): 108 – 111.

[9] 王南,刘兴元,杜东,等. 美国和加拿大页岩气产业政策借鉴[J]. 国际石油经济,

2012,20(9):69-73.

[10] 张宝成. 引入社会资本促进我国页岩气产业发展的路径研究[D]. 北京:中国地质大学(北京),2016.

[11] 孔祥永. 美国“页岩气革命”及影响——兼论对中国页岩气开发的启示[J]. 国际论坛,2014(01):71-76,81.

[12] 吴建军,常娟. 美国页岩气产业发展的成功经验分析[J]. 能源技术经济,2011(07):19-22.

[13] 尹硕,张耀辉. 页岩气产业发展的国际经验剖析与中国对策[J]. 改革,2013(2):28-36.

[14] 张凤东. 国页岩气开发的成功之道[J]. 中国石化,2012(12):27-28.

[15] 黄玉珍,黄金亮,葛春梅,等. 技术进步是推动美国页岩气快速发展的关键[J]. 天然气工业,2009(5):7-10.

[16] 杨淑梅,张丽丽. 美国开发页岩气的成功经验及对我国的启示[J]. 华电技术,2012,34(10):73-76.

[17] Center for Business and Economic Research. Projecting the Economic Impact of the Fayetteville Shale Play for 2008-2012 [J]. University of Arkansas College of Business, 2008.

[18] Considine T, Watson R, Entler R, et al. The Economic Impacts of the Pennsylvania Marcellus Shale Natural Gas Play: An Update [J]. Penn State University Department of Energy and Mineral Engineering, 2010, 52(4): 399-402.

[19] Weber J G. The Effects of a Natural Gas Boom on Employment and Income Colorado, Texas, and Wyoming [J]. Energy Economics, 2012(34): 1580-1588.

[20] Sachs J D, Warner A M. The Big Push, Natural Resource Booms and Growth [J]. Journal of Development Economics, 1999, 59(1): 43-76.

[21] Black D, McKinnsh T, Sanders S. The Economic Impact of the Coal Boom and Bust. Economic Journal, 2005, 115: 449-476.

[22] Michaels G. The Long Term Consequences of Resource-based Specialization [J]. Economic Journal, 2010, 121(551): 31 - 57.

[23] Marchand J. Local Labor Market Impacts of Energy Boom-bust-boom in Western Canada [J]. Journal of Urban Economics, 2010, 71(1): 165 - 174.

[24] Munasib A, Dan D S. Regional Economic Impacts of the Shale Gas and Tight Oil Boom: A Synthetic Control Analysis [J]. Regional Science and Urban Economics, 2015(50): 1 - 17.

[25] 胡奥林,周娟,奉兰. 川渝天然气消费及对地区经济和社会的贡献[J]. 天然气技术,2010,4(04): 7 - 10,77.

[26] 赵煜晖. 川渝天然气能源利用与区域经济发展研究[D]. 成都: 西南交通大学,2015.

[27] 余雷,孙慧,张娜娜,等. 产业集聚度与区域经济增长关系研究——以新疆石油、天然气产业为例[J]. 中国经贸导刊,2013(3): 47 - 49.

[28] 孙鹏. 页岩气产业助推美国经济作用分析及启示[J]. 当代石油石化,2013(01): 41 - 45.

[29] 管清友,李君臣. 美国页岩气革命与全球政治经济格局[J]. 国际经济评论,2013(02): 21 - 33,4.

[30] 王蕾,王振霞. 页岩气革命对美国经济的影响及中国应对措施[J]. 中国能源,2015(05): 22 - 25,21.

[31] Corden W M, Neary J P. Booming Sector and De-Industrialisation in a Small Open Economy [J]. Economic Journal, 1982, 92(368): 825 - 848.

[32] Auty R M. Sustaining Development in Mineral Economics: The Resource Curse Thesis [M]. Taylor & Francis Group, 1993.

[33] Sachs J D, Warner A M. Natural Resource Abundance and Economic Growth [J]. NBER Working Papers, 1995, 81(4): 496 - 502.

[34] Rodriguez F, Sachs J D. Why Do Resource-abundant Economies Grow More Slowly? Journal of Economic Growth, 1999(4): 277 - 303.

[35] Papyrakis E, Gerlagh R. Resource Abundance and Economic Growth in the

United States [J]. European Economic Review, 2007, 51(4): 1011 - 1039.

[36] Caselli F, Michaels G. Do Oil Windfalls Improve Living Standards? Evidence from Brazil. NBER Working Paper, No. 15550, 2009.

[37] Mehlum H, Moene K, Torvik R. Institutions and the Resource Curse [J]. Economic Journal, 2006(116): 1 - 20.

[38] Acemoglu D, Robinson J A. Why Nations Fail: the Origins of Power, Prosperity, and Poverty [M]. Crown Publishers, 2015.

[39] 徐康宁,韩剑. 中国区域经济的“资源诅咒”效应:地区差距的另一种解释[J]. 经济学家,2005(6): 96 - 102.

[40] 徐康宁,邵军. 自然禀赋与经济增长: 对“资源诅咒”命题的再检验[J]. 世界经济,2006 (11): 38 - 47.

[41] 胡援成,肖德勇. 经济发展门槛与自然资源诅咒——基于我国省际层面的面板数据实证研究[J]. 管理世界,2007(4): 15 - 23.

[42] 胡健,焦兵. 石油天然气产业集群对区域经济发展的影响[J]. 统计研究,2007(01): 54 - 58.

[43] 邵帅,齐中英. 西部地区的能源开发与经济增长——基于“资源诅咒”假说的实证分析[J]. 经济研究,2008(4): 147 - 160.

[44] 邵帅. 煤炭资源开发对中国煤炭城市经济增长的影响——基于资源诅咒学说的经验研究[J]. 财经研究,2010,36(3): 90 - 101.

[45] 冯宗宪,姜昕,赵驰. 资源诅咒传导机制之“荷兰病”——理论模型与实证研究. 当代经济科学,2010,32(04): 74 - 82,126.

[46] 邵帅,范美婷,杨莉莉. 资源产业依赖如何影响经济发展效率? ——有条件资源诅咒假说的检验及解释[J]. 管理世界,2013(2): 32 - 63.

[47] 董利红,严太华. 技术投入、对外开放程度与“资源诅咒”:从中国省际面板数据看贸易条件[J]. 国际贸易问题,2015(9): 55 - 65.

[48] 陈林,伍海军. 国内双重差分法的研究现状与潜在问题[J]. 数量经济技术经济研究,2015(7): 133 - 148.

[49] Bruno M, Sachs J. Energy and Resource Allocation: A Dynamic Model of the

"Dutch Disease" [J]. Review of Economic Studies, 1982, 49(49): 845 - 859.

[50] Wijnbergen S V. The "Dutch Disease": A Disease After All? [J]. Economic Journal, 1984, 94(373): 41 - 55.

[51] Auty R M. Transition Reform in the Mineral-rich Caspian Region Countries [J]. Resources Policy, 2001, 27(1): 25 - 32.

[52] 董大忠,高世葵,黄金亮,等. 论四川盆地页岩气资源勘探开发前景[J]. 天然气工业,2014,34(12):1 - 15.

[53] Weber J G. A Decade of Natural Gas Development: The Makings of a Resource Curse? [J]. Resource & Energy Economics, 2014, 37(3): 168 - 183.

[54] 刘瑞明,赵仁杰. 西部大开发:增长驱动还是政策陷阱——基于 PSM - DID 方法的研究[J]. 中国工业经济,2015(06):32 - 43.

[55] 陈广仁,周俊一,阮长悦,等. 页岩气单井成本效益浅析[J]. 城市燃气,2013(11):32 - 40.

[56] 章铮. 边际机会成本定价——自然资源定价的理论框架[J]. 自然资源学报,1996,11(2):107 - 112.

[57] 杨秋媛. 矿业开采的负外部性分析[J]. 煤炭技术,2009,28(11):42 - 44.

[58] 高兴佑,高文进. 阶梯式水价模型中参数的合理确定[J]. 国土与自然资源研究,2011,5(25):51 - 53.

[59] Hotelling H. The Economics of Exhaustible Resources [J]. Journal of Political Economy, 1931(39 - 2): 137 - 175.

[60] Solow R M. The Economics of Resources or the Resources of Economics [J]. American Econimic Association. 1974, 64(2): 1 - 13.

[61] Gilbert R J. Optimal Eepletion of an Uncertain Stock [J]. Review of Economic Study, 1979, 17(2): 319 - 331.

[62] Arrow K J, Chang, S S L. Optimal Pricing, Use and Exploration of Uncertain Natural Resource Stocks [J]. Journal of Environmental Economics & Management, 1982, 9(1): 1 - 10.

[63] Devarajan S, Fisher A C. Hotelling's "Economics of Exhaustible Resources":

Fifty Years Later [J]. Journal of Economic Literature, 1981, 19(1): 65 - 73.

[64] Pearce D. Economics and the Global Environmental Challenge [J]. Journal of International Studies, 1990, 19(3): 365 - 387.

[65] Solow R. Intergenerational Equity and Exhaustible Resources [J]. Review of Economics Study, Symposium, 1974(41): 29 - 45.

[66] Solow R, Wan F Y. Extraction Costs in the Theory of Exhaustible Resources [J]. Bell Journal of Economics, 1976, 7(2): 359 - 370.

[67] Hartwick J M. Intergenerational Equity and the Investing of Rents from Exhaustible Resources [J]. American Economic Review, 1977, 67(5): 972 - 974.

[68] Daly H. Toward Some Operational Principles of Sustainable Development [J]. Ecological Economics, 1990(2): 1 - 7.

[69] Heal G M. The Relationship between Price and Extraction Cost of a Resource with a Backstop Technology [J]. Bell Journal Economics, 1976, 7(2): 371 - 378.

[70] Cairns R D. The Green Paradox of the Economics of Exhaustible Resources [J]. Energy Policy, 2014(65): 78 - 85.

[71] Cummings R G. Some Extensions of the Economic Theory of Exhaustable Resources [J]. Western Economics Journal, 1969, 7(3): 201 - 210.

[72] Peterson F M, Fisher A C. The Exploitation of Extractive Resources: A Survey [J]. Economics Journal, 1977, 87(348): 681 - 721.

[73] Cairns R D. Exhaustible Resoures, Non-convexity and Competitive Equilibrium [J]. Environment and Resources Economics, 2008,40(2): 177 - 193.

[74] Livernois J. On the Empirical Significance of the Hotelling Rule [J]. Review of Environmental Economical Policy, 2009, 3(1): 22 - 41.

[75] Almansour A, Insley M. The Impact of Stochastic Extraction Cost on the Value of an Exhaustible Resource: An Application to the Alberta Oil Sands. Working Papers, 2013(6): 14 - 16.

[76] 龙如银. 资源外部性与矿业城市补偿机制探讨[J]. 中国软科学,2005(3):150-156.

[77] 郭骁,夏洪胜. 解决代际外部性问题有效途径的理论探讨[J]. 中国工业经济,2006(12):60-66.

[78] 张海莹. 负外部成本内部化约束下的煤炭开采税费水平研究[J]. 中国人口资源与环境,2012,22(2):147-152.

[79] Serafy S E. Absorptive Capacity, the Demand for Revenue, and the Supply of Petroleum [J]. Journal of Energy and Development, 1981, 71(1):73-88.

[80] Common M, Sanyal K. Measuring the Depreciation of Australia's Non-renewable Resources: a Cautionary Tale [J]. Ecological Economics, 1998, 26(1):23-30.

[81] Serafy S E. Depletion of Australia's Non-renewable Natural Resources: a Comment on Common and Sanyal [J]. Ecological Economics, 1999, 30(3):357-363.

[82] 赖丹,吴雯雯. 资源环境视角下的离子型稀土采矿业成本收益研究[J]. 中国矿业大学学报(社会科学版),2013,15(03):63-70.

[83] 李国平,吴迪. 使用者成本法及其在煤炭资源价值折耗测算中的应用[J]. 资源科学,2004,26(3):123-129.

[84] 范超,李萍,陈东景,等. 基于使用者成本法的黄河三角洲石油资源价值折耗分析[J]. 资源科学,2011,33(4):736-742.

[85] Othman J, Jafari Y. Accounting for Eepletion of Oil and Gas Resources in Malaysia [J]. Natural Resources Research, 2012, 21(4):483-494.

[86] Young C E F, Motta R S D. Measuring Sustainable Income from Mineral Extraction in Brazil [J]. Resources Policy, 1995, 21(2):113-125.

[87] Libecap G. Contracting for Property Rights [M]. New York: Cambridge University Press, 1989.

[88] Barzel Y. Economic Analysis of Property Rights [M]. New York: Cambridge University Press, 2nd ed, 1997:13-15.

[89] Kolstad C D. Environmental Economics [M]. Oxford University Press, 2010.

[90] Esteban E, Dinar A. Cooperative Management of Groundwater Resources in the Presence of Environmental Externalities [J]. Environmental Resource Econcomics, 2013, 54(3): 443 - 469.

[91] Dinar A, Nigatu G S. Distributional Considerations of International Water Resources under Externality: The Case of Ethiopia, Sudan and Egypt on the Blue Nile [J]. Water Resources and Economics, 2013: 1 - 16.

[92] 茅于轼,盛洪,杨富强. 煤炭的真实成本[M]. 北京: 煤炭工业出版社,2008.

[93] 周吉光,丁欣. 河北省矿产资源开采造成的环境损耗的经济计量[J]. 资源与产业,2012,14(6): 148 - 155.

[94] 杜群,万丽丽. 美国页岩气能源资源产权法律原则及对中国的启示[J]. 中国地质大学学报(社会科学版),2016,16(3): 34 - 42.

[95] 孙鹏. 美国页岩油气产业发展模式探析[J]. 中外能源,2013,18(4): 19 - 23.

[96] Ciriacy-Wantrup S V, Bishop R C. Common Property as a Concept in Natural Resource Policy [J]. Natural Resources Journal, 1975(10): 713 - 727.

[97] Schlager E, Ostrom E. Property Rights Regimes and Natural Resources: A Conceptual Analysis [J]. Land Economics, 1992, 68(3): 249 - 262.

[98] Scott A. The Evolution of Resource Property Rights [M]. Oxford University Press, 2008.

[99] Barnes R. Property Rights and Natural Resources [M]. Oxford: Hart Publishing, 2009.

[100] Cole D, Ostrom E. The Variety of Property Systems and Rights in Natural Resources [J]. Social Science Electronic Publishing, 2010.

[101] Girones E O, Pugachevsky A, Walser G. Extractive Industries for Development Series 4: Mineral Rights Cadastre [R]. Washington, D. C. The World Bank, 2009(6): 8.

[102] 熊艳. 矿产资源产权认识的进展[J]. 科技进步与对策,2000(2): 117.

[103] 夏佐铎,姚书振. 建立矿产资源产权委托——代理制的建议[J]. 中国人口·资源与环境,2002,12(4): 122 - 123.

[104] 钱玉好,李伟.关于矿产资源主要产权性质的讨论[J].国土资源科技管理,2004(3):14-18.

[105] 李裕伟.关于矿产资源资产和产权问题的若干思考[J].中国国土资源经济,2004,17(6):13-16.

[106] 赵凡.中国矿业改革30年——从计划走向市场的矿产资源使用制度建设[J].国土资源,2008(12):9-19.

[107] 吴垠.我国矿产资源产权制度改革研究[D].成都:西南财经大学,2009.

[108] 汪小英,成金华.基于产权约束的中国矿产资源管理体制分析[J].中国人口·资源与环境,2011,21(2):160-166.

[109] Coase R. The Problem of Social Cost [J]. Journal of Law and Economics, 1960(3):1-44.

[110] 李胜兰,曹志兴.构建有中国特色的自然资源产权制度[J].资源科学,2000,22(3):9-12.

[111] 陈希廉.矿产经济学[M].北京:中国国际广播出版社,1992.

[112] 徐嵩龄.环境伦理学进展[M].北京:社会科学文献出版社,1999.

[113] Long N V. Resource Extraction under Uncertainty about Possible Nationalization [J]. Journal of Economic Theory, 1975(10):42-53.

[114] Corato L D. Profit Sharing under the Threat of Nationalization [J]. Resource & Energy Economics, 2010, 35(3):295-315.

[115] Konrad K A, Olsen T E, Olsen R. Resource Extraction and the Threat of Possible Expropriation: The Role of Swiss Bank Acounts [J]. Journal of Environmental Economics and Management, 1994, 26(2):149-162.

[116] Melese F, Michel P. Uncertainty in Tax Reform: The Case of an Extractive Firm [J]. Journal of Environmental Economics & Management, 1991, 21(2):140-153.

[117] 曾志伟.国有化风险与不可再生资源开采[J].工业技术经济,2015,34(08):139-146.

[118] Clausen F, Barreto M L, Attaran A. Property Rights Theory and the Reform of

Artisanal and Small-Scale Mining in Developing Countries [J]. Journal of Politics and Law,2011(3): 15 - 24.

[119] 李国平,周晨. 我国矿产资源产权的界定: 一个文献综述[J]. 经济问题探索,2012(6): 145 - 150.

[120] 方敏,毛成栋,周海东. "矿中矿"探采权利如何厘得清——国外油气矿业权重叠管理制度借鉴[J]. 资源导刊,2014(8): 50 - 51.

[121] LI Jiachen and YU Lihong. Reward and Punishment Mechanism in a Vertical Safety Regulation System: A Rransferred Prisoner's Dilemma [J]. Modern Economy, 2015, 6(5): 552 - 562.

[122] 刘灿,吴垠. 分权理论及其在自然资源产权制度改革中的应用[J]. 经济理论与经济管理,2008(11): 5 - 11.

[123] 陈丽萍. 矿产资源管理中中央与地方政府事权划分的思考与建议[J]. 国土资源情报,2009(9): 2 - 6.

[124] 于立宏. 中国煤电产业链纵向安排与经济规制研究[M]. 上海: 复旦大学出版社,2007.

[125] [日] 植草益. 微观规制经济学[M]. 朱绍文,胡欣欣,等译. 北京: 中国发展出版社,1992.

[126] 史普博. 管制与市场[M]. 上海: 上海三联书店出版社,1999.

[127] Bovis C H. Efficiency and Effectiveness in Public Sector Management: The Regulation of Public Markets and Public-Private Partnerships and Its Impact on Contemporary Theories of Public Administration [J]. European Procurement & Public Private Partnership Law Review, 2013: 13 - 17.

[128] 王国樑,周明春,贾忆民. 天然气定价研究与实践[M]. 北京: 石油工业出版社,2007.

[129] 胡希. 国外天然气产业规制改革研究[J]. 开发研究,2007(2): 133 - 137.

[130] Streitwieser M L, Sickles R C. The Structure of Technology, Substitution, and Productivity in the Interstate Natural Gas Transmission Industry under the NGPA Of 1978 [J]. Working Papers, 1992.

[131] 檀学燕. 我国天然气定价机制设计[J]. 中国软科学,2008(10):155-160.

[132] 常琪. 我国天然气产业价格规制研究[D]. 东营:中国石油大学(华东),2008.

[133] 汪锋,刘辛. 中国天然气价格形成机制改革的经济分析——从"成本加成"定价法到"市场净回值"定价法[J]. 天然气工业,2014(9):135-142.

[134] 杨俊,郝成磊,黄守军. 单边开放天然气市场机制设计及稳定性分析[J]. 华东经济管理,2015(10):93-100.

[135] 高明野,王震,范天骁. 中国页岩气补贴政策的系统仿真研究[J]. 中国能源,2015(4):19-23.

[136] Holz F, Hirschhausen C V, Kemfert C. Perspectives of the European Natural Gas Markets Until 2025 [J]. Energy Journal, 2008, 30(1): 137-150.

[137] Yang Z, Zhang R, Zhang Z. An Exploration of a Strategic Competition Model for the European Union Natural Gas Market [J]. Energy Economics, 2016(57): 236-242.

[138] Schmalensee R. Do Markets Differ Much? [J]. American Economic Review, 1984, 75(3): 341-351.

[139] Harring J R. Implications of Asymmetric Regulation for Competition Policy Analysis. Working Paper, 1984.

[140] Knieps G. Costing and Pricing of Interconnection Services in a Liberalized European Telecommunications Market//Telecommunications Reform in Germany: Lessons and Priorities. American Institute for Contemporary German Studies, 1998: 51-73.

[141] Armstrong M, Sappington D E M. Regulation, Competition and Liberalization [M]//PRICAI 2000 Topics in Artificial Intelligence. Springer Berlin Heidelberg, 2006: 167-176.

[142] Valletti T. Asymmetric Regulation of Mobile Termination rates. Imperial College London & University of Rome, 2006.

[143] Cricelli L, Pillo F D, Gastaldi M, et al. Could Asymmetric Regulation of Access Charges Improve the Competition between Mobile Networks? [C]//

Telecommunication Techno-Economics, 2007. Ctte 2007. Conference on. IEEE, 2007: 1 - 8.

[144] De Bijl P, Peitz M. New Competition in Telecommunications Markets: Regulatory Pricing Principles [J]. Social Science Electronic Publishing, 2002 (3): 45 - 72.

[145] Peitz M. Asymmetric Access Price Regulation in Telecommunications Markets [J]. European Economic Review, 2005, 49(2): 341 - 358.

[146] Baake P, Mitusch K. Mobile Phone Termination Charges with Asymmetric Regulation [J]. Journal of Economics, 2009, 96(3): 241 - 261.

[147] 刘新梅,张若勇,徐润芳. 非对称管制下垄断企业 R&D 投入决策研究:价格竞争模型[J]. 管理工程学报,2008,22(2): 80 - 84.

[148] Amir R, Nannerup N. Information Structure and the Tragedy of the Commons in Resource Extraction [J]. Journal of Bioeconomics, 2006, 8(2): 147 - 165.

[149] Cédric C, Laurent D. The Impact of Asymmetric Regulation on Surplus and Welfare: the Case of Gas Release Programmes [M]//OPEC Energy Review, 2009: 97 - 110.

[150] 彭恒文,石磊. 非对称规制下民营企业的进入决策分析[J]. 南开经济研究,2009(6): 112 - 125.

[151] 李伟,张园园. 中国天然气管道行业改革动向及发展趋势[J]. 国际石油经济,2015(09): 57 - 61.

[152] 赵俊. 页岩气能否跳出"国家定价"? [J]. 气体分离,2012(06): 42.

[153] 孙哲. 页岩气管网垄断及其规制意义[J]. 法制与社会,2015(15): 88 - 89.

[154] 何立华,徐钰,许永祥,等. 中国天然气消费需求与输气管网关系实证分析[J]. 经济问题探索,2013(4): 70 - 73.

[155] Fridolfsson S O, Tanger T P. Market Power in the Nordic Electricity Wholesale Market: A Survey of the Empirical Evidence [J]. Energy Policy, 2009(37): 9 - 16.

[156] Friebel G, Ivaldi M, Vibes C. Railway (De)Regulation: A European Efficiency

Comparison [J]. Economica, 2010(77): 305 - 306.

[157] Hallack M, Vazquez M. Who Decides the Rules for Network Use? A "Common Pool" Analysis of Gas Network Regulation [J]. Journal of Institutional Economics, 2012(10): 76 - 78.

[158] Newberry D M. Privatization, Restructuring, and Regulation of Network Utilities [M]. MIT Press, 2002.

[159] Vazquez M, Hallack M. Interaction between Gas and Power Market Designs [J]. Utilities Policy, 2015(33): 210 - 214.

[160] 吴炳乾,张爱国. 美国天然气定价机制的分析及启示[J]. 当代石油石化,2011(05): 37 - 41.

[161] 周仲兵,董秀成,李君臣. 天然气价格管制的利与弊——美国经验及其启示[J]. 天然气技术,2010(04): 4 - 6,8,77.

[162] 潘鸿,毛健. 关于我国页岩气资源开发利用问题的思考[J]. 工业技术经济,2014(02): 3 - 12.

[163] 梁亚辉. 中国天然气管网第三方准入制度研究[D]. 上海: 华东政法大学,2015.

[164] Marston P M. Pipeline Restructuring: the Future of Open-Access Transportation [J]. Energy Law Journal, 2001(12): 56 - 58.

[165] Pennington E. Issues for New Entrants to the UKCS-A Legal Analysis [J]. International Energy Law&Taxation Review, 2002(11): 112 - 123.

[166] 范合君,戚聿东. 中国自然垄断产业竞争模式选择与设计研究——以电力、电信、民航产业为例[J]. 中国工业经济,2011(08): 47 - 56.

[167] 吴建雄,吴力波,徐婧,等. 天然气市场结构演化的国际路径比较[J]. 国际石油经济,2013(07): 26 - 32,111.

[168] 邓冰洁. 天然气价格弹性实证研究——以上海市为例[J]. 现代经济信息,2016(04): 494 - 495.

[169] 高千惠,叶作亮,代丽,等. 天然气价格弹性实证研究:以成都地区为例[J]. 天然气工业,2012,32(8): 113 - 116.

[170] Schmookler J. Innovation and Economic Growth [M]. Harvard University Press,

1966.

[171] Rosenberg N. The Direction of Technological Change: Inducement Mechanisms and Focusing Devices [J]. Economic Development and Cultural Change, 1969, 18(1): 1-24.

[172] 王宇轩,周娉.两型社会背景下湖南页岩气定价影响因素研究[J].湖南工程学院学报(社会科学版),2015(01): 28-30.

[173] 黄磊碧.管道运输的运价规制研究——以天然气管道运输为例[J].兰州学刊,2008(11): 135-137.

[174] Rasche R H, Tatom J A. The Effects of the New Energy Regime on Economic Capacity, Production and Prices [J]. Federal Reserve Bank of St Louis Review, 1977, 59(5): 2-12.

[175] Darby M. The Price of Oil and World Inflation and Recession [J]. American Economic Review, 1982, 72(4): 738-751.

[176] Hamilton J D. Oil and the Macroeconomy since World War II [J]. Journal of Political Economy, 1983, 91(2): 228-248.

[177] Mork K A, Olsen O. Macroeconomic Responses to Oil Price Increases and Decreases in Seven OECD Countries [J]. Energy Journal, 1994, 15(4): 19-35.

[178] Papapetrou E. Oil Price Shocks, Stock Market, Economic Activity and Employment in Greece [J]. Energy Economics, 2001, 23 (5): 511-532.

[179] Cologin A, Manera M. Oil Prices, Inflation and Interest rates in a structural cointegrated VAR Model for the G-7 countries [J]. Energy Economics, 2008, 30(3): 856-888.

[180] 林伯强,王峰.能源价格上涨对中国一般价格水平的影响[J].经济研究,2009,44(12): 66-79,150.

[181] 任若恩,樊茂清.国际油价波动对中国宏观经济的影响:基于中国 IGEM 模型的经验研究[J].世界经济,2010,33(12): 28-47.

[182] 段继红.国际油价波动对中国宏观经济的影响研究[M].北京:中国金融出版社,2012.

[183] Auping W L, Pruyt E, Jong S D, et al. The Geopolitical Impact of the Shale Revolution: Exploring Consequences on Energy Prices and Rentier States [J]. Energy Policy, 2016(98): 390 - 399.

[184] 黄卓,李超,陈威. 美国原油与天然气价格联动关系的研究——论页岩气开发对能源市场的影响[J]. 价格理论与实践,2014(7): 103 - 105.

[185] 李月清. 低油价因何打不垮美国页岩气[J]. 中国石油企业,2016,12: 68.

[186] 李良. 外资退出页岩气的原因分析及政策建议[J]. 中国能源,2015(9): 102 - 104.

[187] 岳来群. 低油价背景下有关页岩气问题的几点思考[J]. 中国国土资源经济,2015,28(10): 13 - 17.

[188] 关春晓,陆家亮,唐红君,等. 低油价下国内非常规气与进口气竞争力对比[J]. 天然气工业,2016,36(12): 119 - 126.

[189] 王凯,胡郑雄,游静. 国际油价波动对页岩气开发与利用效益的影响[J]. 天然气技术与经济,2016,10(5): 68 - 73.

[190] Shindell D T, Bauer S E. Improved Attribution of Climate Forcing to Emissions [J]. Science, 2009, 326(5953): 716 - 718.

[191] Howarth R W. Natural Gas: Should Fracking Stop? [J]. Nature, 2011(477): 271 - 275. doi: 10.1038/477271a.

[192] 冯连勇,邢彦姣,王建良,等. 美国页岩气开发中的环境与监管问题及其启示[J]. 天然气工业,2012,32(9): 102 - 105.

[193] Clark C E, Horner R M, Harto C B. Life Cycle Water Consumption for Shale Gas and Conventional Natural Gas [J]. Environmental Science & Technology, 2013, 47(20): 11829 - 11836.

[194] 肖钢,白玉湖. 基于环境保护角度的页岩气开发黄金准则[J]. 天然气工业,2012,32(9): 98 - 101.

[195] 陈莉,任玉. 页岩气开采的环境影响分析[J]. 环境与可持续发展, 2012,37(3): 52 - 55.

[196] 王冕冕,郭肖,曹鹏,等. 影响页岩气开发因素及勘探开发技术展望[J]. 特种油

气藏,2010,17(6):12－17.

[197] 张东晓,杨婷云. 美国页岩气水力压裂开发对环境的影响[J]. 石油勘探与开发,2015,42(6):801－807.

[198] Howarth R W, Santoro R, Ingraffea A. Methane and the Greenhouse-gas Footprint of Natural Gas from Shale Formations [J]. Climatic Change, 2011, 106(4):679.

[199] 王中华. 国内页岩气开采技术进展[J]. 中外能源,2013,18(2):23－32.

[200] 彭民,雷鸣,孙海燕. 我国页岩气资源开发环境影响的规制建议[J]. 四川环境,2015,34(5):136－139.

[201] 王南,刘兴元,杜东,等. 美国和加拿大页岩气产业政策借鉴[J]. 国际石油经济,2012,20(9):69－73.

[202] 李亮国. 美国水力压裂强制披露制度及其启示——基于得克萨斯州的经验分析[J]. 湖南科技学院学报,2016,37(12):120－122.

[203] 刘超. 页岩气开发中环境法律制度的完善:一个初步分析框架[J]. 中国地质大学学报(社会科学版),2013,13(4):9－16.

[204] 张嫚. 环境规制约束下的企业行为[M]. 北京:经济科学出版社,2010.

[205] 郭庆. 基于委托代理视角的环境规制监督系统设计[J]. 经济与管理评论,2012,28(06):32－38.

[206] 张成,陆旸,郭路,等. 环境规制强度和生产技术进步[J]. 经济研究,2011,46(02):113－124.

[207] 宋马林,王舒鸿. 环境规制、技术进步与经济增长[J]. 经济研究,2013,48(03):122－134.

[208] 原毅军,芦云鹏. 金融发展、环境污染与经济可持续最优增长路径[J]. 科技与管理,2014,16(3):1－7.

[209] 江炎骏,赵永亮. 环境规制、技术创新与经济增长——基于我国省级面板数据的研究[J]. 科技与经济,2014,27(2):29－33.

[210] Malmquist S. Index Numbers and Indifference Surfaces [J]. Trabajos de Estadistica Y de Investigacion Operativa, 1953, 4(2):209－242.

[211] Caves D W, Christensen L R, Diewert W E. The Economic Theory of Index Numbers and the Measurement of Input, Output, and Productivity [J]. Econometrica, 1982, 50(6): 1393 - 1414.

[212] Färe R, Grosskopf S, Norris M. Productivity Growth, Technical Progress, and Efficiency Change in Industrialized Countries: Reply [J]. American Economic Review, 1994, 84(5): 1040 - 1044.